GraphPad Prism

科技绘图与数据分析

丁金滨　宗　敏　编著

清华大学出版社

北京

内 容 简 介

本书以GraphPad Prism 9.4为软件平台，结合编者多年的数据分析经验，通过大量实例系统全面地介绍Prism在科研数据处理中的使用方法与技巧。全书共11章：第1~3章主要讲解GraphPad Prism的基础知识，包括用户界面、项目组成、图形的输出、数据的输入、数据表类型、图形的修饰与美化等；第4~11章结合Prism数据表的特点，分别讲解各类数据表的数据格式、数据表能够完成的图表绘制以及可以实现的统计分析等。通过阅读本书，可以帮助读者快速掌握GraphPad的应用，从而更好地处理和分析科研数据。

本书注重基础，内容翔实，突出示例讲解，既可以作为从事数据分析处理的科研工程技术人员的自学用书，还可以作为高等学校相关专业的本科生和研究生的教学用书。

图书在版编目（CIP）数据

GraphPad Prism科技绘图与数据分析 / 丁金滨，宗敏编著.—北京：清华大学出版社，2023.3（2024.11重印）
ISBN 978-7-302-62857-6

Ⅰ.①G… Ⅱ.①丁… ②宗… Ⅲ.①科学研究工作－图表－绘图软件 Ⅳ.①TP391.412

中国国家版本馆CIP数据核字（2023）第035270号

责任编辑：王金柱
封面设计：王　翔
责任校对：闫秀华
责任印制：沈　露

出版发行：清华大学出版社
　　　　　网　　　址：https://www.tup.com.cn, https://www.wqxuetang.com
　　　　　地　　　址：北京清华大学学研大厦A座　　　　邮　　编：100084
　　　　　社 总 机：010-83470000　　　　　　　　　　邮　　购：010-62786544
　　　　　投稿与读者服务：010-62776969, c-service@tup.tsinghua.edu.cn
　　　　　质量反馈：010-62772015, zhiliang@tup.tsinghua.edu.cn

印 装 者：三河市人民印务有限公司
经　　销：全国新华书店
开　　本：185mm×235mm　　　　印　　张：24.75　　　　字　　数：600千字
版　　次：2023年4月第1版　　　　　　　　　　　　　　印　　次：2024年11月第5次印刷
定　　价：139.00元

产品编号：100541-01

前　言

GraphPad Prism是由GraphPad Software公司推出的一款专业的科研数据处理与绘图软件，是专为科研工作者设计的。使用GraphPad Prism可以在极短的时间内做出相应的分析、绘制出优美的图表，以便展示研究成果。

GraphPad Prism可以全面记录科研数据，方便用户相互之间进行有效的协作。GraphPad Prism项目的所有数据（原始数据、分析、结果、图形和布局）都包含在一个单一的文件中，一次单击即可完成数据共享，这就增强了分析结果的展示效果并简化了协作流程。

目前GraphPad Prism的最新版本为9.4，本书就是基于该版本编写的。全书共11章，可从逻辑上分为两部分。第一部分（第1~3章）主要讲解GraphPad Prism的基础知识，包括Prism用户界面、项目组成、图表的输出、数据的输入、数据表类型、图表的修饰与美化等。各章安排如下：

第1章　初识GraphPad Prism

第2章　数据的输入

第3章　图表修饰与美化

第二部分（第4~11章）结合Prism的数据表特点，分别讲解各类数据表的数据格式、数据表能够完成的图表绘制以及可以实现的统计分析等。各章按照数据表类型进行安排，具体如下：

第4章　XY表及其图表描述

第5章　列表及其图表描述

第6章　分组表及其图表描述

第7章　列联表及其图表描述

第8章　生存表及其图表描述

第9章 局部整体表及其图表描述

第10章 多变量表及其图表描述

第11章 嵌套表及其图表描述

为便于读者学习,编者在讲解操作时,会对基础统计知识进行简要的介绍。当遇到不理解的专业知识时,请查阅统计分析方面的专业书籍。

本书编写过程参考了软件的帮助文档,数据部分采用了自带数据。学习过程中如果需要本书的原始数据,请关注"算法仿真"公众号,并发送关键词gp001来获取数据下载链接。

读者还可以扫描下面的二维码获取本书的资源文件:

如果下载有问题,请发送电子邮件至booksaga@126.com,邮件主题为"求GraphPad Prism科技绘图与数据分析下载资源"。

为了更好地匹配示例展示的功能,本书中图表的图题、图例、轴标题等并未严格按照图表本身的含义准确命名;同样地为了讲解软件的功能,本书中所绘图表并不能兼顾科研绘图的最终出版要求,但尽量以符合科研绘图的要求去绘制。读者在学习时应以掌握绘图(含美化)操作方法及统计分析方法为主,无须过度纠结此类命名。

本书结构合理、叙述详细、实例丰富,既适合广大科研工作者、工程师和在校学生等不同层次的读者自学使用,也可以作为高等学校相关专业的教学参考书。

GraphPad Prism本身是一个庞大的资源库与知识库,本书所讲难窥其全貌,虽然编者在本书的编写过程中力求叙述准确、完善,但由于水平有限,疏漏之处在所难免,希望读者和同仁能够及时指出,共同促进本书质量的提高。

为了方便解决本书的疑难问题,读者在学习过程中遇到与本书有关的技术问题时可以访问"算法仿真"公众号获取帮助,我们将竭诚为您服务。

编　者

2023年1月1日

目　录

第 1 章
初识 GraphPad Prism

GraphPad Prism 是专为科学研究而创建的数据分析和图表绘制软件。使用 GraphPad Prism 可以节省时间，做出更合适的分析选择，优美绘图并展示科学研究成果。本章首先介绍软件的基本知识。

学习目标：

★ 认识 GraphPad Prism 工作界面。

★ 了解 GraphPad Prism 中的 8 种类型的数据表。

★ 掌握 GraphPad Prism 的工作流程。

1.1 GraphPad Prism 简介

GraphPad Prism 入门简单，功能强大，集生物统计、曲线拟合和科技绘图于一体，提供科学作图、综合曲线拟合等强大功能，可用于统计理解和数据组织，被各种医学家、生物学家、社会学家和物理科学家广泛使用。

1.1.1 软件特色

在 GraphPad Prism 中将数据输入用于科学研究的表格后进行统计分析，可以简化研究工作流程，无须编程即可获得一个良好的开端。GraphPad Prism 能够准确地对各种数据进行分析，然后归类并汇总成各种图表样式，帮助用户轻松完成自己的工作任务。GraphPad Prism 具有以下特色。

1. 有效地整理数据

GraphPad Prism 可预先为要运行的分析设置格式，包括对定量和分类数据的分析等。这样用户可以更轻松地正确输入数据、选择合适的分析、创建精美的图表。

2. 进行正确的分析

GraphPad Prism 提供了一个广泛的分析库，包括普通检验、高度特定的检验（t 检验）、方差分析（单向、双向和三向）、线性和非线性回归、剂量反应曲线、二进制逻辑回归、生存分析、主成分分析等。每个分析都有一个清单，以帮助用户了解所需的统计假设并确认是否选择了恰当的检验。

3. 一键回归分析

GraphPad Prism 简化了曲线拟合的过程。在选择一个拟合方程后，GraphPad Prism 即可独立进行后续工作，包括拟合曲线、显示结果和函数参数、在图形上绘制曲线、内插未知值等。

4. 专注科学研究

GraphPad Prism 处理后的图表和结果将自动实时更新，数据和分析的任何更改（直接输入数据、省略错误的数据、纠正错别字或更改分析选择等）都将立即反映在结果、图表和布局中。

5. 自动优化工作

在 GraphPad Prism 中，通过单击即可实现自动将多个成对比较添加到分析中。用户只需单击工具栏中的相关按钮，即可实现对行和星标中的自定义选项进行自动更新。当调整数据或分析时，图表显示结果也会随之自动更新。

1.1.2　GraphPad Prism 的功能

GraphPad Prism 提供了广泛的分析工具，旨在从各种不同的来源（包括数据表、图表，甚至一些结果表等）中执行分析操作。GraphPad Prism 同时提供了许多强大的分析工具，用户不需要输入数据就可以直接生成可以使用的模拟数据。GraphPad Prism 软件具有但不限于以下功能：

1．统计比较

- 配对或非配对 t 检验，报告 P 值和置信区间。
- 自动生成用于多次 t 检验分析的火山图（差值相比于 P 值）。
- 非参数 Mann-Whitney 检验，包括中位数差值的置信区间。
- 其他十余种统计分析。

2．非线性回归

- 内置 105 个方程式用于拟合，用户也可以输入自己的方程式。内置的方程式包括生长方程族：指数生长、指数平台、Gompertz、Logistic 和 beta（先增长后衰减）等。
- 输入微分或隐式方程。
- 输入用于不同数据集的方程。
- 其他非线性回归。

3．列统计

- 计算描述性统计：最小值、最大值、四分位数、均值、标准差（SD）、标准误（SEM）、置信区间（CI）、变异系数（CV）、偏度、峰度等。
- 含置信区间的均值或几何均值。
- 频率分布（从 bin 到直方图），包括累积直方图。
- 其他列统计。

4．简易线性回归和相关性

- 计算含置信区间的斜率和截距。
- 强制回归线穿过指定点。
- 拟合以复制 Y 值或均值 Y。
- 其他线性回归。

5．广义线性模型（GLM）

- 使用新的多变量数据表生成多个自变量与单个因变量的相关模型。
- 多元线性回归（当 Y 连续时）。
- 泊松回归（当 Y 计数时，Y=0，1，2，…）。
- 逻辑回归（当 Y 为二进制时，Y 为是 / 否、通过 / 失败等）。

6．临床（诊断）实验室统计

- Bland-Altman 图。
- 受试者工作特征（ROC）曲线。
- Deming 回归（II 型线性回归）。

7．模拟

- 模拟 XY、列或列联表。
- 重复模拟数据的分析，作为 Monte-Carlo 分析。
- 根据选择或输入的方程式和选择的参数值绘制函数图。

8．其他计算

- 曲线下面积、置信区间（Confidence Interval，CI）等。
- 转换数据。
- 标准化数据。

1.1.3 GraphPad Prism 的基本概念

在使用 GraphPad Prism 前，需要正确理解以下基本概念：

（1）GraphPad Prism 数据表组织有序，正确选择数据表至关重要。

与 Excel 或大多数统计程序不同，Prism 的数据表按结构或格式相关联。要想高效使用 Prism，必须掌握 8 类数据表之间的区别。

（2）一个 Prism 项目可以包含多个数据表和图表。

在 GraphPad Prism 中，项目不限于单张图表或数据表，而是可以包含多达 500 张数据表、图表、分析和页面。

（3）GraphPad Prism 可以根据原始数据自动绘制误差条。

处理重复数据和误差条的能力是 GraphPad Prism 的优势之一。对于 XY 和分组表，重复数据将并排放置在子列中。对于列表，每列中均堆叠有重复数据。如果输入重复值，GraphPad Prism 可以绘制单个重复数据或误差条。它可以根据自动输入的重复数据绘制误差条而无须指定任何计算。

（4）编辑或替换数据时，分析和图表也会自动更新。

GraphPad Prism 能够记住数据表、信息工作表、结果表、图表和布局之间的逻辑联系，编辑或替换数据时，GraphPad Prism 会自动重新计算链接分析并重新绘制链接图表。

（5）分析可以链接。

GraphPad Prism 可以对结果表进行进一步分析。在任何带绿色网格线的结果表中，单击 Analyze 按钮可以变换数据，然后进行曲线拟合（非线性回归）并得出结果。

（6）分析结果可以显示在多个 Analyze 选项卡上。

结果页上部的 Analyze 选项卡允许用户查看结果的不同部分。

（7）一张表≠一张图表。

默认情况下，GraphPad Prism 将根据创建的每张数据表创建一张对应的图表。在实际应用中，GraphPad Prism 可以基于多张图表绘制表格，也可以将多张数据表中的数据绘制成一张图表。

（8）循环工作。

GraphPad Prism 完成分析并绘制数据表后，用户可以通过复制一个族轻松地对新数据进行重复操作，或者克隆图表。

1.2　GraphPad Prism 工作界面

在正式使用 GraphPad Prism 前，首先需要了解整个软件的基本工作界面。启动 GraphPad Prism 时首先会出现一个欢迎窗口，用于数据分析的引导，选择数据表类型后即可进入操作界面。

1.2.1　启动 GraphPad Prism

GraphPad Prism 安装完成后，执行以下三种操作即可启动 GraphPad Prism，启动后会弹出如图 1-1 所示的 Welcome to GraphPad Prism 欢迎窗口。

图 1-1 欢迎窗口

（1）双击桌面上的 GraphPad Prism 9 图标。

（2）在 Windows 系统下执行"开始"→ GraphPad Software → GraphPad Prism 9 命令。

（3）在已打开的 GraphPad Prism 工作界面中，单击 File 选项卡下的 ▯▾（创建新项目）按钮，在弹出的快捷菜单中执行对应命令，如图 1-2 所示，也可以弹出欢迎窗口。

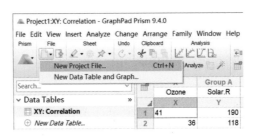

图 1-2 新建项目命令

> 说明 如果不小心关闭了欢迎窗口，可在工作区双击再次将它打开。

1.2.2 欢迎窗口

在 Welcome to GraphPad Prism 欢迎窗口的左侧包括 CREATE（创建）、LEARN（学习）、OPEN（打开）三个选项组。

1. CREATE 选项组

CREATE 选项组用于设置需要创建的数据表类型。通常情况下，用户可以从 8 个数据表类型选项（后文介绍）中选择一个来创建新表格和绘制图表。

每一种数据表在欢迎窗口右侧都有相应的说明，如图 1-3 所示为选择 XY 数据表后的欢迎窗口。用户可以根据数据特点进行一些基本设置，包括输入数据的形式、数量以及是否包含其他的统计量等，当然也可以使用软件自带的示例数据进行后续的操作。

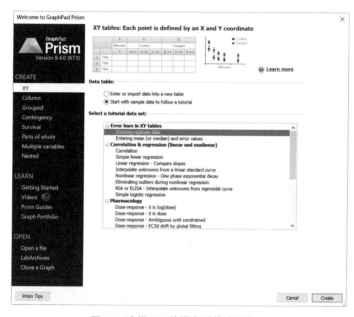

图 1-3　选择 XY 数据表后的欢迎窗口

在欢迎窗口右侧的每个选项卡中，均可以在勾选 Enter or import data into a new table（在新表中输入或导入数据）或 Start with sample data to follow a tutorial（按照教程从示例数据开始）单选按钮后，选择相应的向导数据，然后单击 Create（创建）按钮进入工作界面。

2. LEARN 选项组

LEARN 选项组提供 GraphPad Prism 的学习信息，帮助刚刚开始使用 GraphPad Prism 的用户尽快学会软件的使用方法，也可以帮助老用户了解特定主题信息。LEARN（学习）选项组包含以下 4 个选项：

- *Getting Started（准备开始）：提供精选视频和在线指南链接，帮助用户学习 Prism 的基本知识，如图 1-4 所示。*

图 1-4 选择 Getting Started 后的欢迎窗口

- Videos（视频）：用于查看 Prism 学院，如图 1-5 所示。在该选项卡下，单击 Get Started 按钮，可以进入 Prism 学院注册页面。

图 1-5 选择 Videos 后的欢迎窗口

- Prism Guides（Prism 向导）：用于快速链接到 Prism User Guide（Prism 用户指南）、Statistics Guide（统计指南）及 Curve Fitting Guide（曲线拟合指南）三个指南，方便用户学习，如图 1-6 所示。

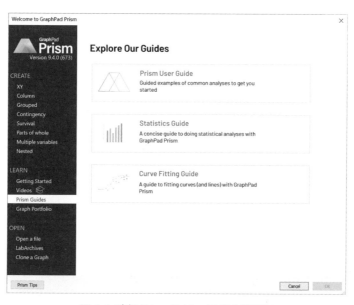

图 1-6 选择 Prism Guides 后的欢迎窗口

- Graph Portfolio（图表仓库）：该仓库中包含许多带有精美图表的 Prism 文件，读者可以从中寻找创建图表类型的灵感，如图 1-7 所示。

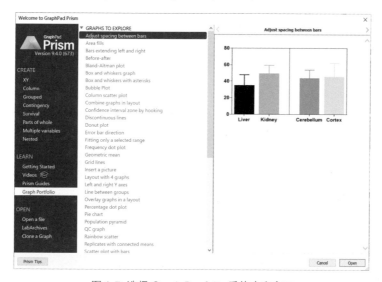

图 1-7 选择 Graph Portfolio 后的欢迎窗口

通过探索这些组合图表，可以学习如何使用 GraphPad Prism，并了解它的一些高级功能。这些图表大多数是以浮动注释的形式提供解释，单击打开任何一个可以查看它们的制作方式。

图表仓库中的图表分为 GRAPHS TO EXPLORE 及 GRAPHS WITH TUTORIALS 两类，其中后者带有详细的绘图教程。

3．OPEN 选项组

OPEN 选项组包含以下 3 个选项：

- Open a file（打开文件）：用于打开已存在的文件，通过浏览文件夹找到文件并将它打开。

- LabArchives（实验室功能）：该功能是一种创新的基于网络的云端存储产品，可以方便用户存储、组织和发表其研究数据。

- Clone a graph（克隆图表）：用于复制一张图表，包括其中的数据表和任何链接的分析。克隆图表时，Prism 会提供保留数据的选项，用户根据需要选择要保留的数据即可。

用户可以从 Clone a graph 选项卡下的 Opened project（打开的项目）、Recent project（最近的项目）、Saved example（保存的样例）及 Shared example（分享的样例）4 个选项卡中复制图标。

1.2.3 数据表类型

每次进行新的数据绘图或分析时，均需要在 CREATE 选项组下选择数据表类型，GraphPad Prism 中共有 8 种数据表类型可供选择。

1．XY 表（XY）

XY 表是一种每个点均由 X 和 Y 值定义的图表，如图 1-8 所示。该类数据适用于线性或非线性回归（曲线拟合）。

2．列表（Column）

列表是指表中只有一个分组变量，每一列是在同一分组变量中定义的一个组，如图 1-9 所示。当数据组由某一分组变量（如对照组与治疗组，或者安慰剂组、低剂量组与高剂量组等）定义时使用。该类数据适用于描述性统计分析、假设检验、方差分析等。

Table format: XY		X [Substrate]	Group A Enzyme Activity		
◢	✕	X	A:Y1	A:Y2	A:Y3
1	Title	2	265	241	195
2	Title	4	521	487	505
3	Title	6	662	805	754
4	Title	8	885	901	898
5	Title	10	884	850	
6	Title	12	852		914
7	Title	14	932	1110	851
8	Title	16	987	954	999
9	Title	18	984	961	1105
10	Title	20	954	1021	987

图 1-8　XY 表

Table format: Column		Group A Controls	Group B Patients
◢	✕		
1	Title	97.9	112.7
2	Title	94.9	104.0
3	Title	98.6	126.7
4	Title	77.3	123.3
5	Title	97.9	120.5
6	Title	99.7	130.3
7	Title	83.0	129.6
8	Title	102.5	140.2
9	Title	104.5	119.7
10	Title	108.9	139.9

图 1-9　列表

3．分组表（Grouped）

分组表类似于列表，为存在两个分组变量的数据设计，拥有两个分组变量，如图 1-10 所示。其中一个分组变量的组（或级别）由行定义（如男性和女性），另一个分组变量的组（或级别）由列定义（如对照组和治疗组）。该类数据适用于多因素方差分析、多项 t 检验等。

Table format: Grouped		Group A Control			Group B Treated		
◢	✕	A:1	A:2	A:3	B:1	B:2	B:3
1	Wild type	23	21	19	67	79	98
2	Knock-out A	24	23		29	31	32
3	Knock-out B	21	25	27	65	69	71
4	Title						

图 1-10　分组表

4．列联表（Contingency）

列联表类似于分组表，也是为由两个分组变量描述的数据设计。当需要将属于由行和列定义的每个组的受试者（或观察结果）的实际数量制成表格时采用该类型数据表。该类数据表适用于卡方检验、Fisher 精确检验及占总数的比例等。

例如图 1-11 所示的列联表，包括两行两列共四组变量：①标准治疗且移植物通畅（Standard treatment & Graft Patent）；②标准治疗且移植物阻塞（Standard treatment & Graft Obstructed）；③实验性治疗且移植物通畅（Experimental treatment & Graft Patent）；④实验性治疗且移植物阻塞（Experimental treatment & Graft Obstructed）。

5．生存表（Survival）

生存表用于使用 Kaplan-Meier 方法进行生存分析。每行代表不同的受试者或个体。X 列用于输入经过的生存时间，Y 列用于输入单个分组变量的不同组的结果（事件或删失）。

Table format: Contingency		Outcome A Graft Patent	Outcome B Graft Obstructed
	☒		
1	Standard treatment	45	5
2	Experimental treatment	49	1

图 1-11 列联表

例如图 1-12 所示生存表，所述组是 Conventional（常规）治疗组和 Experimental（实验）治疗组。GraphPad Prism 将自动绘制 Kaplan-Meier 生存曲线，并使用对数秩和 Gehan-Wilcoxon 检验来比较两组之间的生存情况。

Table format: Survival		X Days elapsed X	Group A Conventional Y	Group B Experimental Y
	☒			
1	Title	34	1	
2	Title	56	1	
3	Title	23	1	
4	Title	114	0	
5	Title	89	1	
6	Title	214	1	
7	Title	87		1
8	Title	145		0
9	Title	46		1
10	Title	112		1
11	Title	231		0
12	Title	98		1

图 1-12 生存表

说明 GraphPad Prism 还可使用 Cox 比例风险回归进行生存分析，但这需要使用多变量表完成。

6. 整体部分表（Parts of whole）

整体部分表通常用于制作饼图。当需要了解各数值占总数的比例时选用该类型数据表。例如图 1-13 所示整体部分表，显示了获得 A、B、C 等级别的学生人数。

Table format: Parts of whole		A Number of Students	B Title
	☒		
1	A	23	
2	B	29	
3	C	7	
4	D	2	
5	E	0	

图 1-13 整体部分表

7. 多变量表（Multiple variables）

多变量数据表的排列方式与大多数统计程序组织数据的排列方式相同。每行均为不同的观察结果或"病例"（实验、动物等）。每列代表一个不同的变量。此外，变量可识别为连续变量、分类变量或标号变量，而分类变量和标号变量的值可作为文本输入，如图1-14所示。

Table format: Multiple variables	Variable A Glycosylated hemoglobin %	Variable B Total cholesterol	Variable C Glucose	Variable D HDL	Variable E Age in years	Variable F Sex	Variable G Height in inches	Variable H Weight in pounds	Variable I Waist in inches	Variable J Hip in inches
1 Title	4.309999943	203	82	56	46	Female	62	121	29	38
2 Title	4.440000057	165	97	24	29	Female	64	218	46	48
3 Title	4.639999866	228	92	37	58	Female	61	256	49	57
4 Title	4.630000114	78	93	12	67	Male	67	119	33	38
5 Title	7.719999790	249	90	28	64	Male	68	183	44	41
6 Title	4.809999943	248	94	69	34	Male	71	190	36	42
7 Title	4.840000153	195	92	41	30	Male	69	191	46	49
8 Title	3.940000057	227	75	44	37	Male	59	170	34	39

图 1-14　多变量表

8. 嵌套表（Nested）

当数据存在两级嵌套或分层复制时，需要使用嵌套表。例如图1-15所示嵌套表比较两种教学方法，教学方法分别在三个独立教室中使用，每间教室有 3~6 名学生。

Table format: Nested	Group A Teaching method A			Group B Teaching method B		
	Room 1	Room 2	Room 3	Room 4	Room 5	Room 6
1 Title	21	18	35	26	38	31
2 Title	26	25	28	34	44	41
3 Title	33	26	32	27	34	34
4 Title	22	24	36		45	35
5 Title		21	38		38	38
6 Title		25				46

图 1-15　嵌套表

数据表中的值代表每间教室中个别学生的测量分数。每间教室仅使用一种教学方法，因此认为房间变量"嵌套"在教学方法变量中。

1.2.4　工作界面

前面已对欢迎窗口及其中的数据表类型进行了简单的讲解，下面重点介绍 GraphPad Prism 的工作界面。

首先，在 Welcome to GraphPad Prism 欢迎窗口左侧选择 XY（XY 表）选项，在右侧 Date table 选项组中勾选 Start with sample data to follow a tutorial 单选按钮，在 Select a tutorial data set 选项组中选择相应的向导数据，如图1-16所示。然后单击 Create 按钮即可

进入如图 1-17 所示的工作界面。

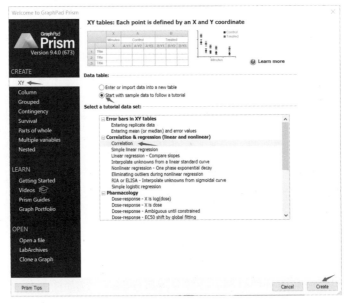

图 1-16 欢迎窗口

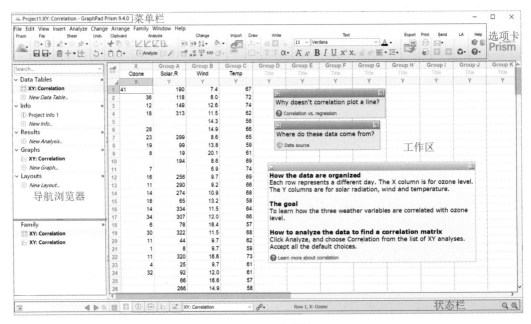

图 1-17 工作界面

由图 1-17 可知，GraphPad Prism 的工作界面与其他各类应用软件类似，包括菜单栏（操作命令）、选项卡（命令按钮）、导航浏览器、工作区（数据表等）、状态栏。其中左侧的导航浏览器用于辅助工作区进行数据、图表、图层、分析结果之间的快速切换。

在本次打开的操作界面中悬浮的黄色提示框是示例数据所带的，用于说明该文件的相关信息，根据需要用户也可以添加自己的提示信息。

单击提示框右上角的 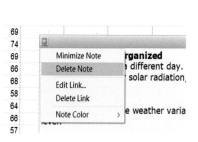（最小化）按钮，可以隐藏提示框。单击左上角的 （下三角）按钮，在弹出的快捷菜单中执行 Delete Note 命令，可以删除提示框，如图 1-18 所示。

单击 Sheet 选项卡下 （创建浮动提示框）右侧的下拉按钮，在弹出的如图 1-19 所示的快捷菜单中执行相关命令，可以创建不同颜色的提示框。

图 1-18　删除提示框命令

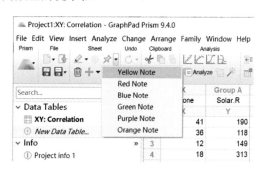

图 1-19　创建提示框命令

1. 菜单栏

菜单栏位于工作界面的最上方，为绝大多数功能提供操作入口。利用菜单栏中的相关命令可以完成大部分操作。如图 1-20 所示为 Analyze 下的子菜单。

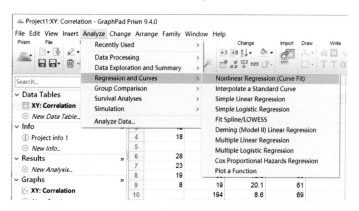

图 1-20　菜单栏及菜单命令

2. 选项卡

选项卡是命令按钮的分类集成，GraphPad Prism 的大部分操作都可以在此处快速执行。根据数据表格的不同，选项卡下显示的命令按钮也会有所不同，如图 1-21 所示，选项卡中灰度显示的按钮表示不可用。

（a）选择 Data Tables 后的选项卡

（b）选择 Graphs 后的选项卡

图 1-21 选项卡

3. 导航浏览器

导航浏览器用于快速导航到 GraphPad Prism 项目需要操作或显示的位置。GraphPad Prism 项目可以包含比单张图表或数据表更多的内容。单击工作界面左下角的 (隐藏)按钮，可以隐藏导航浏览器。

GraphPad Prism 项目（文件）包含 Data Tables（数据表）、Info（信息）、Results（结果）、Graphs（图表）及 Layouts（布局）5 个部分，每个部分最多可包含 500 页，如图 1-22 所示。导航浏览器下方的 Family（族）用来管理上述 5 个部分的之间的关联关系。

在导航浏览器中的选项上双击（或右击，在弹出的快捷菜单中执行 Rename Sheet 命令（见图 1-23），可以对选项名称进行修改。

图 1-22 导航浏览器

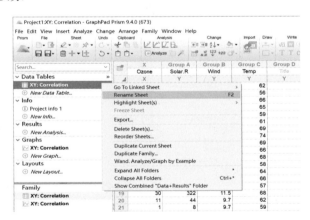

图 1-23 快捷菜单

4．工作区

工作区是进行数据处理并可视化数据的区域，工作区显示的内容与导航浏览器面板中的选项息息相关，如图 1-24 所示为选择不同的内容后的工作区。

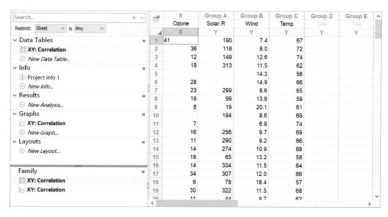

（a）选择数据表后的工作区

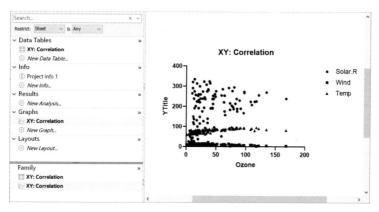

（b）选择图后的工作区

图 1-24　工作区

5．状态栏

状态栏位于工作界面的最下方，用于显示各表单的状态，并提供视图的缩放工具，如图 1-25 所示。

图 1-25　状态栏

部分工具的含义如下：

（1）◀ ▶：按自上而下或自下而上的顺序切换并浏览导航浏览器中的所有图表。

（2）🔍：在当前界面和上一次使用的界面之间切换浏览图表。

（3）▦：显示图表缩略图，可以同时纵览每部分的多个图表的缩略图。单击缩略图即可进入需要显示的图标界面。

（4）⊞ ⓘ ▤ ⬚ ⬛：依次对应导航浏览器中的 Data Tables、Info、Results、Graphs 及 Layouts 5 个组成部分，可以直接实现这 5 个部分的快速切换。

（5）XY: Correlation ▾：显示当前表单名称，同时在此也可以更改表单名称。

（6）🔗▾：实现快速链接到同一 Family 中的其他表单。

1.2.5 首选项设置

根据不同的行业及个人的使用习惯，用户可以对 GraphPad Prism 进行预定义设置，通过这些设置可以提高工作效率。

在 GraphPad Prism 的工作界面中，执行菜单栏中的 File → Preferences（首选项）命令，即可打开如图 1-26 所示的 Preferences 对话框。该对话框默认显示 View（浏览）选项卡下的相关参数，如图 1-26（a）所示。另外 New Graphs（新图表）选项卡如图 12-6（b）所示。

（1）View 选项卡用于显示 GraphPad Prism 的基本设置，其中 Navigator（导航文件夹）用于设置数据表是否与结果合并显示；Graphs and layouts（图形与排版）用于设置图标界面显示范围，多采用默认设置；Default font（默认字体）用于设置字体的样式及大小等显示格式；Measurement units（标尺）用于设置采用的是国际单位还是英制单位；Autocomplete（自动标题）用于设置在生成图表时是否自动添加标题。

（2）File & Printer（文件与打印）选项卡用于设置是否自动保存、文件的格式、打印相关选项，以及复制到剪贴板时的设置等内容。

（3）New Graphs（新图表）选项卡下可以设定自己的绘图风格，包括坐标轴、字体、图标题、轴标题、刻度标签、图例、内嵌表格、线条粗细等，根据自己的需要在此设置后可以大量节省绘图的时间。

（4）Analysis（分析）选项卡主要用于设置 P 值显示样式、显示位数等信息。

> 🎛➕说明 P 值即概率，用于反映某一事件发生的可能性大小。统计学根据显著性检验方法所得到的 P 值，一般以 P<0.05 为有统计学差异，P<0.01 为有显著的统计学差异，P<0.001 为有极其显著的统计学差异。

（a）预览选项卡

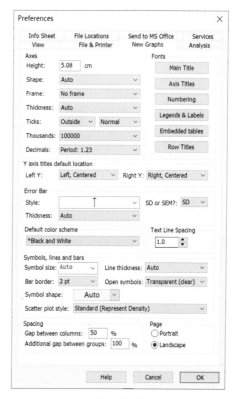

（b）新图表选项卡

图 1-26　首选项对话框

（5）Info Sheet（信息表单）选项卡用于预先设定信息表达的重复信息，包括项目名、实验名、协议名等，以尽量减少后续的重复工作。

（6）File Locations（文件位置）选项卡用于设置各类文件的存储位置，默认为常用位置。

（7）Send to MS Office（发送到 Office）选项卡用于设置发送到 Word 或 PowerPoint 的图表信息、图片格式、是否为链接图片等信息。

（8）Services（服务器）选项卡用于设置是否提示最新版本更新以及是否创建 log 文件等，通常保持不选中。

提示　对于初学者而言，上述 Preferences 的设置可以不予理睬，随着后续学习和工作中使用 GraphPad Prism 的频繁程度决定是否进行首选项的设置。

1.3 GraphPad Prism 的项目组成

前文已对工作界面进行了讲解，在 GraphPad Prism 中，图表通常以项目的形式存在，GraphPad Prism 项目可以包含比单张图表或数据表更多的内容。

GraphPad Prism 项目包括 Data Tables、Info、Results、Graphs 及 Layouts 5 个部分（选项组），下面结合导航浏览器与工作区来进行讲解。

1.3.1 数据表

数据是进行统计分析和制作图表的基础，数据表的形式是 1.2.3 节提到的 8 种数据表类型中的任意一种，用于放置项目中的各种数据。

在单个 Prism 项目中，每种类型最多可有 500 张工作表（包括数据表）。每张数据表可包含：① 任意多的行数（受限于 RAM 和硬盘空间）；② 最多 1024 个数据集列；③ 最多 512 个子列。

1. 修改表格类型

数据表格式的选择很重要，如果选择不适当类型的数据表就无法生成所需的图表或执行所需的分析。要更改数据表的格式，有以下两种操作方式：

（1）单击工作区（工作表）左上角的 ▦ （表格格式）按钮，如图 1-27 所示。

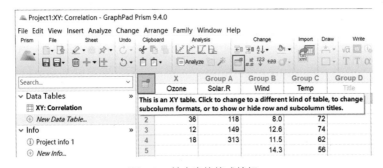

图 1-27 单击表格格式按钮

（2）单击 Change（改变）选项卡下的 ▦ （表格格式）按钮。

即可弹出如图 1-28 所示的 Format Data Table（表格格式）对话框，在该对话框中可以对表格的数据格式进行修改。

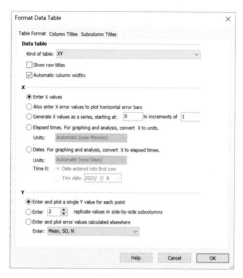

图 1-28　Format Data Table 对话框

注意　对于新建的表格，执行上述操作后弹出的是 Welcome to GraphPad Prism 欢迎窗口。只有在新建表格中双击列标题并对其进行修改后，单击 ▦（表格格式）按钮才会直接弹出如图 1-28 所示的 Format Data Table（表格格式）对话框。

2. 修改列标题

在 Format Data Table 对话框中单击 Column Titles（列标题）选项卡，即可打开列标题设置选项，如图 1-29 所示，同样的也可以单击 Subcolumn Titles（子列标题）选项卡打开子列标题设置选项。通过这些选项可以修改列标题及子列标题。

图 1-29　列标题选项

在 GraphPad Prism 中，除了可以修改列标题的名称外，还可以利用上方的工具栏对列标题的文字格式进行修改，包括正斜体、粗斜体、下画线、上下标等。

3. 创建新数据表

在导航浏览器中单击 Data Table → New Data Table 选项（见图 1-30），此时 GraphPad Prism 会进入 Welcome to GraphPad Prism 欢迎窗口，读者可以根据数据表的类型创建新的数据表。

单击 Sheet 选项卡下的 ➕▾（新建）按钮，在弹出的如图 1-31 所示的快捷菜单中选择不同的命令，可以创建不同类型的表单。

图 1-30 创建新表选项

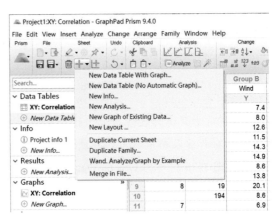

图 1-31 创建新表单命令

4. 缩略图预览表单

在导航浏览器中单击 Data Tables，可以预览该选项下的所有表单，如图 1-32 所示，此处拥有两个数据表。再次单击 Data Tables 即可退出预览。

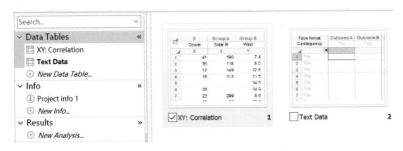

图 1-32 预览表单

单击导航浏览器各选项组左侧的 ➤ 折叠按钮，即可将该选项组下的所有选项折叠，再

次单击 ➤（展开）按钮，即可将折叠的菜单展开，如图 1-33 所示。

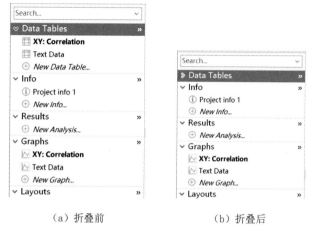

（a）折叠前　　　　　　　　（b）折叠后

图 1-33　折叠与展开选项

另外，利用导航浏览器上方的搜索框可以搜索创建的图表，这在存在大量图表信息的时候非常有用，可以有效提高工作效率。

1.3.2　信息

Info 表单用于记录数据分析与处理过程中的一些基本信息，方便用户查验，既可以记录在分析中使用的实验细节和常数，也可以记录实验设计、实验结果等信息。

信息工作表如图 1-34 所示。每个项目最多可以有 500 张信息工作表。每张信息工作表均可以链接至一张特定的数据表。

结构化信息表　　　　　　　　无结构的注释

图 1-34　信息表单

虽然这些信息不参与分析与处理，但是可以帮助用户记录过程信息，因此 Info 也是数据表单的重要组成部分。

1.3.3 结果

Results 表单用于显示数据的分析结果。以下两种操作会弹出如图 1-35 所示的 Analyze Data（数据分析）对话框。

（1）在导航浏览器中单击 Results → New Analysis 选项。

（2）单击 Analysis 选项卡下的 Analyze（分析）按钮。

在 Analyze Data 对话框中选择分析类型及分析数据后单击 OK（确定）按钮，会弹出如图 1-36 所示的 Parameters（参数）设置对话框。

图 1-35 数据分析对话框

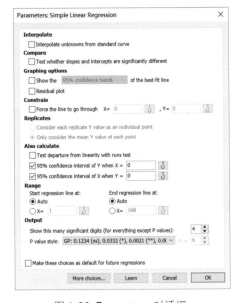

图 1-36 Parameters 对话框

完成参数设置后，单击 OK 按钮即可自动生成分析结果表单，如图 1-37 所示。

如果由当前参数设置得到的分析结果未满足要求时，可将分析结果表单置前，通过以下操作返回到参数设置对话框，重新进行参数设置。

（1）单击工作区左上角的 ⊞ （参数设置）按钮。

（2）单击 Analysis 选项卡下的 ⊞ （参数设置）按钮。

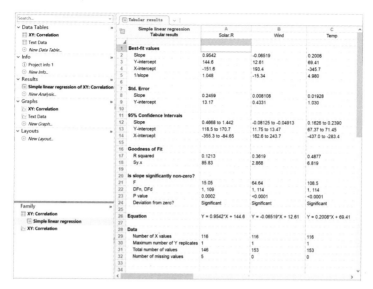

图 1-37　分析结果表单

提示　当对统计分析方法或分析结果有疑问，或者需要了解该方法时，可以单击
Interpret 选项卡下的 ▧（解释）按钮进入一个统计分析网页，该网页显示了所采用的统
计分析方法和指标参数的说明。

1.3.4　图表

当数据表中插入数据时，GraphPad Prism 会自动创建一个与数据表同名的 Graphs 表单，
图表表单并未给出图表样式，这需要用户自行设置。

1. 修改图表类型

在首次单击图表表单名称时会弹出如图 1-38 所示的 Change Graph Type（修改图表类型）
对话框，在该对话框中可以对图表类型进行设置（此处选择散点图），设置完成后单击 OK
按钮即可生成图表。

说明　GraphPad Prism 根据数据类型提供了不同的图表类型以供选择，后文会进行
详细介绍。

在非首次单击时，图表名称仅起到导航定位的作用，如果需要更改图表样式，则需要
单击 Change 选项卡下的 📊（修改图表类型）按钮，重新打开 Change Graph Type 对话框，
然后修改图表类型。

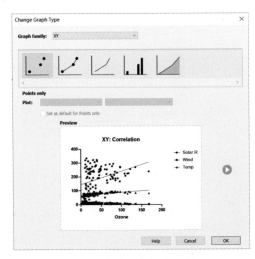

图 1-38　修改图表类型对话框

2．设置图表格式

通过下面两种方式可以打开如图 1-39 所示的 Format Graph（图表格式）对话框，利用该对话框可以修改图表的显示格式。

（1）双击图表中的图形主要部分（非坐标轴）。

（2）单击 Change 选项卡下的 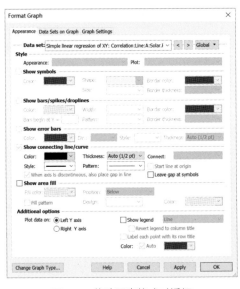 （修改图表格式）按钮。

图 1-39　修改图表格式对话框

3．设置坐标轴格式

当需要对图表的坐标轴进行修改时，通过下面两种操作方式可以打开如图 1-40 所示的 Format Axes（坐标轴格式）对话框，利用该对话框可以修改坐标轴的显示格式。

（1）双击图表中需要修改的坐标轴部分。

（2）单击 Change 选项卡下的 ⌐ （修改坐标轴格式）按钮。

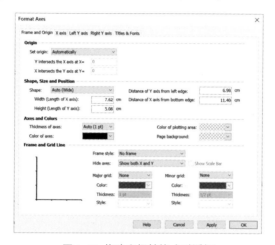

图 1-40 修改坐标轴格式对话框

4．设置显示颜色

默认情况下，图表均为黑白显示，图表区分比较困难，通过单击 Change 选项卡下的 ◉ˑ（颜色设置）按钮，在弹出的下拉菜单中选择 Colors 可以调整图表显示为彩色，以便于区分。颜色设置效果如图 1-41 所示。

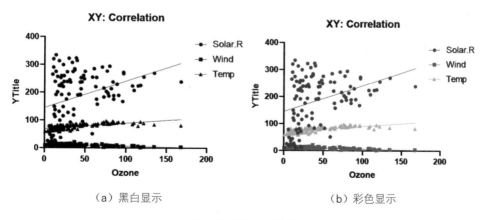

（a）黑白显示　　　　　　　　　　　（b）彩色显示

图 1-41 颜色设置效果

1.3.5 布局

页面布局就是在一张页面上组合多张图表，以及数据或结果表、文本、绘图和导入的图像等。图表可来自一个或多个 GraphPad Prism 项目。

执行以下两种操作会弹出如图 1-42 所示的 Create New Layout（创建新布局）对话框，利用该对话框可以创建新的页面布局。

（1）在导航浏览器中单击 Layouts → New Layout（新布局）选项。

（2）单击 Sheet 选项卡下的 ➕▾（新建）按钮，在弹出的快捷菜单中执行 New Layout 命令。

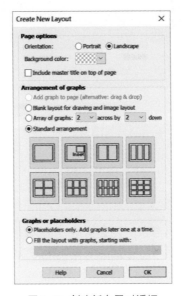

图 1-42 创建新布局对话框

进行布局设置时按照以下步骤进行：

步骤 01 在 Page options（页面选项）下设置整个页面以纵向还是横向方式布局，并对背景颜色进行设置。设置是否包括每个图形上部的主标题。

步骤 02 在 Arrangement of graphs（图形排列）下选择或设置页面上所需的占位符数量及其排列方式。

步骤 03 Graphs or placeholders（图形或占位符）决定是从仅带有占位符的布局页面开始，还是自动将图表放置到布局上。在后一种情况下，可以指定第一张图表，而后 GraphPad Prism 就会按照图表在导航浏览器 Graphs 部分中出现的顺序自动放置其他图表。

按照图 1-42 所示进行设置后，单击 OK 按钮，此时工作区显示如图 1-43 所示。

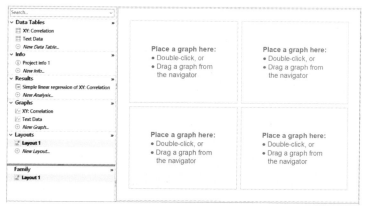

图 1-43　创建新布局

步骤 04　在布局位上单击即可弹出如图 1-44 所示的 Place Graph on Layout（在布局位上放置图形）对话框，在该对话框下选择需要放置的图形并设置相关位置参数后，单击 OK 按钮即可在对应位上放置图形。

图 1-44　在布局位上放置图形对话框

1.3.6　族

导航浏览器下方的 Family 会将相关联的 Data Tables、Info、Results、Graphs 及 Layouts

放置在一起，形成一个族。

通常情况下，数据表名称被修改后，后面的信息、结果、图表默认都会随之改变，这有利于回溯数据可视化的过程。但随着图表数量的增加，难免会存在重复命名的情况，这样就有了难以关联的部分，而通过 Family 则可以将管理的部分放置在一起，便于索引。

说明 当选中某个 Family 时，预期管理的各个表单均会以粗体显示，如图 1-45 所示。

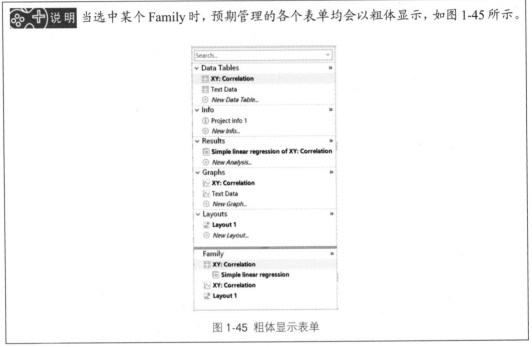

图 1-45 粗体显示表单

1.4 图表输出与发送

在 GraphPad Prism 中完成图表的生成、修饰和美化后，就需要对图表进行输出或发送到其他软件中。为方便交流，当需要将图表发送至不拥有 GraphPad Prism 的人员时，尽量考虑发送 GraphPad Prism 文件。下面介绍图表的导出及发送的方法。

1.4.1 导出图表

当需要将图片单独作为文件递交给学术论文杂志时，需要采用图表导出功能。在进行图表导出前，建议首先将原始数据图表进行保存。

在 GraphPad Prism 中执行以下两种操作，弹出如图 1-46 所示的 Export Graph（导出图表）

对话框。

（1）执行菜单栏中的 File → Export（导出）命令。

（2）单击 Export 选项卡下的 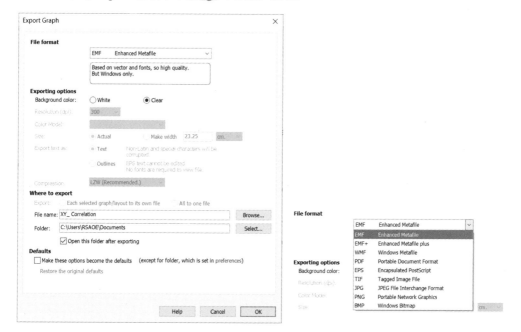（导出）按钮。

图 1-46　导出图表对话框

在 Export Graph（导出图表）对话框中可对导出参数进行设置：

（1）在 File format（文件格式）下选择需要导出的文件格式。常见的导出格式有矢量格式、封装格式及位图格式。

- 矢量格式包括 EMF+（新增强型图元文件 +）、EMF（旧增强型图元文件）及 WMF（Windows 图元文件）三种格式，GraphPad Prism 与 Office 的交互默认使用 EMF+ 和 WMF 格式。

- 封装格式包括 PDF（便携式文件）及 EPS（预览 PS）两种格式，这类文件包含矢量和字体，可视为一种既能容纳矢量图又能容纳位图的文件格式。

- 位图格式包括 TIF、JPG、PNG、BMP 四种格式。其中 TIF 和 PNG 是无损压缩格式，在科研图片的输出中多采用 TIF 格式；BMP 格式为少量压缩的标准图片格式；JPG 格式为压缩比可调的一种图片格式，文件较小便于传输交流。

（2）在 Exporting options（导出选项）中，根据选用的导出格式设置导出图片的背景颜色、分辨率、色彩模式、尺寸大小、压缩方式等参数。

（3）在 Where to export（导出位置）中设置导出图片的名称及保存位置，此处还可以针对多图形布局设置将图形保存在一个文件还是多个文件中。

1.4.2 发送图表

在编写论文或者制作汇报 PPT 时，经常需要插入在 GraphPad Prism 中绘制的图表，此时继续用到 GraphPad Prism 的图表发送功能。

当需要将图表放入 Word 或 PowerPoint 中时，可以通过复制粘贴或者单击 Send 选项卡下的 P（发送到 PowerPoint）或 W（发送到 Word）按钮实现，而无须导出，如图 1-47 所示。

通过发送方式插入 Word 或 PowerPoint 的 GraphPad Prism 图表，双击即可打开，并可进行后续编辑，该图表在 GraphPad Prism 中改变并保存后，Word 或 PowerPoint 中的图表也会随之改变。

图 1-47　发送图表命令

1.4.3 打印图表

在 GraphPad Prism 中执行以下两种操作，可以实现图表的打印功能，具体设置这里不再赘述。

（1）执行菜单栏中的 File → Printer Setup（打印设置）或 Print（打印）命令。

（2）单击 Print 选项卡下的 🖶（打印设置）或 🖶（打印）按钮。

1.5　Prism 示例旅程

通过前文的学习，读者基本了解了 GraphPad Prism 的功能及操作方法，下面介绍 GraphPad Prism 的操作流程并通过一个简短的示例帮助读者了解如何在 GraphPad Prism 中进行数据分析和图表绘制。

1.5.1　操作流程

在 GraphPad Prism 中，基本操作流程如下：

步骤01 通过实验或模拟手段获取原始数据，并对该数据进行整理。

步骤02 进入 GraphPad Prism，在 Welcome to GraphPad Prism 欢迎窗口中选择恰当的数据类型，建立一个新项目（Project）。

步骤03 将原始数据输入或导入项目的数据表（Data Tables）中，并记录实验信息（Info）。

步骤04 在导航浏览器的 Results 选项组或 Analysis 选项卡下的 Analyze（分析）中选择恰当的数据转换方法及统计方法，对数据进行统计分析。

步骤05 在导航浏览器的 Graphs 选项组中生成、修改及美化图表。根据需要可以选用统计分析结果进行描述。

步骤06 根据需要选择恰当的图片格式进行导出或发送。

1.5.2　示例进阶

操作步骤如下：

步骤01 双击桌面上的 GraphPad Prism 9 图标启动 GraphPad Prism，在出现的 Welcome to GraphPad Prism 欢迎窗口中单击 Column 选项。

> 说明 如果读者已经打开 GraphPad Prism，可通过执行菜单栏中的 File → New → New Project File 命令启动欢迎窗口。

步骤02 在欢迎窗口右侧的 Data table 选项组中单击 Start with sample data to follow a tutorial 单选按钮，在 Select a tutorial data set 选项组中选择 T tests 下的 t test –Unpaired（非配对 t 检验），如图 1-48 所示。

步骤03 设置完成后，单击欢迎窗口中的 Create 按钮进入工作界面，如图 1-49 所示。其中黄色浮动注释是示例教程，简要解释了数据的格式，单击下方的超链接可以链接至更详细的在线帮助文档。

步骤04 在导航浏览器中，单击 Resulets 选项组中的 New Analysis 选项，或者单击 Analysis 选项卡下的 Analyze（分析）按钮，在弹出的 Analyze Datad 对话框中选择 Column analyses 下的 t tests（and nonparametric tests）（t 检验分析）选项，如图 1-50 所示。

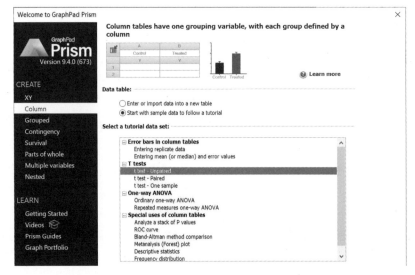

图 1-48 选择非配对 t 检验的样本数据

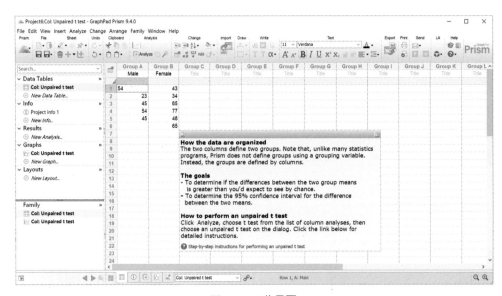

图 1-49 工作界面

步骤 05 单击 OK 按钮，弹出 Parameters: t tests（and Nonparametric Tests）对话框。在该对话框的 Experimental Design 选项卡下单击 Experimental design 下的 Unpaired 单选按钮确认实验设计为非配对，单击 Assume Gaussian distribution 下的 Yes. Use parametric test 单选按钮假设为高斯分布，单击 Choose test 下的 Unpaired t test. Assume both populations have the same SD 单选按钮执行非配对 t 检验，如图 1-51 所示。

图 1-50　Analyze Datad 对话框

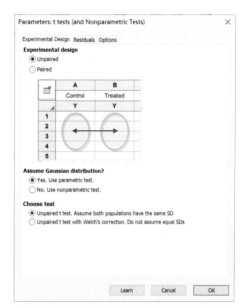

图 1-51　Parameters: t tests（and Nonparamatric Tests）
对话框

步骤 06 接受 Resisuals 及 Options选项卡上的所有默认设置。单击 Learn 按钮，可以查阅所有选项的解释。完成设置后单击 OK 按钮，即可按要求完成数据分析。分析结果如图 1-52 所示。

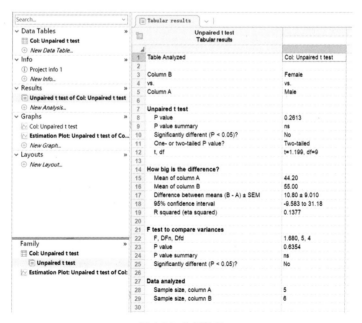

图 1-52　分析结果

步骤 07 单击 Interpret 选项卡下的 ▧（分析检查表）按钮，可以进入统计分析网页，帮助用户理解分析结果。单击分析结果表左上角的 ▦（表格结果）按钮，会再次弹出 Parameters: t tests 对话框，根据需要可以更改为配对检验或非参数检验。

步骤 08 在左侧导航浏览器中，单击 Graphs 选项组中的 Col: Unpaired t test（非配对 t 检验数据）选项，将弹出如图 1-53 所示的 Change Graph Type（更改图表类型）对话框，根据需要选择满足要求的图表类型，此处选择散点图，并在中间画一条线，如图 1-54（a）所示。

步骤 09 单击 Draw 选项卡下的 ┴▪（成对比较）按钮，即可在图表上自动添加 t 检验的结果，如图 1-54（b）所示。

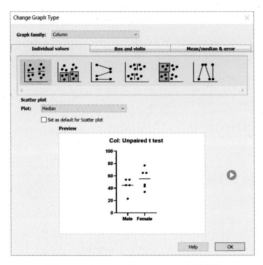

图 1-53 Change Graph Type 对话框

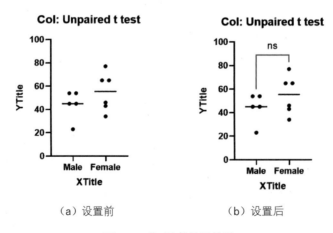

（a）设置前　　　　　　　　（b）设置后

图 1-54 成对比较设置前后

步骤⑩ 再次单击 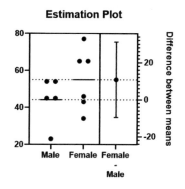（成对比较），在弹出的如图 1-55 所示的 Format Pairwise Comparisons（成对比较格式设置）对话框中可设置图表外观的格式。

步骤⑪ 在左侧导航浏览器中，单击 Graphs 选项组中的 Estimation Plot: Unpaired t test data（估计图：非配对 t 检验数据）选项，此时工作区窗口显示如图 1-56 所示的估计图。

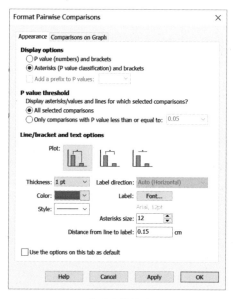

图 1-55　成对比较格式设置对话框

图 1-56　估计图

> 说明 估计图提供另外一种查看原始数据和分析结果的方法，此时使用效应估计和 95% 置信区间代替 P 值。Prism 目前仅适用于 t 检验（非配对 t 检验和配对 t 检验）。

步骤⑫ 单击 Change 选项卡下的 （颜色设置）按钮，在弹出的下拉菜单中选择 Colors，调整显示为彩色，如图 1-57 所示。

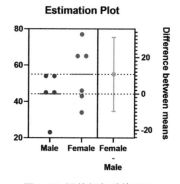

图 1-57　调整颜色后的显示

1.6 本章小结

本章介绍了 GraphPad Prism 软件的特色及功能，着重对 GraphPad Prism 的工作界面、项目组成、图表的输出与发送等进行了细致的介绍，对 GraphPad Prism 中的 8 种数据类型进行了说明，后文将分别针对这 8 种数据的分析及图表绘制进行讲解。

本章最后给出了一个示例，通过该示例展示了如何在 GraphPad Prism 中进行数据分析及图表展示。本书在附录中给出了 GraphPad Prism 中常用的快捷命令，方便读者查阅。

第2章

数据的输入

数据是使用 GraphPad Prism 进行绘图的基础。不同于 Excel 或大多数统计程序，GraphPad Prism 的数据表按结构或格式相关联，采用的表类型需要基于数据组织和希望执行的分析来进行选择，并根据选择的表进行数据输入。基于此，本章重点讲解数据表的创建与输入，同时对数据表的操作进行简单的讲解。

学习目标：

★ 掌握数据表的创建方法。

★ 掌握数据表的输入方法。

★ 掌握数据表的编辑操作。

2.1 创建数据表

第1章已经介绍过 GraphPad Prism 中 XY 表、列表、分组表、列联表、生存表、整体部分表、多变量表及嵌套表等 8 种类型的数据表。本节主要介绍在 GraphPad Prism 中创建数据表的

3 种方式。

2.1.1 利用命令新建数据表

在 GraphPad Prism 中，单击 Sheet 选项卡下的 ┿▾（新建）按钮，在弹出的如图 2-1 所示的快捷菜单中选择 New Data Table With Graph 或 New Data Table (No Automatic Graph) 命令，创建数据表。

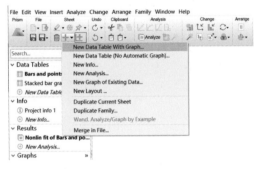

图 2-1 新建菜单

步骤 01 执行 New Data Table With Graph 命令后，会弹出 New Data Table and Graph 对话框，该对话框与 Welcome to GraphPad Prism 欢迎窗口类似，只是缺少 LEARN 选项组，而 OPEN 选项组也少了 2 个选项，如图 2-2 所示。

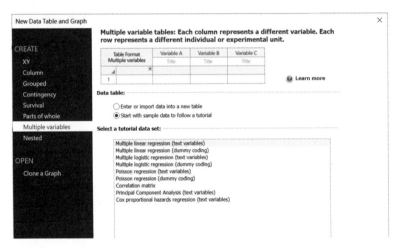

图 2-2 New Data Table and Graph 对话框

步骤 02 执行 New Data Table (No Automatic Graph) 命令后，会弹出 New Data Table (no automatic graph) 对话框，该对话框除标题外与 New Data Table and Graph 对话框相同。

说明 上述两条命令的区别在于 New Data Table With Graph 命令会额外在导航浏览器的 Graphs 选项组中生成一个与该数据表名称一致的图表，如图 2-3 所示的 Data 3。

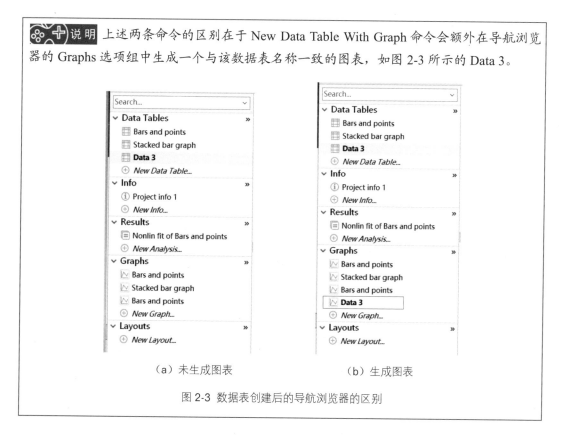

（a）未生成图表   （b）生成图表

图 2-3 数据表创建后的导航浏览器的区别

2.1.2 利用导航浏览器创建数据表

在导航浏览器中，每个栏目下都有 New… 选项，利用该选项可以创建相应的图表。

在导航浏览器中依次单击 Data Table → New Data Table 选项（见图 2-4），此时 GraphPad Prism 会进入 Welcome to GraphPad Prism 欢迎窗口，用户可以根据数据表的类型创建新的数据表。

图 2-4 创建新表选项

2.1.3 通过复制现有表创建数据表

在 GraphPad Prism 中，单击 Sheet 选项卡下的 ✚▾（新建）按钮，在弹出的快捷菜单中选择 Duplicate Current Sheet 命令，可以通过复制当前表的方式创建新的数据表。如图 2-5（b）所示创建的新表 Copy of Bars and points 出现在导航浏览器中。

（a）复制前　　　　　　　　　　（b）复制后

图 2-5 数据表复制前后的导航浏览器

2.2 输入数据

不同于 Excel 或大多数其他图表程序，GraphPad Prism 的数据表已设置了格式：在大多数情况下，第一列为 X 值，其余列为 Y 值，且列可被分为子列，用于输入误差条。

在进行学术图表绘制时，数据和实验设计需要选择一张合适的表格，并根据表格的格式输入数据。在数据表中，除了直接根据表格类型输入数据外，还可以采用下面的方法完成数据表的数据录入。

2.2.1 导入 Excel 数据

GraphPad Prism 提供了若干个从其他应用程序获取数据的操作方法，针对这些数据可实现复制、粘贴或导入操作。下面先介绍从 Excel 导入数据的方法。

通常，GraphPad Prism 采用复制＋粘贴的方式将 Excel 数据复制粘贴到 GraphPad Prism 数据表中，执行的操作步骤如下：

步骤 01 在 Excel 中选择需要导入的数据，并将它复制到剪贴板中（快捷键 Ctrl+C）。

步骤 02 切换到 GraphPad Prism，将插入点移动到数据表的单元格中，该单元格位置将成为粘贴数据范围的左上角。

步骤 03 单击 Clipboard 选项卡下的 （粘贴）按钮或执行 （选择性粘贴）按钮下的相关菜单命令，如图 2-6 所示，即可将数据复制到 GrophPad Prism 中。

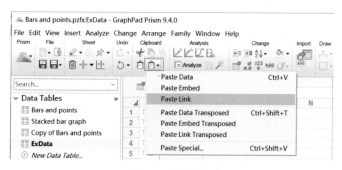

图 2-6 菜单命令

其中选择性粘贴下拉菜单中的各选项的含义如下（图 2-7 所示为 Excel 中的原始数据）：

- Paste Data（粘贴数据）：GraphPad Prism 不保留返回 Excel 电子表格的链接，仅仅复制这些数据的值，如图 2-8 所示，这些数据不会随 Excel 表格中的数据变化而变化。

	A	B	C
1	1	4	2
2	2	2	6
3	3	0	10
4	4	-2	14
5	5	-4	18
6	6	-6	22
7	7	-8	26
8	8	-10	30

图 2-7 Excel 中的原始数据

	X	Group A	
	X Title	Data Set-A	
	X	A:Y1	A:Y2
1 Title	1	4	2
2 Title	2	2	6
3 Title	3	0	10
4 Title	4	-2	14
5 Title	5	-4	18
6 Title	6	-6	22
7 Title	7	-8	26
8 Title	8	-10	30

图 2-8 粘贴数据

- Paste Embed（粘贴嵌入）：将选定的数据粘贴到数据表中，还将整个电子表格文件的副本粘贴到 GraphPad Prism 项目中，如图 2-9 所示。

粘贴嵌入的优点是不需要单独保存电子表格文件，可以在 GraphPad Prism 中直接打开 Excel 编辑数据，并立即更新 GraphPad Prism 中的分析和图表；缺点是会得到相同数据的多份副本，容易造成数据混乱，同时使得 GraphPad Prism 文件变大。

- Paste Link（粘贴链接）：将选定的数据粘贴到数据表中，同时创建一个返回 Excel 文件的链接，如图 2-10 所示。链接是一个实时链接，允许跟踪（并记录）数据源，从而保持数据有序。当在 Excel 中编辑或替换数据时，GraphPad Prism 将更新分析和图表。

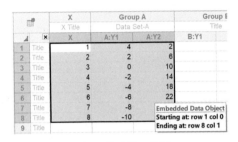

图 2-9　粘贴嵌入数据

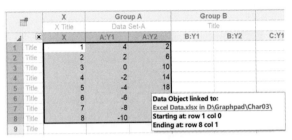

图 2-10　粘贴链接数据

> **注意**　只有从具有名称的 Excel 工作簿粘贴数据时，该命令才可用；如果正在使用一个新的 Excel 文件，在将其数据链接到 GraphPad Prism 之前，必须先进行保存。

- Paste Data Transposed（粘贴数据转置）：将 Excel 行中的数据变换为 GraphPad Prism 中的列，反之亦然。

- Paste Embed Transposed（粘贴嵌入转置）：将 Excel 行中的数据变换为 GraphPad Prism 中的列。使用时可以选择仅粘贴数据，并在 GraphPad Prism 中嵌入 Excel 表的副本，如图 2-11 所示。

	X X Title	Group A Data Set-A		Group B Data Set-B		Group C Data Set-C		Group D Data Set-D	
✕	X	A:Y1	A:Y2	B:Y1	B:Y2	C:Y1	C:Y2	D:Y1	D:Y2
1　Title	1	2	3	4	5	6	7	8	
2　Title	4	2	0	-2	-4	-6	8	-10	
3　Title	2	6	10	14	18	22	26	30	
4　Title									

图 2-11　粘贴数据转置

- Paste Link Transposed（粘贴链接转置）：将 Excel 行中的数据变换为 GraphPad Prism 中的列。并保留原始 Excel 表的链接，如图 2-12 所示。

	X X Title	Group A Data Set-A		Group B Data Set-B		Group C Data Set-C		Group D Data Set-D	
✕	X	A:Y1	A:Y2	B:Y1	B:Y2	C:Y1	C:Y2	D:Y1	D:Y2
1　Title	1	2	3	4	5	6	7	8	
2　Title	4	2	0	-2	-4	-6	8	-10	
3　Title	2	6	10	14	18	22	26	30	
4　Title									
5　Title									
6　Title									

图 2-12　粘贴链接转置

- Paste Special（选择性粘贴）：执行该命令会打开如图 2-13 所示的 Import and Paste Special Choices 对话框。在该对话框中选择是否嵌入或链接到原始文件，也可设置是否在粘贴到 Prism 时过滤和重新排列数据。限于篇幅这里不再详细介绍各选项的含义。

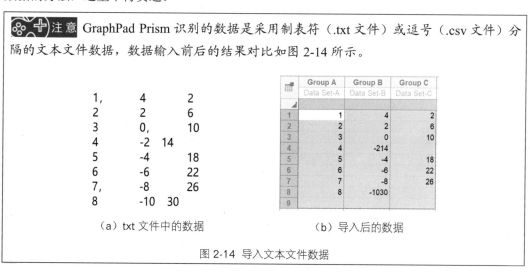

图 2-13 Import and Paste Special Choices 对话框

2.2.2　导入文本文件数据

在 GraphPad Prism 中也可以导入文本文件中的数据，从文本文件中复制粘贴数据只适用于 Paste Data 的方式，Paste Embed 及 Paste Link 方式不再适用。操作方法同导入 Excel 中数据的方法，这里不再赘述。

注意 GraphPad Prism 识别的数据是采用制表符（.txt 文件）或逗号（.csv 文件）分隔的文本文件数据，数据输入前后的结果对比如图 2-14 所示。

	4	2
1,	4	2
2	2	6
3	0,	10
4	-2 14	
5	-4	18
6	-6	22
7,	-8	26
8	-10 30	

	Group A	Group B	Group C
	Data Set-A	Data Set-B	Data Set-C
1	1	4	2
2	2	2	6
3	3	0	10
4	4	-214	
5	5	-4	18
6	6	-6	22
7	7	-8	26
8	8	-1030	
9			

（a）txt 文件中的数据　　　　　　　（b）导入后的数据

图 2-14　导入文本文件数据

2.2.3 直接导入文件

在 GraphPad Prism 中，也可以直接从 Excel 或 txt 文件中导入数据，导入步骤如下：

步骤01 在数据表中，将插入点移动到将成为所导入数据左上角的单元格。

步骤02 单击 GraphPad Prism 中 Import 选项卡下的 🖼️（导入文件）按钮，在弹出的 Import 对话框中选择需要导入的文件，单击"打开"按钮后会弹出如图 2-15 所示的 Import and Paste Special Choices 对话框。其中：

- Source（源）：该选项卡允许在仅导入或粘贴值、链接到文件和嵌入数据对象之间进行选择。
- View（查看）：该选项卡允许查看所导入或粘贴的文件内容，并将它分成几列。
- Filter（过滤器）：该选项卡允许选择导入数据文件的哪些部分。
- Placement（放置）：该选项卡允许在将数据导入 / 粘贴到 Prism 时重新排列数据。
- Info & Notes（信息和注释）：该选项卡提供将文本文件的内容直接导入 GraphPad Prism 信息工作表的工具。

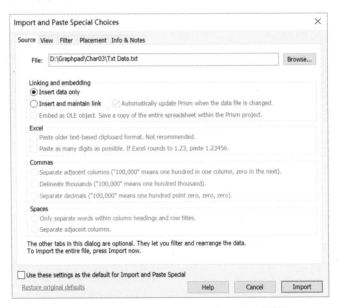

图 2-15 Import and Paste SpecialChoices 对话框

步骤03 在对话框中完成各选项的设置后，单击 Import 按钮即可完成数据的导入操作。

注意　尽量采用"复制＋粘贴"的方式从 Excel 中传输数据，避免直接导入造成数据乱码。

2.2.4　在 XY 表的 X 列插入序列

针对 XY 表，通常情况下希望 X 列是一系列常规值，这样就可以通过下面的方式直接输入数据序列。

1．使用插入序列命令

按照下面的操作步骤插入算术或几何序列：

步骤 01　将插入点放在序列的第一个单元格中，或者选择想要包含该序列的整个范围。

步骤 02　执行菜单栏中的 Insert → Create Series 命令，或者单击 Change 选项卡下的 （插入序列）按钮，如图 2-16 所示。此时会弹出如图 2-17 所示的 Creat Series 对话框。

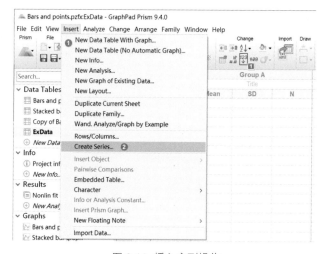

图 2-16　插入序列操作

图 2-17　Creat Series 对话框

步骤 03　在该对话框中输入该序列所含数值的数量、起始值，以及获得其他值的规则，包括 plus、minus、multiplied by、divided by 四种。

说明　对于 XY 表，通常是希望在 X 列中插入一个序列，但实际可以在任何列中插入一个序列。如果在打开对话框之前选择整列，该对话框将默认创建一个包含 500,000 个值的序列。

2．利用表格格式对话框插入序列

如果在已有数据或列标题的 XY 表（注意表格不能为空）中将 X 列变为一个序列，可采用下面的操作。

步骤 01 单击工作区（数据表）左上角的 ▦（表格格式）按钮，或者单击 Change（改变）选项卡下的 ▦（表格格式）按钮，在弹出的 Format Data Table 对话框中进行设置。

步骤 02 在对话框中单击 X 选项组中的 Generate X values as a series 单选按钮，并输入起始值和增量，如图 2-18 所示。

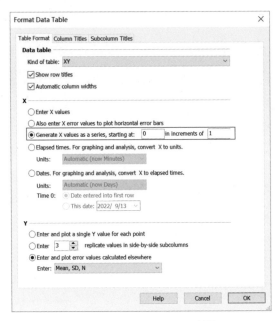

图 2-18 Format Data Table 对话框

2.3 编辑数据表

在第 1 章中已经对数据表的格式、列标题的修改等进行了简单的讲解，下面详细介绍如何对数据表进行编辑操作。

2.3.1 行标题

在 GraphPad Prism 中，使用行标题可以将标题传播至标准曲线（插值），可以在 XY

图上标记各点，在分组数据表中标记各组，将列表上的受试者标记为前后对照图表等。操作步骤如下：

步骤01 在已有数据或列标题的 XY 表（注意表格不能为空）中单击工作区（数据表）左上角的 ⊞（表格格式）按钮，或者单击 Change 选项卡下的 ⊞（表格格式）按钮，即可弹出 Format Data Table 对话框。

步骤02 在对话框中的 Table Format 选项卡下勾选 Show row titles 复选框（见图 2-19）即可显示行标题。如图 2-20 所示为 XY 表显示的行标题。

步骤03 在数据表行标题的 Title 上单击即可变为文本编辑模式，输入标题即可。

步骤04 单击数据表左上角的 ☒（关闭）按钮即可关闭行标题，关闭后的效果如图 2-21 所示。

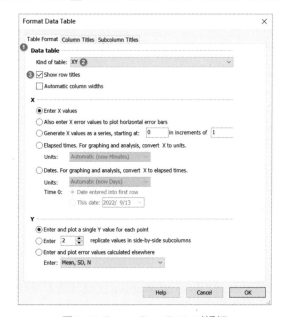

图 2-19 Format Data Table 对话框

图 2-20 显示行标题　　　　　　　　　图 2-21 关闭行标题

2.3.2 数据排序

1. 重新排序 XY 数据

如图 2-22 所示,单击 Change 选项卡下的 （排序）按钮,在弹出的快捷菜单中执行相应命令即可实现数据的排序。

图 2-22 排序命令

2. 反转数据集列的绘制顺序

如果想要反转列的图表中的绘制顺序,可以不更改数据表而直接转至图表窗口,单击 Change 选项卡下的 ↻（更改数据集顺序）按钮,在弹出的如图 2-23 所示的快捷菜单中执行相应的命令,即可实现数据的排序。

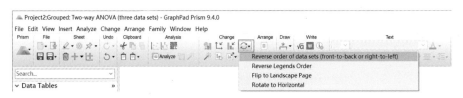

图 2-23 更改数据集顺序命令

如图 2-24 所示为执行 Reverse order of data sets（反转数据集绘制顺序）命令后的对比效果。如图 2-25 所示为执行 Rotate to Horizontal（旋转到水平）命令后的效果。

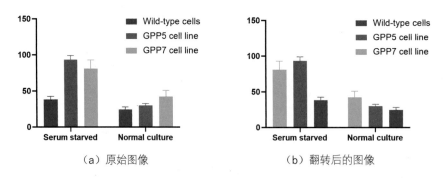

（a）原始图像　　　　　　　　（b）翻转后的图像

图 2-24 执行 Reverse order of data sets 命令后的对比效果

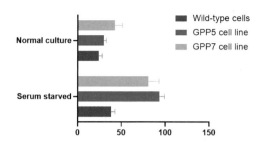

图 2-25　执行 Rotate toHorizontal 命令后的效果

2.3.3　更改数据表列宽

为了便于浏览数据，经常需要调整列宽，调整时单击列边框上的任意位置并拖动即可。如果先选择几列，则拖动一列的边框将更改所有选定列的宽度，如图 2-26 所示。

Table format: Grouped		Group A Wild-type cells					Group B GPP5 cell line				
		A:1	A:2	A:3	A:4	A:5	B:1	B:2	B:3	B:4	B:5
1	Serum starved	34	36	41		43	98	87	95	99	88
2	Normal culture	23	19	26	29	25	32	29	26	33	30
3	Title										
4	Title										
5	Title										

（a）调整单列

Table format: Grouped		Group A Wild-type cells					Group B GPP5 cell line				
		A:1	A:2	A:3	A:4	A:5	B:1	B:2	B:3	B:4	B:5
1	Serum starved	34	36	41		43	98	87	95	99	88
2	Normal culture	23	19	26	29	25	32	29	26	33	30
3	Title										
4	Title										
5	Title										

（b）调整多列

图 2-26　调整列宽

由于 GraphPad Prism 自动确定子列（重复值）的宽度，因此无法单独更改子列的宽度。如需使所有列变大或变小，那么重新调整主列的尺寸即可。

2.3.4　调整显示小数位数

在 GraphPad Prism 中默认会自动选择数据表中显示的小数位数。如需更改显示的小数位数，可以执行下面的操作。

步骤 01 单击列顶部选择要更改的一列或多列数据，此时数据会高亮显示（蓝底色表示选中的数据列）。

步骤 02 单击 Change 选项卡下的 ▓（更改十进制格式）按钮，此时会弹出如图 2-27 所示的 Decimal Format 对话框。

步骤 03 调整对话框中的 Minimum number 数值即可调整显示的小数位数，如图 2-28 所示为调整为 2 位小数后的显示效果。

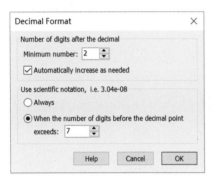

图 2-27 Decimal Format 对话框

Group A					Group B				
Wild-type cells					GPP5 cell line				
A:1	A:2	A:3	A:4	A:5	B:1	B:2	B:3	B:4	B:5
34.00	36.00	41.00		43.00	98.00	87.00	95.00	99.00	88.00
23.00	19.00	26.00	29.00	25.00	32.00	29.00	26.00	33.00	30.00

图 2-28 显示 2 位小数

2.3.5 排除或突出显示数值

1. 排除数据表中的值

当某数值过高或过低且不可信时，需要将它排除。排除值仍在数据表上以蓝色斜体显示，但不包括在分析中，也不在图表上显示。从分析和图表的角度来看，这等同于删除了该值，但该数值仍保留在数据表中以记录其值。

操作时首先选定需要排除的值，然后单击 Change 选项卡下的 123（排除）按钮即可，GraphPad Prism 中排除值以蓝色斜体显示，后跟星号，如图 2-29 所示。

2. 突出显示值

选择一个单元格或一排单元格，然后单击 Change 选项卡下的 ◇▾（突出显示值）按钮，或者在下拉菜单中选择单元格背景颜色（见图 2-30），即可从 8 种颜色中选择一种来标记需要复查的值，或者根据实验的不同角度进行颜色标记。

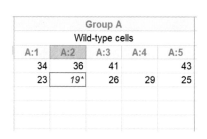

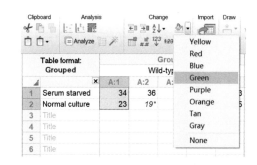

图 2-29　排除值　　　　　　　　　　　图 2-30　突出显示值

2.3.6　删除或移除整个数据集

仅从数据表中删除值时，可以直接选中需要删除的值，然后按 Delete 键即可。

如果要从图表中删除整个数据集，可以采用下面的操作：

步骤 01 在图表模式下，单击 Change 选项卡下的 ⬚（添加 / 删除数据集）按钮或者双击一张图表，即可弹出 Format Graph 对话框，如图 2-31 所示，在 Data Sets on Graph 选项卡中选择待删除的数据集，然后单击 Remove 按钮即可。

步骤 02 如需从结果工作表中删除一个数据集，单击 Analysis 选项卡中的 ▤ Analyze（分析）按钮，在弹出的如图 2-32 所示的 Analyze Data 对话框中取消选中不希望包含在分析中的数据集即可。

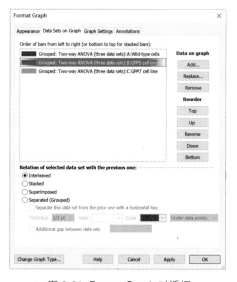

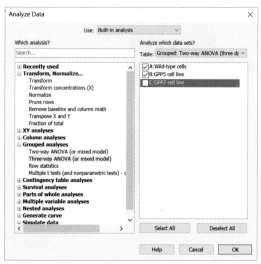

图 2-31　Format Graph 对话框　　　　　　　图 2-32　Analyze Data 对话框

2.4 带误差线的散点图绘制示例

下面通过带误差线的散点图绘制示例帮助读者熟悉如何在 GraphPad Prism 中进行数据输入、图表的绘制、图表的美化等操作，部分内容后面章节会详细介绍，此处读者只需按照步骤进行操作即可。

2.4.1 数据输入

操作步骤如下：

步骤 01 双击桌面上的 GraphPad Prism 9 图标启动 GraphPad Prism，在出现的 Welcome to GraphPad Prism 欢迎窗口左侧单击 XY（XY 表）选项。

> **说明** 如果读者已经打开 GraphPad Prism，可通过执行菜单栏中的 File → New → New Project File 命令启动欢迎窗口。

步骤 02 在欢迎窗口右侧的 Data table 选项组中选择 Enter or import data into a new table，在 Options 选项组的 X 下选择 Numbers，在 Y 下选择 Enter and plot error values already calculated elsewhere，在 Enter 下选择 Mean & SD，如图 2-33 所示。

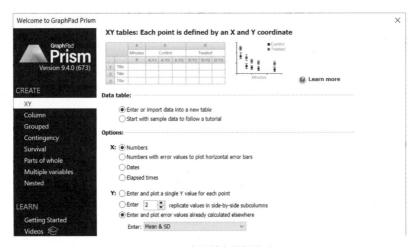

图 2-33 选择样本数据格式

步骤 03 设置完成后，单击欢迎窗口中的 Create 按钮进入工作界面，双击导航浏览器中 Data Tables 中的 Data 1，将名称修改为 Bars and points，同时在右侧表格中输入数据，如图 2-34 所示。

			X	Group A		Group B	
			Seconds	Plasma drug level		Enzyme activity	
		X	X	Mean	SD	Mean	SD
∨ Data Tables	»	1	Title	-30			0.90	0.110
⊞ **Bars and points**		2	Title	0	10.3	1.100		
⊕ New Data Table...		3	Title	5			0.17	0.050
∨ Info	»	4	Title	30	7.0	0.900		
ⓘ Project info 1		5	Title	60	5.2	0.700	0.31	0.046
⊕ New Info...		6	Title	120	2.9	0.500	0.52	0.062
∨ Results	»	7	Title	180	1.8	0.600		
⊕ New Analysis...		8	Title	300	0.8	0.300	0.66	0.080
∨ Graphs	»	9	Title					
⎍ **Bars and points**		10	Title					
⊕ New Graph...		11	Title					
∨ Layouts	»	12	Title					
⊕ New Layout...		13	Title					

图 2-34　修改名称并输入数据

2.4.2　生成图表

操作步骤如下：

步骤 01 单击左侧导航浏览器中 Graphs 中的 Bars and points，此时会弹出 Change Graph Type 对话框，选择带误差棒的散点图，其余参数保持默认设置，如图 2-35 所示。

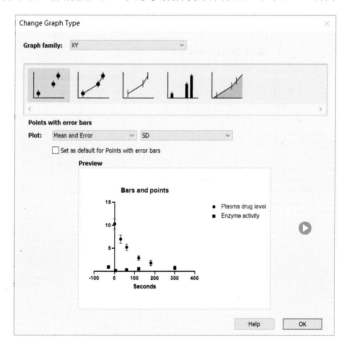

图 2-35　Change Graph Type 对话框

步骤 02 单击 OK 按钮即可生成如图 2-36 所示的散点图。随后即可对该图表进行美化操作。

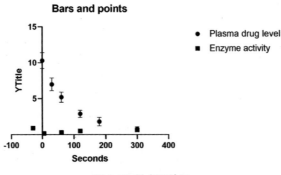

图 2-36 散点图效果

2.4.3 图表修饰

操作步骤如下：

步骤 01 双击图形区域或单击 Change 选项卡下的 🔵▾（改变颜色）按钮，在弹出的配色方案快捷菜单中执行 Colors（彩色）命令，此时图形区颜色发生变化，如图 2-37 所示。读者可以根据自己的喜好进行配色优化。

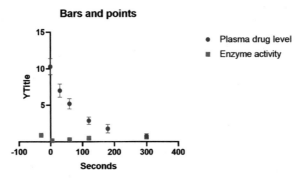

图 2-37 更改配色方案

步骤 02 双击 Y 轴，弹出 Format Axes 对话框，在该对话框中单击 Right Y axis 标签打开 Right Y axis 选项卡，对右 Y 轴进行设置，在 Gaps and Direction 中选择 Standard，单击 Apply 按钮，如图 2-38 所示。此时的图表窗口出现右 Y 轴，如图 2-39 所示。

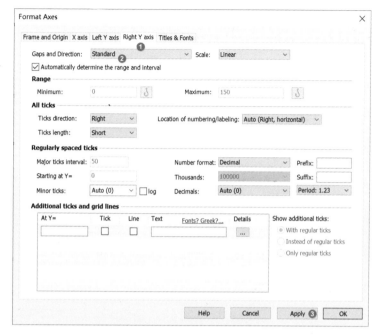

图 2-38　Right Y axis 选项卡

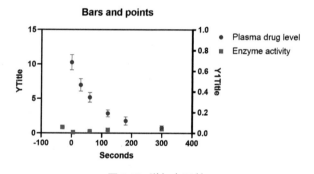

图 2-39　增加右 Y 轴

步骤 03　在 Format Axes 对话框中单击 Frame and Origin 标签打开 Frame and origin 选项卡，在 Frame and Grid line 选项组中的 Frame style 中选择 No frame 选项，单击 OK 按钮，如图 2-40 所示。此时的图表如图 2-41 所示。

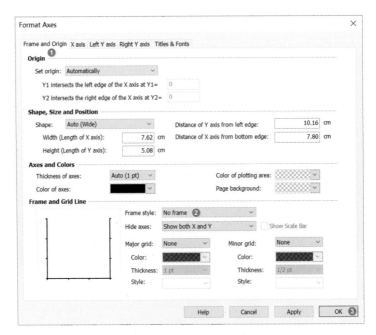

图 2-40 Frame and Origin 选项卡

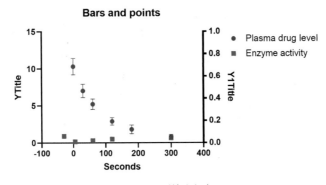

图 2-41 删掉上框架

步骤 04 图 2-41 中右 Y 轴明显要比左 Y 轴粗，在右 Y 轴上右击，在弹出的如图 2-42 所示的快捷菜单中选择 Axis Thickness → 1pt，将坐标轴线条的粗细设置为 1，此时所有坐标轴线条粗细均变为 1pt。

说明 通过右键快捷菜单也可以对坐标轴或标题的字号、颜色位置等进行设置。

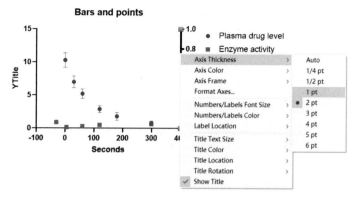

图 2-42　快捷菜单

步骤 05 双击图区域中的 Enzyme activity 数据图形（红色方框），弹出 Format Graph 对话框，可以发现该对话框中 Date set 选中的为 Enzyme activity 数据集。如图 2-43 所示进行设置，在 Format Graph 对话框中取消勾选 Show symbols 复选框，勾选 Show bars/ spikes/ droplines 复选框，将 Border thickness 设置为 None 以关闭柱条的边框；继续勾选 Show error bars 复选框，将 Dir. 设置为 Above，表示在上方显示误差条；在底部的 Additional options 中设置 Plot data on 为 Right Y axis，表示在新 Y 轴上绘制数据集；单击 OK 按钮完成设置。最终绘制结果如图 2-44 所示。

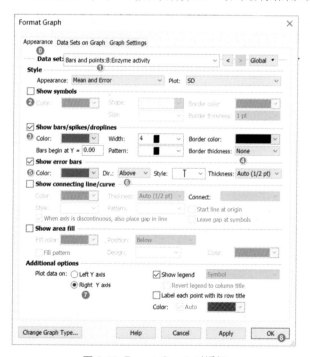

图 2-43　Format Graph 对话框

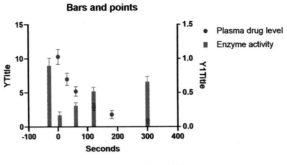

图 2-44 图表效果

2.4.4 曲线拟合分析

下面在数据图表的数据集中增加拟合曲线，操作步骤如下：

步骤 01 单击 Analysis 选项卡下的 ☰Analyze（分析）按钮，弹出 Analyze Data 对话框，在左侧分析类型中选择 XY analyses 下的 Nonlinear regression (curve fit) 选项，在右侧数据集中取消勾选 B:Enzyme activity 复选框，只对 A:Plasma drug level 进行拟合，如图 2-45 所示。

图 2-45 Analyze Data 对话框

步骤 02 单击 OK 按钮，即可进入 Parameters:Nonlinear Regression 对话框进行参数设置，选择 Standard curves to interpolate 下的 Sigmoidal, 4PL, X is log(concentration) 选项，如图 2-46 所示。

图 2-46 Parameters:Nonlinear Regression 对话框

步骤03 单击 OK 按钮退出对话框，完成参数设置，此时图表效果如图 2-47 所示。从图 2-47 中可以发现图表中包含所有必需的元素（带误差条的柱、误差条符号、一个数据集的曲线拟合和两个不同的 Y 轴）。

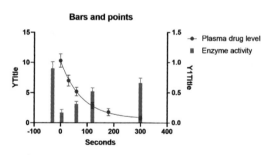

图 2-47 图表效果

2.4.5 图表再次修饰

操作步骤如下：

步骤01 双击左 Y 轴标题，修改轴标题为 Plasma concentration (mg/mL) (curve)，双击右 Y 轴标题，修改轴标题为 Fractional enzyme activation (bars)，如图 2-48 所示。可以发现，轴标题的颜色与数据图颜色相匹配。

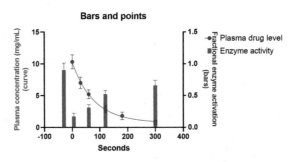

图 2-48 图表效果

步骤 02 双击坐标轴，在弹出的 Format Axes 对话框中打开 Titles & Fonts 选项卡，设置 Numbering and lableling 选项组中的选项可以更改左、右 Y 轴标签的字体颜色以匹配轴标题，如图 2-49 所示。更改后的效果如图 2-50 所示。

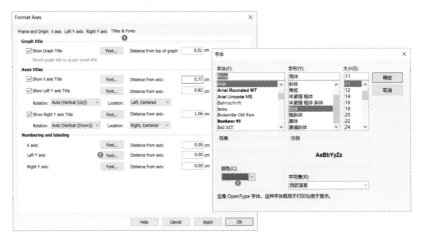

图 2-49 更改左、右 Y 轴标签的字体颜色

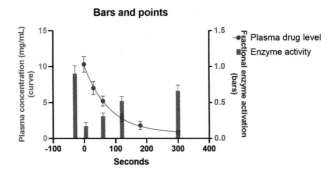

图 2-50 图表效果

步骤 03 利用 Format Axes 对话框 Titles & Fonts 选项卡下的 Axes titles 相关选项可以更改 X 轴、左 Y 轴和右 Y 轴的范围和刻度间隔"。同样地,在 Format and Origin X axis、Left Yaxis、Right Yaxis 选项卡下可对应修改 X 轴、左 Y 轴、右 Y 轴的范围和刻度间隔。左 Y 轴的设置如图 2-51 所示,右 Y 轴参考修改即可,最终的图表效果如图 2-52 所示。

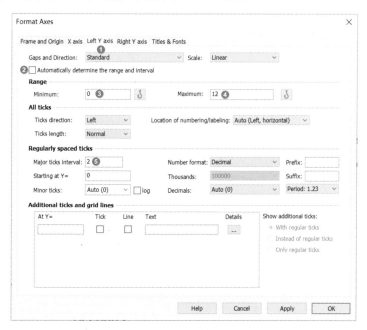

图 2-51 左 Y 轴设置

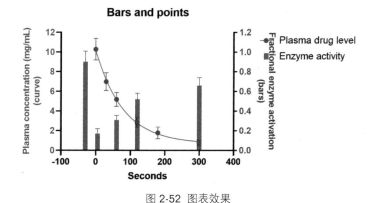

图 2-52 图表效果

步骤 04 按住 Shift 键的同时选中两个图例后松开 Shift 键,按住鼠标拖动到适当的位置,最终图表效果如图 2-53 所示。

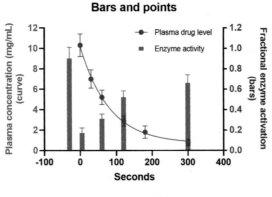

图 2-53　图表效果

2.5　本章小结

　　数据是绘图的基础，在 GraphPad Prism 中所有的数据均是在 8 类数据表中操作的。本章内容未对这几种表格进行区分，属于数据表的通用操作。此外，数据表的创建、数据的输入、数据的编辑等内容读者均需重点掌握。最后本章通过一个绘图示例详细介绍了 GraphPad Prism 的作图过程，读者需细细体会。

第3章
图表修饰与美化

对大部分科研工作人员而言，GraphPad Prism 的真正用途在于制作和完善图表。在 GraphPad Prism 的 Graphs 图表区域选择所需的图表类型后，会在工作区快速生成相应的图表。此时生成的图表具备了图表的基本信息，但是距离出版要求还有一定的距离，这就需要用户进行修饰和美化处理。

学习目标：

- ★ 掌握图表的创建方法。
- ★ 认识图表的组成元素。
- ★ 掌握图表的修饰方法。
- ★ 掌握图表的配色美化操作。

3.1 创建图表

前面的章节中已对图表的创建与修饰进行了简单的介绍，下面就来详细讲解如何在

GraphPad Prism 中进行图表创建与修饰操作。

3.1.1 新数据的新图表

在 GraphPad Prism 中，创建数据表后，会自动创建并链接图表。当第一次转至图表时，会弹出 Change Graph Type 对话框，在该对话框中可以选择想要创建的图表类型。操作步骤如下：

步骤01 进入 GraphPad Prism，单击 File 选项卡下的 📄▾（创建一个新项目文件）按钮，在弹出的快捷菜单中选择 New Project File 命令。

步骤02 在弹出的 Welcome to GraphPad Prism 欢迎窗口的 CREAT 选项组中选择 XY 表，在窗口右侧 Data table 选项组中单击 Start with sample data to follow a tutorial 单选按钮。在 Select a tutorial data set 选项组中选择 Correlation & regression（line and nonlinear）下的 Linear regression-Compare slopes 向导数据，然后单击 Create 按钮进入工作界面。数据表数据如图 3-1 所示。

		X	Group A			Group B			
		Minutes	Control			Treated			
		X	A:Y1	A:Y2	A:Y3	B:Y1	B:Y2	B:Y3	C:Y1
1	Title	1	34	29	28	31	29	44	
2	Title	2.0	38	49	53	61		89	
3	Title	3.0	57		55	78	99	77	
4	Title	4.0	65	65	50	93	111	109	
5	Title	5.0	76	91	84		109	141	
6	Title	6.0	79	93	98	134	145	129	
7	Title	7.0	100	107	89	156	134	167	
8	Title	8.0	105	123	119	167		180	
9	Title	9.0	121	143	134	178	192	175	
10	Title	10.0	135	156		198	203	234	

图 3-1 打开向导数据

此时在导航浏览器的 Data Tables 及 Graphs 选项组中均出现了 XY：Compare slopes（simple lin. reg.）选项。

步骤03 在导航浏览器的 Graphs 选项组中单击 XY：Compare slopes（simple lin. reg.）选项，即可弹出如图 3-2 所示的 Change Graph Type 对话框，在该对话框中可以选择想要创建的图表类型。

步骤04 选择好图表类型及设置好参数后，单击 OK 按钮，即可生成第一张黑白图表，随后可对该图表进行修饰与美化操作。

步骤05 如需制作具有链接图表的附加数据表，单击 Sheet 选项卡下的 ➕▾（新建数据表）按钮，在弹出的快捷菜单中选择 New Data Table With Graph，在弹出的 New Data Table and Graph 对话框中选择数据表类型。

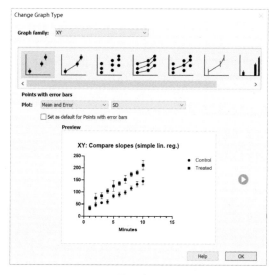

图 3-2　更换图表类型对话框

3.1.2　现有数据的新图表

当用户需要根据同一组数据创建不同类型的图表时，可以执行以下操作：

步骤 01 单击导航浏览器中 Graphs 选项组中的 New Graph 选项，或单击 Sheet 选项卡下的 ➕▾（新建数据表）按钮，在弹出的 Create New Graph 对话框中查看可以绘制的图表，如图 3-3 所示。

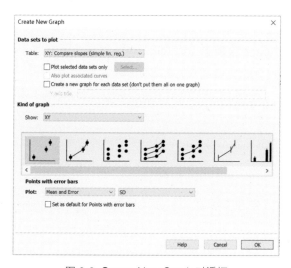

图 3-3　Create New Graph 对话框

步骤 02 在该对话框的 Data sets to plot 选项组的 Table 选项下选中数据源。

步骤 03 如果不想在图表上绘制所有数据，则勾选 Plot selected data sets only（仅绘制选定的数据集）复选框，然后单击 Select（选择）按钮，在弹出的 Select Data Sets（选择数据集）对话框中选择需要绘制的数据集，如图 3-4 所示。

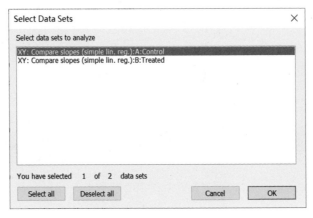

图 3-4 Select Data Sets 对话框

> 注意 选择时只能选择数据集列，不能选择行。

步骤 04 如果已知数据为一张 XY 表，并且已经拟合了一条直线或曲线，当希望曲线或直线（以及数据）同时出现在新图表上时，则需勾选 Also plot associated curves 复选框。

步骤 05 通常 GraphPad Prism 会根据整个数据集创建一张图表，如果希望每个数据集均有一张图表，则需勾选 Create a new graph for each data set 复选框。如果选择为每个数据集创建一张新图表，可以在 Y axis 处指定 Y 轴标题。

步骤 06 在 Kind of graph 选项组中的 Show 中选择想要的图表类型，包括 XY、Column、Grouped 等，显示的是与数据表匹配的图表类型。

步骤 07 选择其中一个缩略图，然后进行其他设置以自定义图表。设置完成后单击 OK 按钮，即可完成图表的添加。

步骤 08 如果对绘制的图表不满意，可双击图形区域或单击 Change 选项卡下的 （选择不同的图表类型）按钮，弹出如图 3-5 所示的 Change Graph Type 对话框，对图表类型进行调整修改。

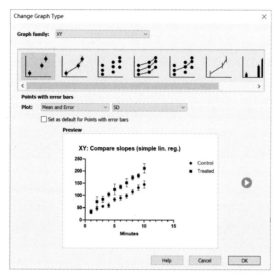

图 3-5　Change Graph Type 对话框

3.1.3　复制图表

当需要绘制具有相同数据的两张图表，一张是彩色的，一张是黑白的，或一张绘制原始重复数据，另一张标有均值和误差条时；当尝试使用不同方法来绘制数据图表，需要在编辑副本时保留一张图表以此探索新思路而不删除所倾向的图表时，就需要通过复制图表实现快速绘图操作。

1．复制图表

复制图表的操作如下：

转至图表，单击 Sheet 选项卡下的 ➕▼（新建数据表）按钮，在弹出的下拉列表中选择 Duplicate Current Sheet（复制当前表）命令。

此时 GraphPad Prism 将创建一份图表的副本，两份图表都将绘制相同数据的曲线。此时可以在不影响原始图表的情况下更改新图表的属性。

2．克隆图表

GraphPad Prism 提供了克隆图表及复制族两种复制图表及其数据表（和分析）的方法。其中克隆图表操作如下：

步骤01 转至图表。单击 Sheet 选项卡下的 ➕▼（新建数据表）按钮，在弹出的快捷菜单中执行 New Data Table With Graph 命令。

步骤 02 在弹出的 New Data Table and Graph 对话框中，在其左侧单击 OPEN 选项组下的 Clone a Graph（克隆图表），在其右侧选择要克隆的图表。

步骤 03 在对话框右侧顶部有 4 个选项卡，分别为 Opened project（当前项目）、Recent project（最近项目）、Saved example（保存的示例文件）及 Shared example（分享的示例文件），从中选择一个选项卡进行克隆，如图 3-6 所示。

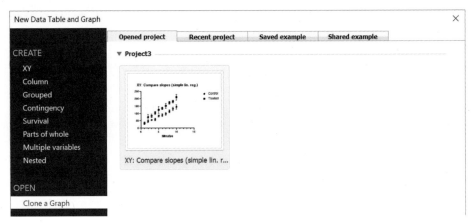

图 3-6 New Data Table and Graph 对话框

3. 复制族

除克隆图表外，还可以采用复制族的方法实现复制图表及其数据表（和分析）。其操作步骤如下：

步骤 01 转至图表，单击 Sheet 选项卡下的 ➕▾（新建数据表）按钮，在弹出的下拉列表中执行 Duplicate Family（复制族）命令。

步骤 02 在弹出的如图 3-7 所示的 Duplicate Sheet with Family（复制族表）对话框中进行相应设置。设置完成后单击 OK 按钮即可复制族。

图 3-7 Duplicate Sheet with Family 对话框

复制的图表看起来和原始图表相同，但是它将绘制一张重复数据表的图表，可能还会绘制复制分析的图表。当编辑复制的表上的数据时，新图表将随之更新。

> **说明** 克隆图表时，系统会询问是否要删除新数据表中的数据（或部分数据）；复制族时，需要手动选择和删除数据。

3.2 图表修饰

科研图表包含的元素比较多，一个标准的图表包括图标题、坐标轴（X、Y、Z 轴等）、轴标题、图形区、图例等，如图 3-8 所示。

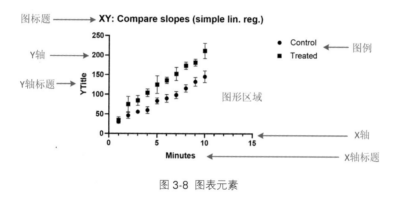

图 3-8 图表元素

不管最终图表上包含多少元素，其大致可以分为坐标轴类、图形表现类、文字内容等。图表的修饰和美化通常按照图形表现→坐标轴→文字内容的顺序进行。

3.2.1 图形类修饰与美化

图形区是由 X 轴和 Y 轴所围成的区域，图形样式、误差条样式、图例、误差标志等均在该区域表现。执行以下两种操作可以打开如图 3-9 所示的 Format Graph 对话框。

（1）单击 Change 选项卡下的 ▊ （图形格式化）按钮。

（2）在图形区双击。

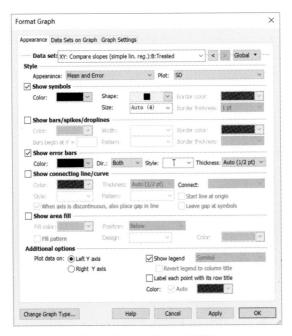

图 3-9 Format Graph 对话框

在 Format Graph 对话框中，可以对图形 Appearance（外观）、Data Sets on Graph（图形数据集）、Graph Settings（图形设置）进行设置。

另外根据图表的不同，Format Graph 对话框的显示也略有不同，譬如针对柱状图还存在一个 Annotations（注释）选项卡。

> **说明** 不同的数据类型，其 Format Graph 对话框显示的内容会有所不同，以下是以 XY 表为例进行的讲解。

1. 外观设置

在 Appearance 选项卡下可进行外观设置。设置时，首先在 Data set（数据集）中选择需要修改的图元对应的数据集。确定好数据集后，再确定图元的下列设置。

> **说明** 当需要显示以下元素时，首先需要勾选相应的复选框，然后进行设置。

（1）在 Style（样式）选项组的 Appearance 中可以对单个图元的样式进行修改，在 Plot（绘图）中对外观样式做进一步的细化修改。

（2）在 Show symbols（显示符号）选项组中设置代表数据的点的外观，包括颜色、形状、尺寸、边线颜色、边线粗细等。

（3）在 Show bars/spikes/droplines（显示条 / 峰 / 水滴线）选项组中设置条 / 峰 / 水滴线的外观，包括颜色、宽度、样式等。

（4）在 Show error bars（显示误差条）选项组中设置误差条的颜色、样式等。

（5）在 Show connecting line/curve（显示连接线 / 曲线）选项组中设置连接线的颜色、样式、粗细等。

（6）在 Show area fill（显示填充区域）选项组中设置填充区域的颜色、位置等。

（7）在 Additional options（其他选项）选项组中设置图形是基于左 Y 轴还是右 Y 轴、是否显示图例、图例的样式、是否以行名表示点等信息。

 说明　针对图形区所显示的图表类型的不同，对话框中各参数会有所不同。

图形外观设置后的效果如图 3-10 所示。

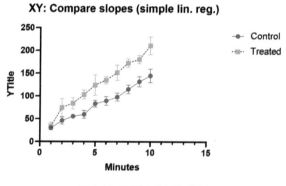

图 3-10　图形设置后的效果

2．图形数据集

Data Sets on Graph 选项卡用于控制构成单个图形的数据集以单个图形进行修改，包括 Add（增加）、Replace（替代）、Remove（移除）及 Reorder（重新排序）等操作。

单击 Change 选项卡下的 ⬚（图形数据集）按钮，弹出显示 Data Sets on Graph 选项卡的 Format Graph 对话框，如图 3-11 所示。

在该对话框中执行移除操作后的图形如图 3-12 所示。

3．图形设置

在 Graph Settings 选项卡中可以对图形进行整体设置。不同的图表类型，显示的内容会有所不同，用户可以根据图表进行相应设置，这里不再赘述。

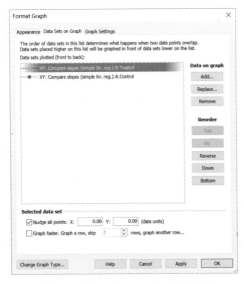

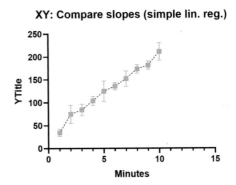

图 3-11 Data Sets on Graph 选项卡 　　　　图 3-12 执行移除操作后的图形

3.2.2 坐标轴类修饰与美化

坐标轴区由坐标轴、刻度及刻度标签组成，在 GraphPad Prism 中需要进行修改的内容包括坐标轴框及原点、X 轴、左 Y 轴、右 Y 轴、标题和字体等。

执行以下 3 种的操作可以打开如图 3-13 所示的 Format Axes 对话框。

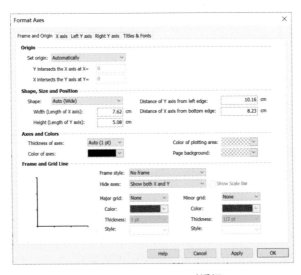

图 3-13 Format Axes 对话框

（1）单击 Change 选项卡下的 ⌐ （坐标轴格式化）按钮。

（2）单击坐标轴或刻度线，在坐标轴两端出现的蓝色端点上双击。

（3）在坐标轴上双击（此时显示的选项卡有所不同）。

1．坐标轴框及原点

在 Frame and origin（框及原点）选项卡下可以对坐标轴框和原点进行设置。

（1）Origin（原点）选项组：用于设置原点位置，包括自动、左上、左下、右上、右下、自定义等，通常采用默认选项即可。

（2）Shape, Size and position（形状、尺寸及位置）选项组：用于设置整个图形所在的位置及形状。Shape 中提供了自动、宽、高、方、自定义几种可供选择的形式。该选项组还可以设置页边距，但实际操作中多采用拖动方式来确定页边距位置：

① 在坐标轴上按住鼠标左键并拖动到合适的位置后松开鼠标，可以调整图形在页面中的位置。

② 单击坐标轴，在坐标轴两端出现蓝色控点，将鼠标指针移动到控点变为空心双箭头符号 ⇔ 后，按住鼠标左键进行拖动即可对坐标轴进行缩放（X 轴左右缩放、Y 轴上下缩放）。

（3）Axes and Colors（轴与颜色）选项组：用于对坐标轴的线条粗细、坐标轴颜色、图形绘制区颜色、页面背景色进行设置。

（4）在 Frame and Grid Line（框与栅格线）选项组中可对坐标轴框进行设置，包括无框、X/Y 轴分离框、无刻度框、镜像刻度框、内部刻度框 5 种，它们通过与隐藏坐标轴的方式配合可实现多种边框样式的显示。读者可自行尝试。

另外，还可以对 Major grid（主网格线）与 Minor grid（次要网格线）的颜色、线条样式、粗细等进行设置。

2．轴（X 轴 / 左 Y 轴 / 右 Y 轴）

X 轴、左 Y 轴、右 Y 轴的设置类似，这里只简要介绍 X 轴。在 X axis 选项卡下可以对 X 轴进行设置，如图 3-14 所示。

（1）Gaps and Direction（截断与方向）选项：在 GraphPad Prism 中，坐标轴默认是标准显示模式，即正向无截断。除此之外还可以设置为反向（Reverse）、两段截断（Two segments）及三段截断（Three segments）方式，以解决个别数据过大造成的整个图形过高或过长的问题。

（2）Scale（标尺）选项：用于设置坐标轴上刻度值的显示形式，包括线性（默认）、标准对数、自然对数或百分率形式等。

（3）Range（范围）选项组：用于调整坐标轴的长度范围及坐标间隔，当取消勾选 Automatically determine the range and interval（自动确定范围及间隔）复选框时即可进行手动设置。

（4）All ticks（所有刻度）选项组：用于设置刻度的方向、长度以及刻度旁边的数字 / 标签的位置。

（5）Regularly spaced ticks（均匀间隔刻度）选项组：用于确定坐标长度及刻度间隔，当取消勾选 Automatically determine the range and interval 复选框时可用。

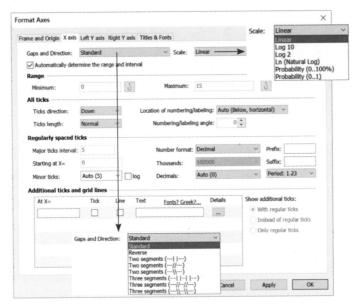

图 3-14　X axis 选项卡

其中，Number format（数字格式）包括小数、科学计算、以 10 为底的对数及逆对数等格式。通过对数字加前缀（Prefix）或后缀（Suffix）可以实现刻度数字及标签格式的多样化。

（6）Additional ticks and grid lines（辅助刻度及栅格线）选项组：用于在坐标轴上增加辅助刻度值及栅格线。

3. 标题和字体

Titles & Fonts（标题和字体）选项卡如图 3-15 所示，用于设置 Graph title（图表题）、Axes title（坐标轴标题）、Numbering and labeling（数字 / 标签）的字体和距离、坐标轴的字体方向等。

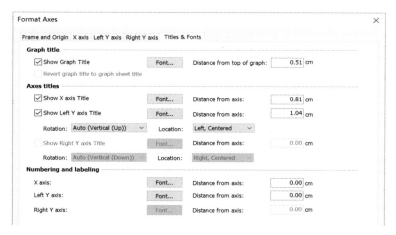

图 3-15　Titles & Fonts 选项卡

3.2.3　图表的旋转、翻转与反转

在 GraphPad Prism 中，用户可以逆转图表上数据集的顺序，在横向和纵向之间翻转页面，或将列图从垂直方向旋转至水平方向，以满足图表的展示需要。

单击 Change 选项卡下的 $\circlearrowright$·（旋转）按钮，在弹出如图 3-16 所示的快捷菜单中执行相关命令，即可实现图表的旋转、翻转与反转操作。

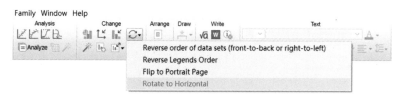

图 3-16　快捷菜单

（1）对于 XY 和生存图表，Reverse order of data sets（数据集顺序逆转）命令会逆转数据集的前后顺序。该功能只在数据点重叠时起作用。

在列、分组和列联图表中，该命令会逆转数据集的左右顺序，基于此可以进一步微调数据集的顺序。

（2）Reverse Legends Order（图例顺序逆转）命令可以将图表的图例进行逆转。

（3）Flip to Portrait Page（翻转到纵向页面）命令将页面翻转为纵向显示。

（4）Rotate to Horizontal（旋转水平位置）命令可以将横、纵坐标调换显示，如图 3-17 所示。

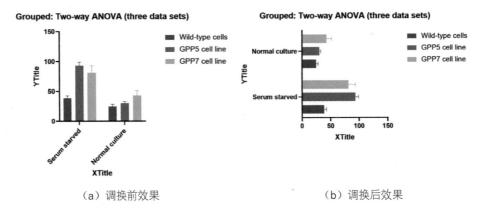

（a）调换前效果　　　　　　　　　　　　　　　　（b）调换后效果

图 3-17　横纵坐标调换显示效果

3.3　图表配色

科技图表的展示离不开颜色的搭配，在 GraphPad Prism 中内置了很多的配色方案，通过配色方案可以一次性更改图表的所有颜色，能够基本满足学术图表的日常使用。

3.3.1　使用配色方案

单击 Change 选项卡下的 ![改变颜色按钮] （改变颜色）按钮，即可弹出如图 3-18 所示的配色方案快捷菜单。在该菜单中执行相关的配色方案命令即可将既有的配色方案应用到图表中。

图 3-18　配色方案快捷菜单

如图 3-19 所示为默认生成的图表与使用 Colors 配色方案后的图表的对比图。通常情况下，GraphPad Prism 提供的配色方案已经能够满足日常需求，不需要自行制作配色方案。

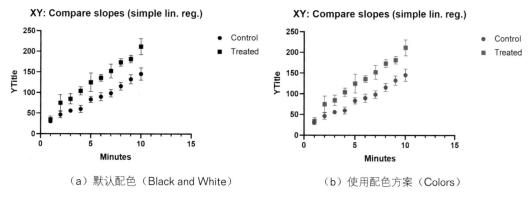

　　（a）默认配色（Black and White）　　　　　　（b）使用配色方案（Colors）

图 3-19　应用配色方案效果

如若不满意已有配色方案，可执行快捷菜单中的 More Color Schemes（更多配色方案）命令，在弹出的如图 3-20 所示的 Color Scheme（配色方案）对话框中选择配色方案。

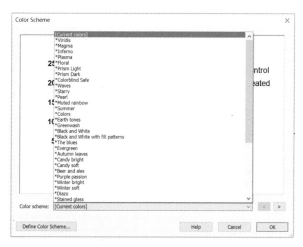

图 3-20　Color Scheme 对话框

3.3.2　定义配色方案

在 Color Scheme 对话框中单击 Define Color Scheme（定义配色方案）按钮，或者直接在快捷菜单中执行 Define Color Scheme 命令，即可弹出如图 3-21 所示的 Define Color Scheme 对话框。

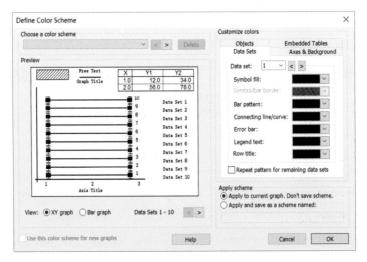

图 3-21 Define Color Scheme 对话框

在该对话框中用户可以定义自己的配色方案。其基本设置步骤如下：

步骤01 在左上方 Choose a color scheme（选择配色方案）下拉列表框中选定一个配色方案进行修改。默认不选择表示对当前配色方案进行修改，建议选择 Colors 方案作为基础方案。

步骤02 在左下方 View 中可以设置是在 XY graph（XY 图）还是在 Bar graph（柱状图）中预览。左侧中间的 Preiew（预览）中可以预览配色结果，并根据预览效果进行设置。

通常情况下，XY 图和柱状图的配色方案均需设置。

步骤03 对话框的右侧相关选项用于定义对象的颜色，包括 Data Sets、Axes & Background（坐标轴与背景）、Objects（对象）及 Embedded Tables（嵌入表格）4 个选项卡。配色通常需要对 Data Sets、Axes & Background 这两个选项卡中的选项进行设置。

步骤04 在右下方的 Apply scheme（应用方案）选项组中可以设置是将新的配色方案仅用于当前图表还是将其保存为配色方案供其他图表使用。如果该配色方案需要用到其他图表就需要选中 Apply and save as a scheme named 单选钮。设置完成后单击 OK 按钮，将新配色方案应用于图表并保存。

3.4 图表美化示例

前面简单介绍了图表修饰及配色的基本操作方法，下面结合一个示例来展示如何在 GraphPad Prism 中进行美化操作。

3.4.1　导入数据

操作步骤如下：

步骤 01　双击桌面上的 GraphPad Prism 9 图标启动 GraphPad Prism，在出现的 Welcome to GraphPad Prism 欢迎窗口中单击 Grouped 选项。

> 🎮➕说明　如果读者已经打开 GraphPad Prism，可通过执行菜单栏中的 File → New → New Project File 命令启动欢迎窗口。

步骤 02　在欢迎窗口右侧的 Data table 选项组中选择 Start with sample data to follow a tutorial，在 Select a tutorial data set 选项组中选择 Two-way ANOVA 下的 Ordinary-three data sets，如图 3-22 所示。

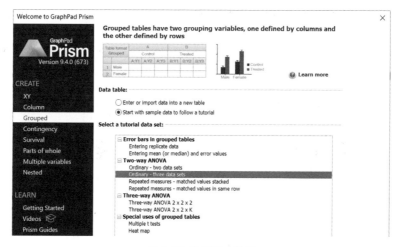

图 3-22　选择样本数据

步骤 03　设置完成后，单击欢迎窗口中的 Create 按钮进入工作界面，显示的数据表如图 3-23 所示。其中列表示三个细胞系，行表示两种处理方法。在每个细胞系的每个处理方法中，将五个重复值输入子列。由于该实验没有匹配或重复测量，因此允许缺少其中某个值是（留空）。

Table format: Grouped		Group A Wild-type cells					Group B GPP5 cell line					Group C GPP7 cell line				
	×	A:1	A:2	A:3	A:4	A:5	B:1	B:2	B:3	B:4	B:5	C:1	C:2	C:3	C:4	C:5
1	Serum starved	34	36	41		43	98	87	95	99	88	77	89	97	66	76
2	Normal culture	23	19	26	29	25	32	29	26	33	30	33	45	35	46	54
3	Title															
4	Title															
5	Title															
6	Title															

图 3-23　数据表

3.4.2 生成图表

操作步骤如下：

步骤 01 在左侧导航浏览器中单击 Graphs 选项组中的 Crouped: Two-way ANOVA（three data sets）选项，弹出 Change Graph Type 对话框。

步骤 02 根据需要在对话框中选择满足要求的图表类型，此处默认选择交错柱状图，在 Plot 中选择 Mean with SD（含标准差的平均数），如图 3-24 所示。

步骤 03 单击 OK 按钮完成设置，此时的生成的图表如图 3-25 所示。

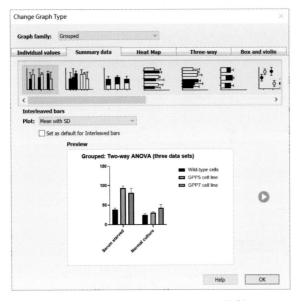
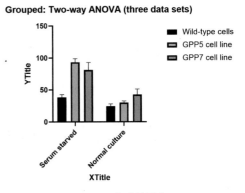

图 3-24 Change Graph Type 对话框　　　　　　　图 3-25 生成的图表

由图 3-25 可知此图为黑白显示，下面就对图表进行颜色美化操作。

3.4.3 图表修饰

操作步骤如下：

步骤 01 单击 Change 选项卡下的 ◐▾（改变颜色）按钮，在弹出的配色方案快捷菜单中执行 Colors 命令，此时图形区颜色发生了变化，如图 3-26 所示。

步骤 02 单击 Change 选项卡下的 ↻▾（旋转）按钮，在弹出的配色方案快捷菜单中执行 Rotate to Horizontal 命令，即可实现图表横、纵坐标的调换显示，如图 3-27所示。

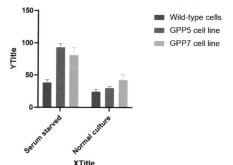

图 3-26　更改配色方案

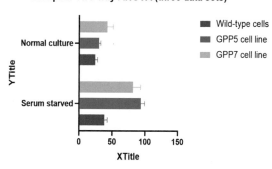

图 3-27　横、纵坐标调换显示

步骤 03 单击 X 坐标轴，在坐标轴两端出现蓝色控点，将鼠标指针移动到控点变为 ⇔ 后，按住鼠标左键拖动即可对坐标轴进行拉长，此时横轴出现更加细化的标尺，如图 3-28 所示。

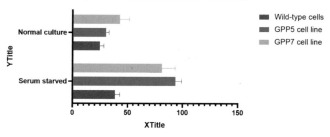

图 3-28　拉伸横轴

步骤 04 双击 X 轴，在弹出的 Format Axes 对话框的 X axis 选项卡中取消勾选 Automatically determine the range and interval 复选框，即可进入手动编辑状态。

步骤 05 在 Range 选项组中调整 Maximum 为 125，在 Regularly spaced ticks 选项组中调整 Major ticks interval（主刻度间隔）为 25，如图 3-29 所示。

步骤 06 单击 Apply 按钮应用设置，此时图表效果如图 3-30 所示。单击 OK 按钮退出格式化轴对话框。

步骤 07 在 X 轴标题 XTitle 上单击，出现闪烁的光标时输入 Mean with SD，同样地在 Y 轴标题 YTitle 上单击，输入 Treatments，单击标题并输入 Difference Between Cell Lines With Treatments。在空白处单击以完成标题的输入，最终美化效果如图 3-31 所示。

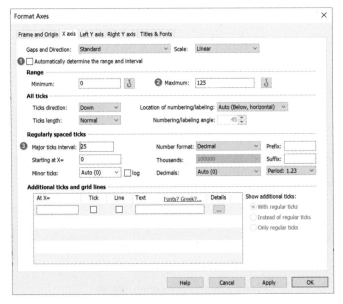

图 3-29 Format Axes 对话框

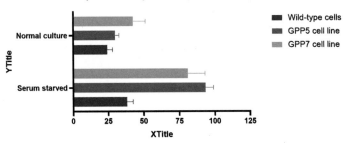

图 3-30 格式化轴后的效果

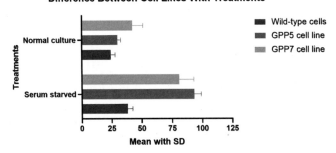

图 3-31 图表美化效果

3.5　本章小结

图表的修饰与美化是 GraphPad Prism 作图的基本且重要的操作，图表只有在美化后才能更好地展示给需要的人。本章结合 GraphPad Prism 的功能介绍了图表的修饰与美化操作，对图表的配色进行了简单的讲解，读者可以根据自己的喜好自定义配色方案。本章最后通过一个简单的示例展示了图表的美化操作流程，便于读者快速掌握美化技巧。

第4章
XY 表及其图表描述

XY 表是一种其中的每个点均由 X 值和 Y 值定义的图表,即在 XY表中,由 X 值和 Y 值定义每个点,该类数据通常适用于线性或非线性回归。XY 表是 GraphPad Prism 中最重要也是最常用的一种基础表格,是 GraphPad Prism 中绘制图表最多的一种数据表类型。利用 XY 表可以绘制散点图、折线图、面积图、直方图等。本章就来介绍这些内容。

学习目标:

★ 掌握 XY 表数据的输入方法。

★ 掌握 XY 表数据的图形绘制流程。

★ 掌握 XY 表数据的统计分析方法。

4.1 XY 表数据的输入

XY 表是 GraphPad Prism 中最基础的一类表格,可绘制的图最多,因此其数据输入的方式也相对较多。

4.1.1　输入界面

启动 GraphPad Prism 后，在弹出的 Welcome to GraphPad Prism 欢迎窗口中默认选择的即为 XY 表。

1. 在新表中输入或导入数据

在欢迎窗口中选择 XY 表后，在窗口右侧 Data table 选项组中单击 Enter or import data into a new table 单选按钮，表示在新表中输入或导入数据。此时 Options（选项）选项组中会出现选项，如图 4-1 所示。

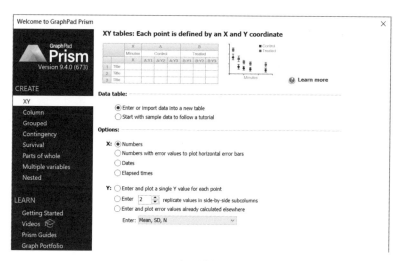

图 4-1　选择样本数据格式

选项组 Options 用于设置输入数据 X、Y 值的数据格式。其中 X 值包括以下 4 个选项：

（1）Numbers：表示输入数值。

（2）Numbers with error values to plot horizontal error bars：表示可以输入带误差带的数值，用于绘制水平误差线。

（3）Dates：表示输入日期，针对输入的日期 GraphPad Prism 会自动识别，并以标准格式（无法更改）在数据表上显示。

（4）Elapsed times：表示输入运行时间，以 hh:mm 或 hh:mm:ss 格式输入。例如，输入 1:12:30.2 表示 1 小时 12 分 30.2 秒运行时间。

不同的设置得到的数据表格式并不相同，如图 4-2 所示。

	X	Group A	Group B
	X Title	Title	Title
✕	X	Y	Y
1 Title			
2 Title			
3 Title			
4 Title			
5 Title			
6 Title			

	X		Group A	Group B
	X Title		Title	Title
✕	X	Err. Bar	Y	Y
1 Title				
2 Title				
3 Title				
4 Title				
5 Title				
6 Title				

（a）X 为数值　　　　　　　　　　　　（b）X 为带误差带的数值

	X	Group A	Group B
	X Title	Title	Title
✕	Date	Y	Y
1 Title	Date		
2 Title	Date		
3 Title	Date		
4 Title	Date		
5 Title	Date		
6 Title	Date		

	X	Group A	Group B
	X Title	Title	Title
✕	Time hh:mm:ss	Y	Y
1 Title	Elapsed time		
2 Title	Elapsed time		
3 Title	Elapsed time		
4 Title	Elapsed time		
5 Title	Elapsed time		
6 Title	Elapsed time		

（c）X 为日期　　　　　　　　　　　　（d）X 为运行时间

图 4-2 不同 X 值数据类型的数据表

针对 Y 值又包括以下 3 个选项：

（1）Enter and plot a single Y value for each point：表示为每个点输入单个 Y 值，数据表结构如图 4-3 所示。每张数据表都有一列 X 值和最多 104 组 Y 值。当每组 Y 值有不同的 X 值时，可以通过错开数据输入的方式输入。

	X	Group A	Group B	Group C	Group D	Group E
	X Title	Title	Title	Title	Title	Title
✕	X	Y	Y	Y	Y	Y
1 Title						
2 Title						
3 Title						
4 Title						
5 Title						
6 Title						

图 4-3 输入单个 Y 值

（2）Enter n replicate values in side-by-side subcolumns：表示通过子列并列输入多个重复的 Y 值。当根据原始数据作图时，选择该选项，数据表结构如图 4-4 所示（n=3）。

	X	Group A			Group B		
	X Title	Title			Title		
☒	X	A:Y1	A:Y2	A:Y3	B:Y1	B:Y2	B:Y3
1 Title							
2 Title							
3 Title							
4 Title							
5 Title							
6 Title							

图 4-4　子列并列输入多个重复的 Y 值

（3）Enter and plot error values already calculated elsewhere：表示输入已知统计量信息的数据，选择 Mean,SD,N 后的数据表结构如图 4-5 所示。

	X	Group A			Group B		
	X Title	Title			Title		
☒	X	Mean	SD	N	Mean	SD	N
1 Title							
2 Title							
3 Title							
4 Title							
5 Title							
6 Title							

图 4-5　已知统计量信息的数据

已知统计量如图 4-6 所示，它们的含义如表 4-1 所示。

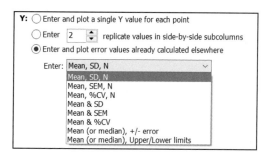

图 4-6　统计量参数

表4-1　统计量参数及其含义

序号	选项	含义
1	Mean,SD,N	均值、标准差、重复个数
2	Mean,SEM,N	均值、标准误、重复个数
3	Mean,%CV,N	均值、%变异系数、重复个数
4	Mean & SD	均值、标准差
5	Mean % SEM	均值、标准误
6	Mean % %CV	均值、%变异系数
7	Mean (or medium), +/- error	均值（或中位数）、+/-误差

（续表）

序号	选项	含义
8	Mean (or medium), Upper/Lower limits	均值（或中位数）、上/下限

说明：
① SD（Standard Deviation）表示标准差。
② SEM（Standard Error of Mean）表示样本平均数的标准误。
③ CV（Coefficient of Variation）表示变异系数，相当于SD/Mean，设置该值后，GraphPad Prism会自动生成SD误差棒。

> 提示 在新生成的表格中可以对 X、Y 值的 Title（标题）进行修改，依次对数据进行标记。

2．按照教程从示例数据开始

在欢迎窗口右侧 Data table 选项组中单击 Start with sample data to follow a tutorial 单选按钮，表示将按照教程从示例数据开始，如图 4-7 所示。前文中介绍的均选用了示例数据进行讲解，这里不再赘述。

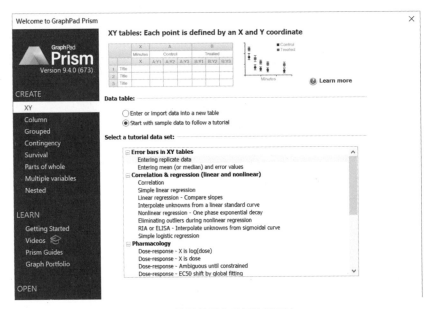

图 4-7 按照教程从示例数据开始

4.1.2 XY 表可绘制的图表

根据选项组 Options 中输入数据 Y 的数据格式可以确定可绘制的图表类型。

（1）对于采用 Enter and plot a single Y value for each point 选项获取的数据表，单击导航浏览器的 Graphs 选项组中的 New Graph 选项，在弹出的 Create New Graph 对话框中查看可以绘制的图表，如图 4-8 所示。

图 4-8　XY 表可绘制的图表（1）

利用该类型数据可以绘制散点图、折线散点图、折线图、柱状图、面积图 5 种，这也是 GraphPad Prism 中最基本的 5 种绘图类型，XY 表绘制的其余图表均是从这 5 种图表演变的。

（2）对于采用 Enter n replicate values in side-by-side subcolumns 选项获取的数据表，在 Create New Graph 对话框中查看可以绘制的图表，如图 4-9 所示。

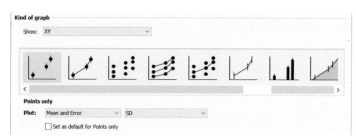

图 4-9　XY 表可绘制的图表（2）

利用该类型数据可以绘制重复散点图、重复折线散点图、中位数 / 平均值重复折线散点图，也可以绘制带误差线的散点图、折线散点图、折线图、柱状图、面积图，此时数据的含义会发生变化。

（3）对于采用 Enter and plot error values already calculated elsewhere 选项获取的数据表，在 Create New Graph 对话框中查看可以绘制的图表，如图 4-10 所示。

利用该类型数据可以绘制带误差线的散点图、折线散点图、折线图、柱状图、面积图 5 种。

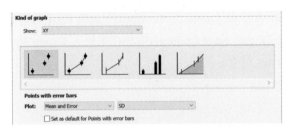

图 4-10 XY 表可绘制的图表（3）

4.1.3 XY 表可完成的统计分析

XY 表描述的是变量 X 与变量 Y 之间的关系，该类型表格只设计 X、Y 两个变量，因此可以完成包括线性 / 非线性回归、相关性研究、曲线积分等在内的统计分析。具体而言利用 XY 表数据可以实现（包括但不限于）以下统计分析：

（1）Nonlinear regression (curve fit)：非线性回归（曲线拟合）。

（2）Linear regression：常规线性回归。

（3）Fit Spline/LOWESS：样条拟合 / 局部加权回归（LOWESS）。

（4）Smooth, Differentiate or Integrate Curve：平滑、微分或积分曲线。

（5）Area Under Curve：曲线下面积。

（6）Deming (Model II) Linear regression：Deming（模型 II）线性回归。

（7）Correlation matrix：相关矩阵分析。

（8）Correlatio XY：XY 相关性分析。

（9）Interpolate a Standard Curve：通过标准曲线解析插值。

4.2 XY 表的图表绘制

利用 XY 表数据可以绘制多种图表，本节通过示例介绍如何利用 XY 表绘制散点图、火山图、火柴棒图、直方图等图表。

4.2.1 散点图

数据用散点图来表示会显得比较直观，更容易理解，因此在数据统计分析中经常用到散点图。散点图是偏向于研究型的图表，可以清晰地反映出变量之间的关系，但该关系不仅是简单的线性回归关系，还可以包括线性关系、指数关系、对数关系等。此外散点图还可以用于回归分析、预测分析中。

【例 4-1】绘制散点图。

1．数据的导入

步骤 01 启动 GraphPad Prism，或执行菜单栏中的 File → New → New Project File 命令，在出现的 Welcome to GraphPad Prism 欢迎窗口左侧单击 XY 选项。

步骤 02 在欢迎窗口右侧的 Data table 选项组中单击 Enter or import data into a new table 单选按钮，在 Options 选项组的 X 下单击 Numbers 单选按钮，在 Y 下单击 Enter and plot a single Y value for each point 单选按钮，如图 4-11 所示。

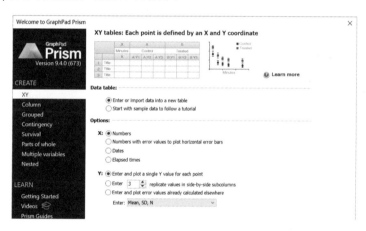

图 4-11　选择样本数据格式

步骤 03 设置完成后，单击欢迎窗口中的 Create 按钮进入工作界面，双击左侧导航浏览器的 Data Tables 选项组中的 Data 1，将名称修改为 Correlation coefficient，同时在右侧表格中输入数据，如图 4-12 所示。

图 4-12　修改名称并输入数据（部分）

2．生成图表

步骤 01 单击左侧导航浏览器的 Graphs 选项组中的 Correlation coefficient，此时会弹出 Change Graph Type 对话框，如图 4-13 所示进行设置。

步骤 02 单击 OK 按钮即可生成如图 4-14 所示的散点图，随后即可对该图表进行美化操作。

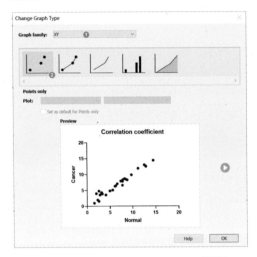

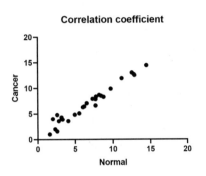

图 4-13　Change Graph Type 对话框　　　　　　图 4-14　图表效果

步骤 03 单击 Analysis 选项卡中的 ⬈（线性拟合）按钮，在弹出的 Parameters: Simple Linear Regression 对话框对线性回归模型进行设置，此处勾选 Interpolate 选项组中的 Interpolate unknown form standard curve 复选框，其余采用默认即可，如图 4-15 所示。

步骤 04 设置完成后单击 OK 按钮，此时图表中会多出一条拟合的直线，如图 4-16 所示。

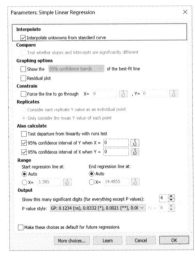

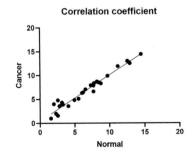

图 4-15　Parameters: Simple Linear Regression 对话框　　　　图 4-16　插入拟合曲线

3．图表美化

步骤 01　双击图形区域或单击 Change 选项卡下的 ⊯（格式化图）按钮，可以在弹出的
Format Graph 对话框中进行设置，如图 4-17 所示。设置完成后单击 OK 按钮，此时的图表效果如
图 4-18 所示。

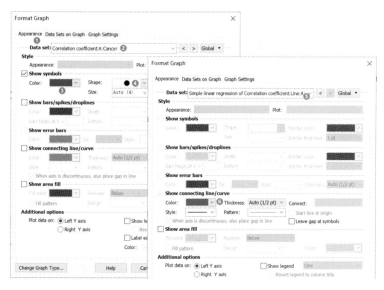

图 4-17　Format Graph 对话框参数设置

步骤 02　将数据表置前，继续单击 Analysis 选项卡中的 ⊿（线性拟合）按钮，此时会弹出
如图 4-19 所示的 GraphPad Prism 信息提示框，此处采用默认设置。

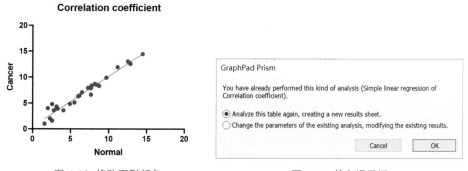

图 4-18　修改图形颜色　　　　　　　　　　　　　图 4-19　信息提示框

步骤 03　单击 OK 按钮后，即可再次弹出 Parameters: Simple Linear Regression 对话框，此
时勾选 Graphing options 选项组中的 Show the 95% confidence bands of the best-fit lind 复选框，
其余采用默认即可，如图 4-20 所示。

步骤 04 单击 OK 按钮退出对话框，会弹出线性拟合结果表。单击左侧导航浏览器的 Graphs 选项组中的 Correlation coefficient 选项，回到图表窗口，此时窗口中显示了 95% 的置信区间，如图 4-21 所示。

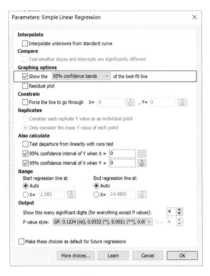

图 4-20 Parameters: Simple Linear Regression 对话框

图 4-21 插入置信区间

步骤 05 双击图形区域或单击 Change 选项卡下的 ⊫ （格式化图）按钮，可以在弹出的 Format Graph 对话框中进行设置，如图 4-22 所示。设置完成后单击 OK 按钮，此时的图表效果如图 4-23 所示。

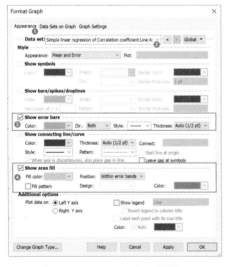

图 4-22 Format Graph 对话框

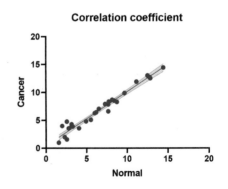

图 4-23 插入置信带

步骤 06 单击 Analysis 选项卡下的 ⊟Analyze（分析）按钮，在弹出的 Analyze Data 对话框的左侧分析类型中选择 XY analyses 下的 Correlation 选项，如图 4-24 所示，对数据进行相关性分析。

步骤 07 单击 OK 按钮，即可进入 Parameters: Correlation 对话框对相关模型进行设置，此处采用默认即可，如图 4-25 所示。

图 4-24 Analyze Data 对话框

图 4-25 Parameters：Correlation 对话框

步骤 08 单击 OK 按钮退出对话框，完成参数设置，此时弹出如图 4-26 所示的分析结果。由分析结果知 r=0.9794，P<0.001。

步骤 09 将图表置前，单击 Write 选项卡下的 T（插入文本）按钮，在图表区域添加文字，并调整字体大小，最终效果如图 4-27 所示。

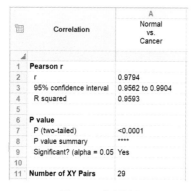

图 4-26 分析结果

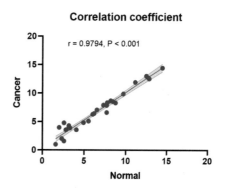

图 4-27 最终图表效果

图 4-26 中，横坐标为 Normal，纵坐标为 Cancer，体现的是 Normal 和 Cancer 的相关性情况，从图中可看出相关性图呈直线分布，且伴有置信区间，所得到的相关系数为 0.979，P<0.0001，证明 Normal 和 Cancer 呈明显正相关关系。

> 说明 本例中进行了两次线性拟合，目的是在散点图中添加拟合曲线、置信区间及相关性指标，在后面还会介绍线性拟合及相关性分析的操作方法。

4.2.2 双 Y 轴图

【例 4-2】使用双坐标轴图表示出 2007—2016 年 SCI 论文总数量以及中国学者的英文论文在 SCI 中的占比情况。

1. 数据的导入

步骤 01 启动 GraphPad Prism，或执行菜单栏中的 File → New → New Project File 命令，在出现的 Welcome to GraphPad Prism 欢迎窗口左侧单击 XY 选项。

步骤 02 在欢迎窗口右侧的 Data table 选项组中单击 Enter or import data into a new table 单选按钮，在 Options 选项组的 X 中单击 Numbers 单选按钮，在 Y 中单击 Enter and plot a single Y value for each point 单选按钮，如图 4-28 所示。

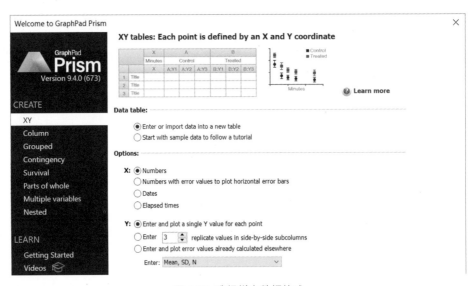

图 4-28 选择样本数据格式

步骤 03 设置完成后，单击欢迎窗口中的 Create 按钮进入工作界面，双击左侧导航浏览器的

Data Tables 选项组中的 Data 1 选项，将其名称修改为 SCI Paper Data，同时在右侧表格中输入数据，如图 4-29 所示。

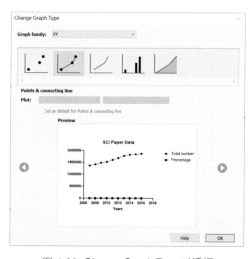

图 4-29 修改名称并输入数据（部分）

2. 生成图表

步骤 01 单击左侧导航浏览器中的 Graphs 选项组中的 SCI Paper Data 选项，此时会弹出 Change Graph Type 对话框，如图 4-30 所示进行设置。

步骤 02 单击 OK 按钮即可生成如图 4-31 所示的散点图，随后即可对该图表进行美化操作。

图 4-30 Change Graph Type 对话框

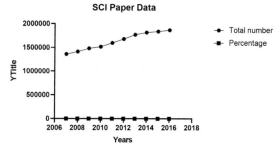

图 4-31 图表效果

3. 图表美化

步骤 01 双击图形区域或单击 Change 选项卡下的 ▐◣（格式化图）按钮，可以在弹出的 Format Graph 对话框中进行设置，如图 4-32 所示。设置完成后单击 OK 按钮，此时的图表效果如图 4-33 所示。

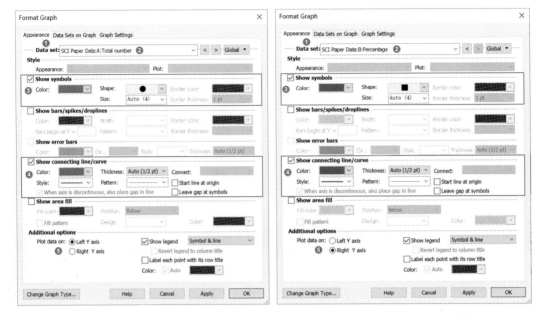

（a）Total number 数据集设置　　　　　　（b）Percentage 数据集设置

图 4-32 Format Graph对话框参数设置

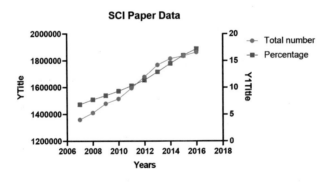

图 4-33 图表美化效果（1）

步骤 02 修改左 Y 轴 YTitle 为 Transmittance，右 Y 轴 Y1Title 为 Percentage，并调整图例的位置及字体大小，效果如图 4-34 所示。

步骤 03 双击坐标轴或者单击 Change 选项卡下的 ⌐ （格式化轴）按钮，可以在弹出的 Format Axes 对话框中对坐标轴进行精细修改，如图 4-35 所示。设置完成后单击 OK 按钮，此时的图表效果如图 4-36 所示。

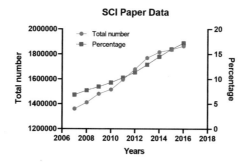

图 4-34　图表美化效果（2）

图 4-35　Format Axes 对话框参数设置

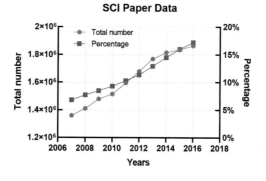

图 4-36　图表美化效果（3）

步骤 **04** 在 Format Axes 对话框中对坐标轴进行进一步修改，如图 4-37 所示在图形区增加阴影。设置完成后单击 OK 按钮，此时的图表效果如图 4-38 所示。

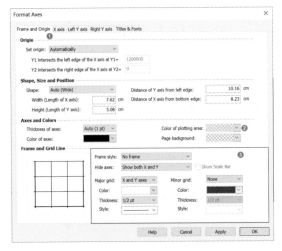

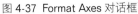

图 4-37 Format Axes 对话框

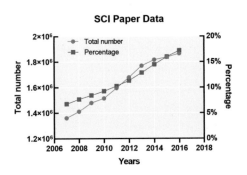

图 4-38 设置效果

从图 4-38 中可以看出，从 2007—2016 年，SCI 论文总数量和中国学者的英文论文在 SCI 中所占的比例均在逐年增长。

4.2.3 火山图

火山图（Volcano Plot）是散点图的一种，图形呈现类似于火山爆发的样子，于是就被叫作"火山图"。它将统计测试中的统计显著性量度（如 P 值）和变化幅度相结合，从而能够帮助用户快速直观地识别出那些变化幅度较大且具有统计学意义的数据点（基因等）。

火山图可以方便直观地展示两个样本间基因差异表达的分布情况。通常横坐标用 $\log_2(\text{FoldChange})$ 表示，即差异倍数的对数值，差异大的基因分布在两端；纵坐标用 $-\log_{10}(\text{P-Value})$ 表示，即 T 检验显著性 P 值的负对数（校正后 P 值的对数值）。通常差异倍数越大的基因 T 检验越显著，所以左上角和右上角的数据点往往更具有生物学研究意义。

在生物信息分析中，火山图是经常用到的一种数据展示形式。由于火山图可以非常清晰地展示出哪些基因在不同样本中是具有差异表达显著性的基因，因此在生物医学中，经常将它应用于病例和对照组的转录组研究中，也能应用于基因组、蛋白质组、代谢组等统计数据中。

【例 4-3】绘制火山图。

1. 数据的导入

1）数据筛选

在利用 GraphPad Prism 绘制火山图时，首先需要对数据进行筛选。在 Excel 中进行数据筛选的方法可查阅 Excel 相关资料，下面只是简单讲解。

步骤 01 在 Excel 中，单击"数据"选项卡，在"排序和筛选"面板中单击 ▽ （筛选）按钮，进入 Excel 的数据筛选模式。

步骤 02 根据 Excel 提供的数据先筛选 P-value 列，单击第一行该列中的 ▾（向下展开）按钮并执行"数字筛选"→"小于"命令，如图 4-39 所示，在弹出的"自定义自动筛选方式"对话框中输入 0.05，如图 4-40 所示。

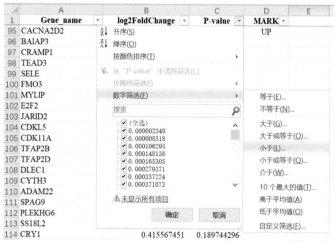

图 4-39　执行筛选命令　　　　　　　图 4-40　"自定义自动筛选方式"对话框

步骤 03 再筛选 log2FoldChange 这列，单击第一行该列中的 ▾（向下展开）按钮并执行"数字筛选"→"大于"命令，在弹出的"自定义自动筛选方式"对话框中输入 1。上述两步操作表示 P 值小于 0.05 的前提下 log2FoldChange 大于 1，意味着是显著上调的基因，并在最后一列对应标记 UP。

步骤 04 同样地在筛选出 P 值小于 0.05 的前提下 log2FoldChange 小于 −1，意味着是显著下调的基因，并在最后一列对应标记 Down；剩下的为无显著差异的基因。

2）导入数据

步骤 01 启动 GraphPad Prism，或执行菜单栏中的 File → New → New Project File 命令，在出现的 Welcome to GraphPad Prism 欢迎窗口左侧单击 XY 选项。

步骤 02 在欢迎窗口右侧的 Data table 选项组中单击 Enter or import data into a new table 单选按钮，在 Options 选项组的 X 中单击 Numbers 单选按钮，在 Y 中单击 Enter and plot a single Y value for each point 单选按钮，如图 4-41 所示。

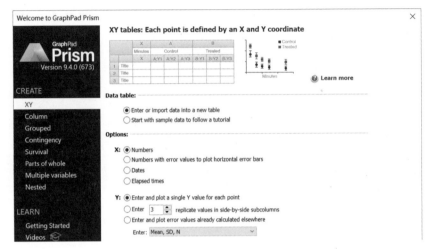

图 4-41 选择样本数据格式

步骤 03 设置完成后，单击欢迎窗口中的 Create 按钮进入工作界面，双击左侧导航浏览器的 Data Tables 选项组中的 Data 1 选项，将其名称修改为 Genetic data(Volcano map)，同时在右侧表格中输入数据，数据结构如图 4-42 所示。

	X Log₂FoldChange	Group A Up	Group B Down	Group C No-diff	Group D Title
	X	Y	Y	Y	Y
301 Title	1.113616274	0.007265155			
302 Title	1.711394972	0.021172603			
303 Title	1.195799083	0.026107128			
304 Title	3.452162528	0.014904664			
305 Title	1.622783030	0.039741323			
306 Title	3.433793887	0.014987512			
307 Title	2.273956520	0.015918315			
308 Title	-1.100037486		0.010991950		
309 Title	-1.086930069		0.036800709		
310 Title	-3.330758294		0.006074405		
694 Title	-2.162366690		0.000131549		
695 Title	-1.337378562		0.012076235		
696 Title	-1.443188599		0.010217763		
697 Title	1.783725956			0.278199230	
698 Title	0.149060686			0.564554143	
699 Title	0.408288137			0.090867124	
700 Title	0.344091407			0.585774023	

图 4-42 修改名称并输入数据（部分）

2．数据转换

步骤 01 单击 Analysis 选项卡下的 ▤Analyze（分析）按钮，在弹出的 Analyze Data 对话框左侧的分析类型中选择 Transform, Normalize 下的 Transform 选项，如图 4-43 所示，对数据进行转换。

步骤 02 单击 OK 按钮，即可进入 Parameters: Transform 对话框，对转换参数进行设置，将 Transform Y Values using 设置为 Y=-1*Log(Y)，其余采用默认设置即可，如图 4-44 所示。

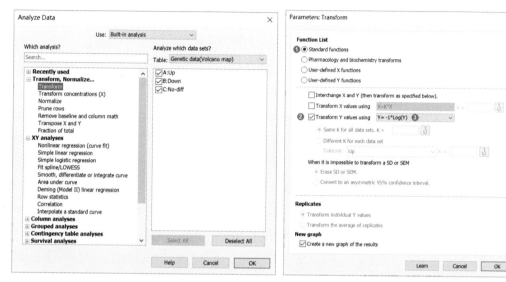

图 4-43　Analyze Data 对话框　　　　　　　图 4-44　Parameters：Transform 对话框

步骤 03 单击 OK 按钮退出对话框，完成参数设置，此时弹出如图 4-45 所示的转换结果。

	X Log$_2$FoldChange	A Up	B Down	C No-diff
	X			
301	1.114	2.139		
302	1.711	1.566		
303	1.196	1.583		
304	3.452	1.827		
305	1.623	1.401		
306	3.434	1.824		
307	2.274	1.798		
308	-1.100		1.959	
309	-1.087		1.434	
310	-3.331		2.216	
694	-2.162		3.881	
695	-1.337		1.918	
696	-1.443		1.991	
697	1.784			0.556
698	0.149			0.248
699	0.408			1.041
700	0.344			0.232

图 4-45　数据转换结果（部分）

3. 生成图表

单击左侧导航浏览器的 Graphs 选项组中的 Transform of Genetic data(Volcano map) 选项，

此时会直接弹出如图 4-46 所示的火山图，随后即可对该图表进行美化操作。

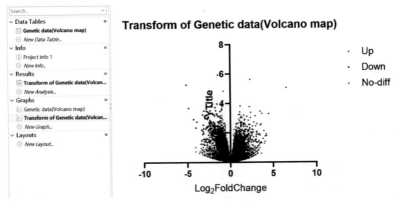

图 4-46　图表效果

4．图表美化

步骤 01　双击图形区域或单击 Change 选项卡下的 ![格式化图] （格式化图）按钮，可以在弹出的 Format Graph 对话框中进行设置，如图 4-47 所示。设置完成后单击 OK 按钮，此时的图表效果如图 4-48 所示。

说明　中间过程可单击 Apply 按钮实时观察设置效果。

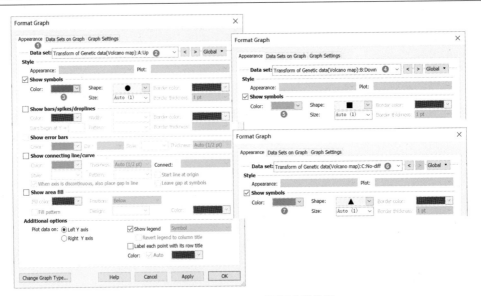

图 4-47　Format Graph 对话框参数设置

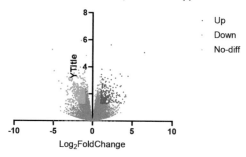

图 4-48　图表效果

步骤 02 双击坐标轴或者单击 Change 选项卡下的 ⌐⌐（格式化轴）按钮，可以在弹出的 Format Axes 对话框中对坐标轴进行精细修改，如图 4-49 所示，设置完成后单击 OK 按钮。最终效果如图 4-50 所示。

> **注意** 因为 $-\log_{10}(0.05)=1.301$，因此在 Left Y axis 选项卡下的 Additiongal ticks and grid lines 选项组中设置 Y=1.301，用于标记变换后 P 值为 0.05 所在的位置。

（a）Frame and Origin 选项卡

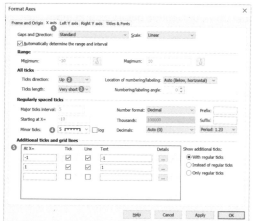

（b）X axis 选项卡

图 4-49　Format Axes 对话框

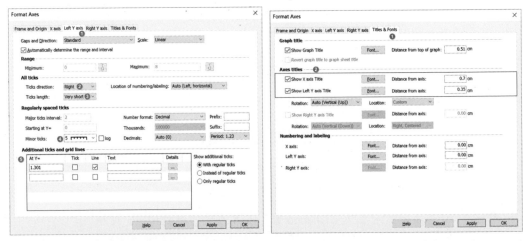

（c）Left Y axis 选项卡　　　　　　　（d）Titie & Fonts 选项卡

图 4-49　Format Axes 对话框（续）

步骤 03 修改图标题并将 Y 轴标题更改为 $-Log_{10}P$，同时将图例移至图中合适的位置，并通过文本工具在图中虚线右侧添加标注 P=0.05，最终如图 4-51 所示。

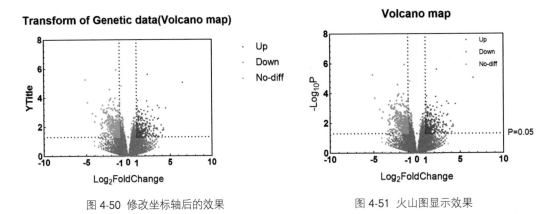

图 4-50　修改坐标轴后的效果　　　　　　　图 4-51　火山图显示效果

步骤 04 双击坐标轴或者单击 Change 选项卡下的 ⌐ㄴ（格式化轴）按钮，在弹出的 Format Axes 对话框中对坐标轴进行精细修改，可以得到如图 4-52 所示的各种火山图效果，限于篇幅这里不再详细介绍。

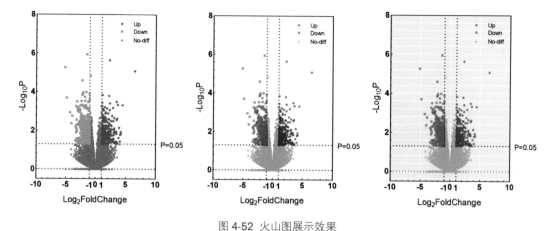

图 4-52　火山图展示效果

4.2.4　瀑布图

在一些光谱图中，经会遇到两条或多条曲线重叠而无法辨认的情况，此时可以通过对曲线进行移动以区分曲线，在 GraphPad Prism 中这种移动过的图表称为瀑布图，也就是说瀑布图是由散点图或折线图经过图形平移得到的。

【例 4-4】在不同波长的光线下测得三种物质的透光率，通过作图观察这三种物质透光率随波长的变化情况。

1. 数据的导入

步骤01 启动 GraphPad Prism，或执行菜单栏中的 File → New → New Project File 命令，在出现的 Welcome to GraphPad Prism 欢迎窗口左侧单击 XY 选项。

步骤02 在欢迎窗口右侧的 Data table 选项组中单击 Enter or import data into a new table 单选按钮，在 Options 选项组的 X 中单击 Numbers 单选按钮，在 Y 中单击 Enter and plot a single Y value for each point 单选按钮，如图 4-53 所示。

步骤03 设置完成后，单击欢迎窗口中的 Create 按钮进入工作界面，双击左侧导航浏览器的 Data Tables选项组中的 Data 1 选项，将其名称修改为 Waterfall plot，同时在右侧表格中输入数据，如图 4-54 所示。

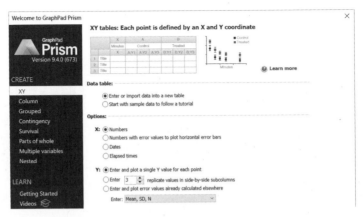

图 4-53 选择样本数据格式

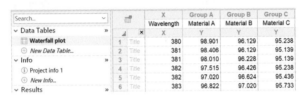

图 4-54 修改名称并输入数据（部分）

2. 生成图表

步骤01 单击左侧导航浏览器的 Graphs 选项组中的 Waterfall plot 选项，此时会弹出 Change Graph Type 对话框，如图 4-55 所示进行设置。

步骤02 单击 OK 按钮即可生成如图 4-56 所示的折线图，随后即可对该图表进行美化操作。

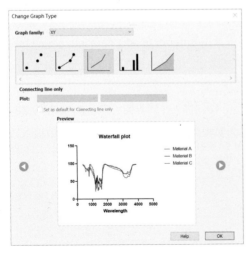

图 4-55 Change Graph Type 对话框

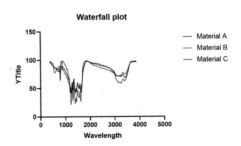

图 4-56 图表效果

3．图表美化

步骤 01 单击 Change 选项卡下的 🔵▾（改变颜色）按钮，在弹出的配色方案快捷菜单中执行 Colors 命令，此时图形区颜色发生了变化。

步骤 02 双击坐标轴或者单击 Change 选项卡下的 ⬆（格式化轴）按钮，在弹出的 Format Axes（格式化轴）对话框中对坐标轴进行精细修改，如图 4-57 所示，设置完成后单击 OK 按钮。

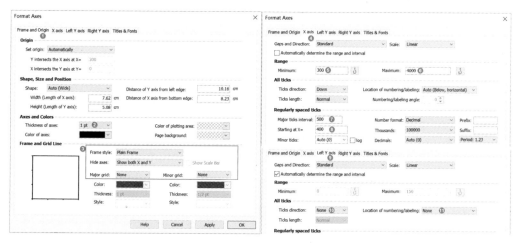

图 4-57　Format Axes 对话框参数设置

步骤 03 修改 Ytitle 为 Transmittance，并调整图例的位置及字体大小，效果如图 4-58 所示。

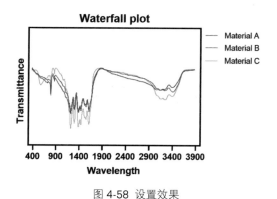

图 4-58　设置效果

步骤 04 双击图形区域或单击 Change 选项卡下的 📊（格式化图）按钮，在弹出的 Format Graph 对话框中进行设置，如图 4-59 所示。设置完成后单击 OK 按钮，此时的图表效果如图 4-60 所示，显示了不同波长下 A、B、C 这三种材料的透光率的变化趋势。

> 🎮➕ **说明** 中间过程可单击 Apply 按钮实时观察设置效果。

 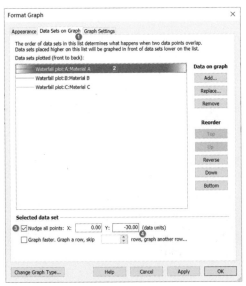

（a）对数据集 A 进行设置　　　　　　　　　（b）对数据集 A 进行设置

图 4-59　Format Graph 对话框

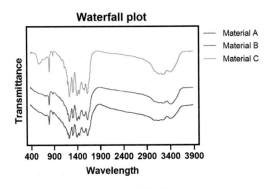

图 4-60　最终效果

4. 美化效果拓展

步骤 01　上述介绍的是如何在垂直方向（Y 轴方向）上分离重叠的曲线，当然也可以在水平方向上进行分离。在 Format Graph 对话框的 Data Sets on Graph 选项卡下选中数据集后设置 Nudge all points:X 值，即可实现水平移动，移动后的效果如图 4-61 所示。

步骤 02　复原 Y 轴数据。双击坐标轴或者单击 Change 选项卡下的 ⬏（格式化轴）按钮，在弹出的 Format Axes 对话框中对坐标轴进行修改，如图 4-62 所示。设置完成后单击 OK 按钮，此时的坐标轴已经进行了分离，效果如图 4-63 所示。

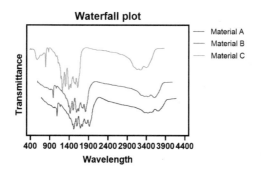

图 4-61　水平与垂直方向均进行分离效果

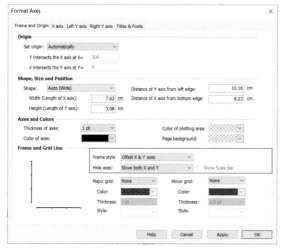

图 4-62　Format Axes 对话框

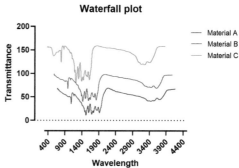

图 4-63　坐标轴分离后的图表效果

4.2.5　面积图

【例 4-5】根据 1960—1990 年 30 年间中国的水产天然生产产量与人工养殖产量数据绘制面积图。

1．数据的导入

步骤 01　启动 GraphPad Prism，或执行菜单栏中的 File → New → New Project File 命令，在出现的 Welcome to GraphPad Prism 欢迎窗口左侧单击 XY 选项。

步骤 02　在欢迎窗口右侧的 Data table 选项组中单击 Enter or import data into a new table 单选按钮，在 Options 选项组的 X 中单击 Numbers 单选按钮，在 Y 中单击 Enter and plot a single Y value for each point 单选按钮，如图 4-64 所示。

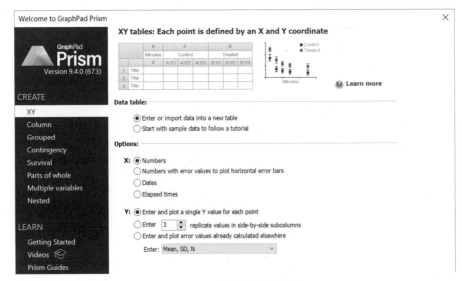

图 4-64 选择样本数据格式

步骤 03 设置完成后，单击欢迎窗口中的 Create 按钮进入工作界面，双击左侧导航浏览器的 Data Tables 选项组中的 Data 1 选项，将其名称修改为 Area chart，同时在右侧表格中输入数据，如图 4-65 所示。

		X	Group A	Group B
		Year	Aquaculture	Capture fisheries
		X	Y	Y
1	Title	1960	95.85	221.51
2	Title	1961	77.78	239.58
3	Title	1962	74.11	253.93
4	Title	1963	85.69	249.11
5	Title	1964	101.71	246.61
6	Title	1965	115.95	253.05

图 4-65 修改名称并输入数据（部分）

2. 生成图表

步骤 01 单击左侧导航浏览器的 Graphs 选项组中的 Area chart 选项，此时会弹出 Change Graph Type 对话框，如图 4-66 所示进行设置。

步骤 02 单击 OK 按钮即可生成如图 4-67 所示的折线图，随后即可对该图表进行美化操作。

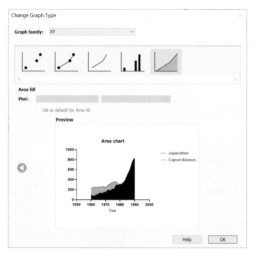

图 4-66　Change Graph Type 对话框

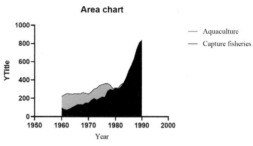

图 4-67　图表效果

3．图表美化

步骤01 单击 Change 选项卡下的 ⬤▾（改变颜色）按钮，在弹出的配色方案快捷菜单中执行 Colors 命令，此时图形区颜色发生了变化。

步骤02 双击坐标轴或者单击 Change 选项卡下的 ⬆（格式化轴）按钮，在弹出的 Format Axes 对话框中对坐标轴进行精细修改，如图 4-68 所示，设置完成后单击 OK 按钮。

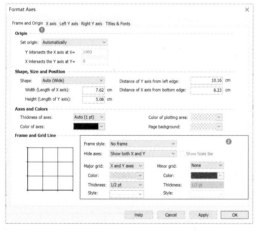

（a）Frame and Origin 选项卡

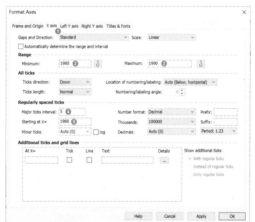

（b）X axis 选项卡

图 4-68　Format Axes 对话框参数设置

步骤03 修改 Ytitle 为 Seafood production，并调整图例的位置及字体大小，效果如图 4-69

所示。

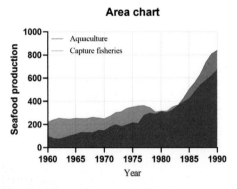

图 4-69 设置效果

步骤 04 双击图形区域或单击 Change 选项卡下的 ⯐ （格式化图）按钮，在弹出的 Format Graph 对话框中进行设置，如图 4-70 所示。设置完成后单击 OK 按钮，此时的图表效果如图 4-71 所示。

说明 读者可以根据展示需要设置不同的展示效果。

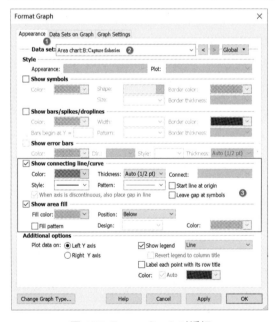

图 4-70 Format Graph 对话框

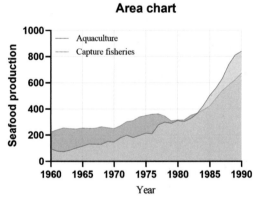

图 4-71 调整配色后的面积图

4.3　统计分析及图表绘制

使用 GraphPad Prism 可以进行多种统计分析，利用 XY 表数据可以进行线性回归、曲线拟合等分析，并绘制相应的图表。

4.3.1　线性回归分析

线性回归是利用数理统计中的回归分析来确定两种或两种以上变量间相互依赖的定量关系的一种统计分析方法，运用十分广泛。

如果回归分析中只包括一个自变量和一个因变量，且二者的关系可用一条直线近似表示，那么这种回归分析称为一元线性回归分析。如果回归分析中包括两个或两个以上的自变量，且因变量和自变量之间是线性关系，那么这种回归分析称为多元线性回归分析。

线性回归可以通过数据拟合直线，以找到斜率和截距的最佳拟合值。在 GraphPad Prism 中线性回归有简单线性回归与 Deming（模型 II）线性回归两种，其中简单线性回归只有 Y 变量会包含测量误差，而 Deming 回归时 X 和 Y 变量均会包含测量误差。

【例 4-6】利用 GraphPad Prism 自带数据（胰岛素敏感性与骨骼肌磷脂脂肪酸的关系）进行简单线性回归分析，并在给出的数据中拟合一条直线。

1．导入 / 输入数据

步骤 01　启动 GraphPad Prism，或执行菜单栏中的 File → New → New Project File 命令，在出现的 Welcome to GraphPad Prism欢迎窗口左侧单击 XY 选项。

步骤 02　在欢迎窗口右侧的 Data table 选项组中单击 Start with sample data to follow a tutorial 单选按钮，在 Select a tutorial data set 选项组中选择 Correlation & regression（linear and nonlinear）下的 Simple linear regression 数据，如图 4-72 所示。

步骤 03　设置完成后，单击欢迎窗口中的 Create 按钮进入工作界面，显示的数据表如图 4-73 所示。其中 X 值是肌肉中某种脂肪酸的百分比（来自活检），Y 值是胰岛素敏感性。

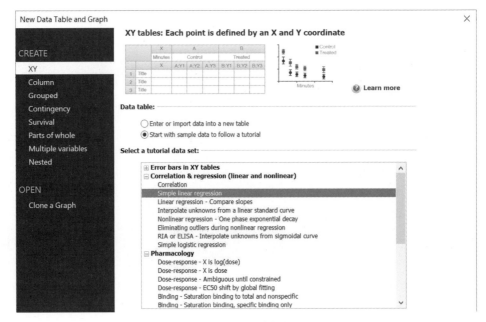

图 4-72 选择样本数据

	X	Group A	
	%C20-22 POLYUNSATURATED FATTY ACIDS	INSULIN SENSITIVITY (MG/M^2/MIN)	
✗	X	Y	
1	Title	17.9	250
2	Title	18.3	220
3	Title	18.3	145
4	Title	18.4	115
5	Title	18.4	230
6	Title	20.2	200
7	Title	20.3	330
8	Title	21.8	400
9	Title	21.9	370
10	Title	22.1	260
11	Title	23.1	270
12	Title	24.2	530
13	Title	24.4	375

图 4-73 数据表

2. 数据分析

步骤 01 单击 Analysis 选项卡下的 ▤ Analyze（分析）按钮，在弹出的 Analyze Data 对话框左侧的分析类型中选择 XY analyses 下的 Simple linear regression 选项，右侧数据集中默认勾选 INSULIN SENSITIVITY 复选框，如图 4-74 所示。此时即可对选中数据进行拟合。

步骤 02 单击 OK 按钮，即可进入 Parameters: Simple Linear Regression 对话框，对线性回

归模型进行设置，此处采用默认，如图 4-75 所示。

> **⚙️➕说明** 也可以单击 Analysis 选项卡中的 📈（线性拟合）按钮，直接进入 Parameters: Simple Linear Regression 对话框。

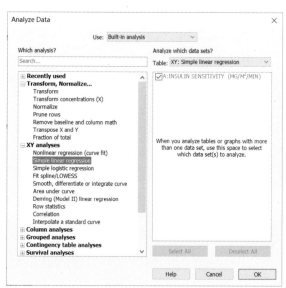

图 4-74 Analyze Data 对话框　　　图 4-75 Parameters: Simple Linear Regression 对话框

参数说明：

- Interpolate（插值）：根据标准曲线或测量值（Y 值）通过插值的方式直接计算出对应的 X 值。

- Compare（比较）：当有多条曲线数据时，通过比较各曲线的斜率与截距判断是否存在显著差异，即评估在不同条件下测的 Y 值所形成的曲线是否相同。

- Graphing options（绘图选项）：在绘制曲线时设置是否绘制置信区间和残差图。

- Constrain（强制）：根据经验强制要求曲线通过某个点。

步骤 03 单击 OK 按钮退出对话框，完成参数设置，此时弹出如图 4-76 所示的分析结果。由此可知 Slope（斜率）为 37.21，Y-intercept（Y 轴截距）与 X-intercept（X 轴截距）分别为 –486.5、13.08，R squared（R 平方）为 0.5929，Equation（拟合方程）为 Y=37.21*X–486.5。

	Simple linear regression Tabular results	A INSULIN SENSITIVITY (MG/M² /MIN)
1	**Best-fit values**	
2	Slope	37.21
3	Y-intercept	-486.5
4	X-intercept	13.08
5	1/slope	0.02688
6		
7	**Std. Error**	
8	Slope	9.296
9	Y-intercept	193.7
10		
11	**95% Confidence Intervals**	
12	Slope	16.75 to 57.67
13	Y-intercept	-912.9 to -60.18
14	X-intercept	3.562 to 15.97
15		

16	**Goodness of Fit**	
17	R squared	0.5929
18	Sy.x	75.90
19		
20	**Is slope significantly non-zero?**	
21	F	16.02
22	DFn, DFd	1, 11
23	P value	0.0021
24	Deviation from zero?	Significant
25		
26	**Equation**	Y = 37.21*X - 486.5
27		
28	**Data**	
29	Number of X values	13
30	Maximum number of Y replicates	1
31	Total number of values	13
32	Number of missing values	0

图 4-76 分析结果

3. 生成图表

步骤 01 在左侧导航浏览器中，单击 Graphs 选项组中的 XY: Simple linear regression 选项，弹出 Change Graph Type 对话框。

步骤 02 根据需要在对话框中选择满足要求的图表类型，此处默认设置即可，如图 4-77 所示。单击 OK 按钮完成设置，此时生成的图表如图 4-78 所示。

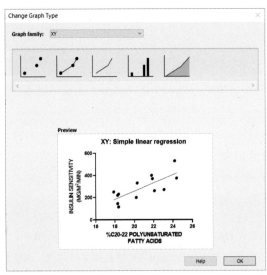

图 4-77 Change Graph Type 对话框

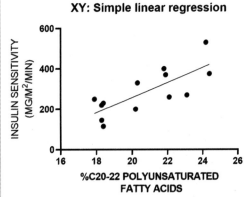

图 4-78 生成的图表

步骤 03 单击 Change 选项卡下的 🎨▾（改变颜色）按钮，在弹出的配色方案快捷菜单中执行 Colors命令，此时图形区颜色发生了变化。

步骤 04 双击坐标轴，在弹出的 Format Axes 对话框中对坐标轴进行精细修改。也可以对坐标轴标题、图表题、图例等进行修改，这里不再介绍。

步骤 05 还可以在图形中添加内容，譬如标准曲线的拟合方程及拟合优度 R^2。单击 Write 选项卡中的 T（插入文字）按钮，输入文字内容，然后单击 Text 选项卡下的 ▲▾（修改颜色）按钮对文本颜色进行修改，最终效果如图 4-79 所示。

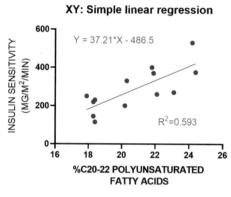

图 4-79 更改配色方案

4.3.2 非线性回归分析

如果回归模型的因变量是自变量的一次以上函数形式，回归规律在图形上表现为形态各异的曲线，那么这种回归称为非线性回归，这类模型称为非线性回归模型。在许多实际问题中，回归函数往往是较复杂的非线性函数。

【例 4-7】利用 GraphPad Prism 自带数据进行酶动力学曲线拟合。试确定 Vmax（酶的最大反应速度）和 Km（酶在达到最大反应速度一半时的底物浓度）值，并进行曲线拟合。

1. 导入 / 输入数据

步骤 01 启动 GraphPad Prism，或执行菜单栏中的 File → New → New Project File 命令，在出现的 Welcome to GraphPad Prism 欢迎窗口左侧单击 XY 选项。

步骤 02 在欢迎窗口右侧的 Data table 选项组中单击 Start with sample data to follow a tutorial 单选按钮，在 Select a tutorial data set 选项组中选择 Enzyme kinetics 下的 Michaelis-Menten 数据，如图 4-80 所示。

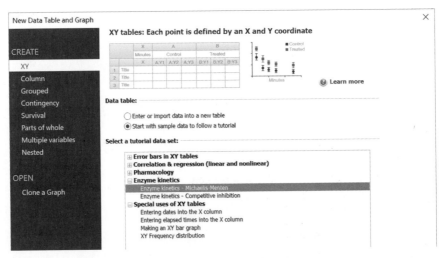

图 4-80 选择样本数据

步骤 03 设置完成后，单击欢迎窗口中的 Create 按钮进入工作界面，显示的数据表如图 4-81 所示。其中 X 值是底物浓度，Y 值是酶活性，每次重复测量 3 次，单元格留空表明为缺失值。

		X [Substrate]	Group A Enzyme Activity		
	✗	X	A:Y1	A:Y2	A:Y3
1	Title	2	265	241	195
2	Title	4	521	487	505
3	Title	6	662	805	754
4	Title	8	885	901	898
5	Title	10	884	850	
6	Title	12	852		914
7	Title	14	932	1110	851
8	Title	16	987	954	999
9	Title	18	984	961	1105
10	Title	20	954	1021	987
11	Title				

图 4-81 数据表

2. 数据分析

步骤 01 单击 Analysis 选项卡下的 ⊟Analyze（分析）按钮，在弹出的 Analyze Data 对话框左侧的分析类型中选择 XY analyses 下的 Nonlinear regression (curve fit) 选项，右侧数据集中默认勾选 Enzyme activity 复选框，如图 4-82 所示，此时即可对 Enzyme activity 数据进行拟合。

步骤 02 单击 OK 按钮，即可进入 Parameters:Nonlinear Regression 对话框，选择 Enzyme kinetics-Velocity as a function of substrate 下的 Michaelis-Menten 酶动力学模型选项，如图 4-83 所示。

> **说明** 也可以单击 Analysis 选项卡中的 📈（非线性拟合）按钮，直接进入 Parameters:Nonlinear Regression 对话框。

步骤 03 单击 OK 按钮退出对话框，完成参数设置，此时弹出如图 4-84 所示的分析结果，其中 Vmax=1353，Km=5.886。

图 4-82　Analyze Data 对话框

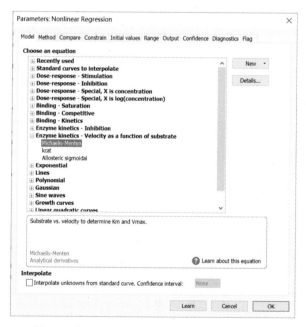

图 4-83　Parameters:Nonlinear Regression 对话框

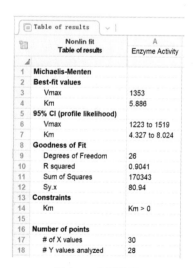

图 4-84　分析结果

3. 生成图表

步骤 01 在左侧导航浏览器中单击 Graphs 选项组中的 XY: Michaelis-Menten（nonlin. reg.）选项，弹出 Change Graph Type 对话框。

步骤 02 根据需要在对话框中选择满足要求的图表类型，此处默认设置即可，如图 4-85 所示。单击 OK 按钮完成设置，此时生成的图表如图 4-86 所示，由图可知随着底物浓度的增加，酶活性逐渐趋于平稳。

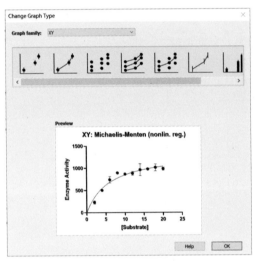

图 4-85 Change Graph Type 对话框

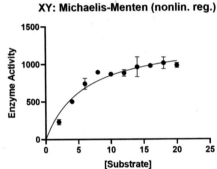

图 4-86 生成的图表

步骤 03 单击 Change 选项卡下的 （改变颜色）按钮，在弹出的配色方案快捷菜单中执行 Colors 命令，此时图形区颜色发生了变化，如图 4-87 所示。

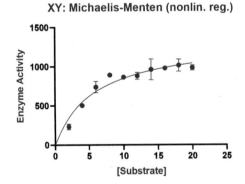

图 4-87 更改配色方案

步骤 04 双击坐标轴，在弹出的 Format Axes 对话框中对坐标轴进行精细修改；也可以对坐标轴标题、图表题、图例等进行修改；还可以在图形中添加内容，这里就不再介绍。

4．添加置信条

步骤 01 单击左侧导航浏览器中 Results 选项组中的 Nonlin fit of XY: Michaelis-Menten（nonlin. reg.）选项，将结果数据表置前。

步骤 02 单击表格左上角或 Analysis 选项卡中的 🔲（修改分析参数）按钮，即可弹出 Parameters: Nonlinear Regression 对话框。

步骤 03 在该对话框中单击 Confidence 选项卡，然后勾选 Confidence or prediction bands 选项组中的 Plot confidence/ prediction bands 复选框，其余参数保持默认，如图 4-88 所示，单击 OK 按钮完成参数设置。

步骤 04 单击左侧导航浏览器的 Graphs 选项组中的 XY: Michaelis-Menten（nonlin. reg.）选项，此时又会弹出 Change Graph Type 对话框，保持默认设置，单击 OK 按钮即可。此时生成的图表如图 4-89 所示，图中增加了置信带。

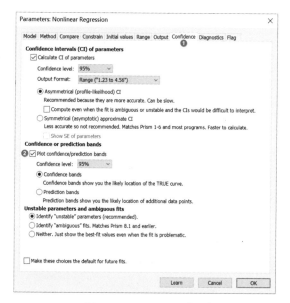

图 4-88　Confidence 选项卡

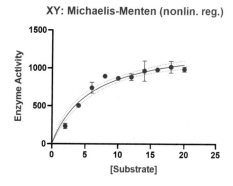

图 4-89　添加置信条

步骤 05 双击图形区域，在弹出的 Format Graph 对话框中对图形进行参数设置，设置结果及图表效果如图 4-90 所示。

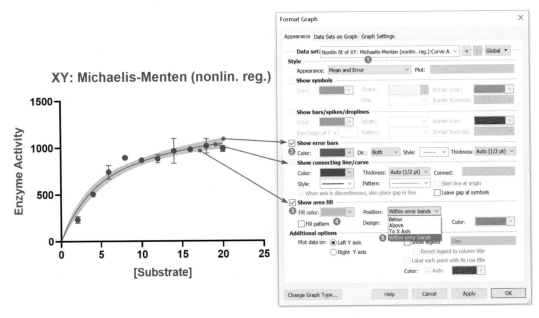

图 4-90 Parameters 对话框及设置后的图表效果（1）

步骤 06 在 Format Graph 对话框中修改 Data set 为原始数据，然后取消勾选 Show error bars 复选框，可以得到无误差棒的曲线图，如图 4-91 所示。

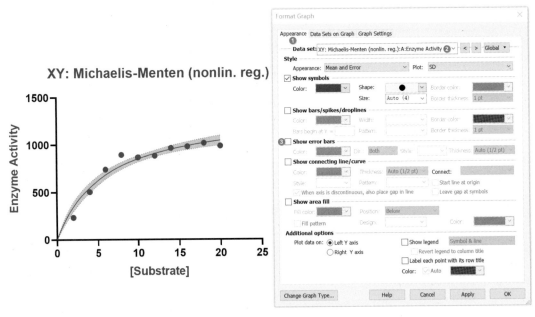

图 4-91 Parameters 对话框及设置后的图表效果（2）

4.3.3 简单逻辑回归

逻辑回归也称作 Logistic 回归分析，是一种广义的线性回归分析模型，属于机器学习中的监督学习，主要用来解决二分类问题（也可以解决多分类问题）。

逻辑回归与线性回归一样，也是以线性函数为基础的；而与线性回归不同的是，逻辑回归在线性函数的基础上添加了一个非线性函数（如 sigmoid 函数），使它可以进行分类。

当响应（结果）变量为二元（例如是或否、阳性或阴性、成功或失败、存活或死亡等）时，可以使用逻辑回归。简单逻辑回归可以估计获得某种结果的概率。

在 GraphPad Prism 中，响应变量以 1 或 0 表示两种可能的结果，通常 1 为 "积极" 结果，而 0 为 "消极" 结果。下面利用 GraphPad Prism 自带的数据进行逻辑回归分析。

【例 4-8】数据中记录 125 名学生所属的班级、每个学生参加考试的时间以及学生是否通过考试。使用简单的逻辑回归找到一个模型，根据学生准备 / 学习的时间量预测学生通过考试的概率。

1．导入 / 输入数据

步骤 01　启动 GraphPad Prism，或执行菜单栏中的 File → New → New Project File 命令，在出现的 Welcome to GraphPad Prism 欢迎窗口左侧单击 XY 选项。

步骤 02　在欢迎窗口右侧的 Data table 选项组中单击 Start with sample data to follow a tutorial 单选按钮，在 Select a tutorial data set 选项组中选择 Correlation & regression（linear and nonlinear）下的 Simple logistic regression 数据，如图 4-92 所示。

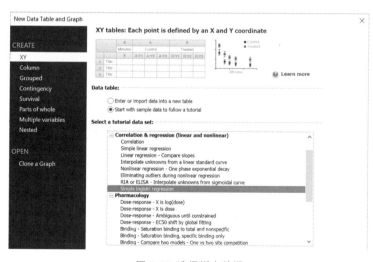

图 4-92　选择样本数据

步骤03 设置完成后，单击欢迎窗口中的 Create 按钮进入工作界面，显示的数据表如图 4-93 所示。其中每一行代表一个学生，X 列表示每个学生准备考试的时间（小时），Y 列提供每个学生的测试结果，1 表示通过，0 表示未通过。

		X	Group A
		Hours Studied	Test Passed?
	✕	X	Y
1	Title	6.0	1
2	Title	3.8	0
3	Title	4.6	1
4	Title	2.6	0
5	Title	2.2	0
6	Title	0.0	0
7	Title	4.8	1
8	Title	4.9	1

图 4-93 数据表（部分）

2. 数据分析

步骤01 单击 Analysis 选项卡下的 ▤Analyze（分析）按钮，在弹出的 Analyze Data 对话框左侧的分析类型中选择 XY analyses 下的 Simple logistic regression 选项，右侧数据集中默认勾选 Test Passed 复选框，如图 4-94 所示，此时即可对选中数据进行拟合。

步骤02 单击 OK 按钮，即可进入 Parameters: Simple logistic Regression 对话框，对逻辑回归模型进行设置，此处采用默认即可，如图 4-95 所示。

图 4-94 Analyze Data 对话框

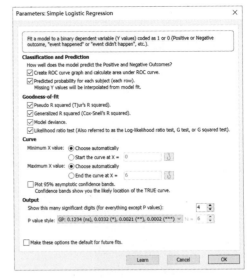

图 4-95 Parameters: Simple logistic Regression 对话框

> 🎮➕说明 也可以单击 Analysis 选项卡中的 📈（逻辑回归）按钮，直接进入 Parameters: Simple logistic Regression 对话框。

参数说明：

- Classification and Prediction（分类和插值）：提供有关模型在预测正值和负值结果方面的能力的信息（在数据中分别输入为 1 和 0）。

  ➢ 勾选 Create ROC curve graph and calculate area under ROC curve 复选框将生成 ROC 曲线，并在结果表中报告 ROC 曲线下面积（AUC）。AUC 提供了有关逻辑回归模型在各种可能的临界值处分类观察数据的能力的信息。

  ➢ 勾选 Predicted probability for each subject(each row) 复选框将额外输出标题为 Row Prediction 的表格，该表格首先复制观察到的 X 值列，并添加一列，该列包含来自简单逻辑回归模型的每个值的预测概率。

- Goodness-of-fit（拟合优度）：除分类性能外，GraphPad Prism 还提供了 4 种模型性能评价方法。

  ➢ 勾选 Pseudo R squared 或 Generalized R squared 复选框，表示用于评价线性模型拟合度的标准指标是 R 平方。由于简单逻辑回归模型并非使用与简单线性回归相同的技术进行拟合，因此该指标不适用于逻辑回归。对于简单逻辑回归，GraphPad Prism 提供了两种针对 R 平方的替代方案：Tjur'R squared 和 Cox-Snell'R squared，它们的值均为 0~1，较大的值表示模型的预测性能更优。

  ➢ 勾选 Model deviance（模型偏差）复选框，表示计算似然比检验的检验统计量产生的值，有时称为 G 方。如果正在比较模型的不同 X 预测因子，则可选择获得最小模型偏差的预测因子。

  ➢ 勾选 Likelihood ratio test（似然比检验，LRT）复选框，表示比较包含给定 X 预测因子的逻辑模型与不包含该 X 预测因子的模型（即 intercept-only 模型）。类似其他假设检验，LRT 使用零假设，并生成 P 值来检验该零假设。在此情况下，零假设为：相比于含有 X 变量的模型，仅截距模型（不包含 X 变量的模型）拟合数据的能力更好。

步骤 03 单击 OK 按钮退出对话框，完成参数设置，此时弹出如图 4-96 所示的分析结果。

①分析结果最先给出的是 β0 和 β1 的估计最佳拟合值（Best-fit values），及其标准误差（Std.Error）和 95% 置信区间（95% CI (profile likelihood)）。有时将 β0 和 β1 分别称为"截距"和"斜率"。X at 50%=3.369，意味着学习 3.369 小时的学生通过测试的优势为 1:1（即通过概率为 50%），并且当 X=3.369 时，优势为 1，优势比为 3.934。因此，X 增加 1，

Simple logistic regression Tabular results	A Test Passed?
1 Best-fit values	
2 β0	-4.614
3 β1	1.370
4 X at 50%	3.369
5	
6 Std. Error	
7 β0	0.8798
8 β1	0.2428
9 X at 50%	0.1747
10	
11 95% CI (profile likelihood)	
12 β0	-6.540 to -3.063
13 β1	0.9403 to 1.900
14 X at 50%	3.005 to 3.709
15	
16 Odds ratios	
17 β0	0.009911
18 β1	3.934
19	
20 95% CI (profile likelihood) for odds ratios	
21 β0	0.001444 to 0.04676
22 β1	2.561 to 6.687
23	
24 Is slope significantly non-zero?	
25 |Z|	5.642
26 P value	<0.0001
27 Deviation from zero?	Significant
28	

28		
29 Likelihood ratio test		
30 Log-likelihood ratio (G squared)		63.78
31 P value		<0.0001
32 Reject Null Hypothesis?		Yes
33 P value summary		****
34		
35 Area under the ROC curve		
36 Area		0.8889
37 Std. Error		0.02981
38 95% confidence interval		0.8305 to 0.9473
39 P value		<0.0001
40		
41 Goodness of Fit		
42 Tjur's R squared		0.4397
43 Cox-Snell's R squared		0.3997
44 Model deviance, G squared		109.5
45		
46 Equation		log odds = -4.614+1.370*X
47		
48 Data summary		
49 Rows in table		125
50 Rows skipped (missing data)		0
51 Rows analyzed (#observations)		125
52 Number of 1		63
53 Number of 0		62
54 Number of parameter estimates		2
55 #observations/#parameters		62.5
56 # of 1/#parameters		31.5
57 # of 0/#parameters		31.0

图 4-96 分析结果

即从 3.369 增加至 4.369，我们便可获得 1×3.934 的优势，即 3.934，这是针对已经学习 4.369 个小时（仅多了 1 个小时）的学生预测的通过优势。

②基于数据结果 Is slope significantly non-zero? 可知学习效果（由系数 β1 给出）肯定为非零，换而言之，学习时间对通过测试的概率有明确影响。

③ROC 曲线下面积（AUC）用于衡量拟合模型为成功 / 失败的结果进行正确分类的能力。该值始终为 0~1，面积越大，意味着模型分类潜力越好。ROC 曲线的 AUC 为 0.8889，该值意味着模型分类潜力比较好。

④ Goodness of Fit 中前两个指标是 Tjur R 平方和 Cox-Snell R 平方，这些值称为伪 R 平方值，其能够提供不同类型模型拟合的相关信息。对于这些指标，计算值为 0~1，较高值表示模型与数据的拟合更优。

⑤结果得到的拟合方程（Equation）为 log odds=-4.614+1.370*X。

⑥数据汇总（Data summary）给出了数据表中的行数、跳过行数以及这两个值的差值。此外，还给出 1 和 0 的总数。最后，给出以下三个比率：观察结果数量与参数数量的比率、1 数量与参数数量的比率以及 0 数量与参数数量的比率。

3. 生成图表

步骤 01 在左侧导航浏览器中，单击 Graphs 选项组中的 XY: Simple logistic regression 选项，

弹出 Change Graph Type 对话框。

步骤 02 根据需要在对话框中选择满足要求的图表类型，此处采用默认设置即可，如图 4-97 所示。单击 OK 按钮完成设置，此时生成的图表如图 4-98 所示，曲线显示预测值作为 X（研究小时数）的函数。

步骤 03 在左侧导航浏览器中，单击 Graphs 选项组中的 ROC curve: Simple logistic regression 选项，即可打开 ROC 曲线，调整该曲线的横轴，最终得到如图 4-99 所示的图表。

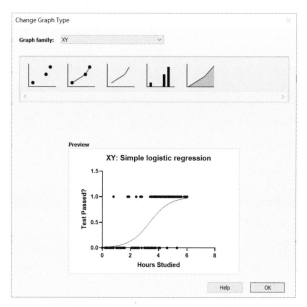

图 4-97　Change Graph Type 对话框

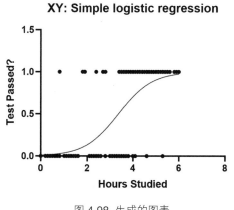

图 4-98　生成的图表

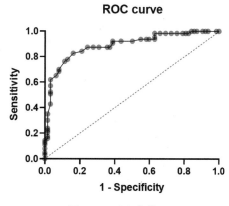

图 4-99　ROC 曲线

> 🎮➕说明 ROC 曲线（Receiver Operating Characteristic Curve，接受者操作特性曲线）又称为感受性曲线（Sensitivity Curve），曲线上各点反映着相同的感受性，它们都是对同一信号刺激的反应，只不过是在几种不同的判定标准下所得的结果而已。ROC 曲线就是以虚惊概率为横轴，击中概率为纵轴所组成的坐标图，和被试者在特定刺激条件下由于采用不同的判断标准得出的不同结果画出的曲线。

4.3.4 相关性分析

相关性分析是指对两个或多个具备相关性的变量元素进行分析，从而衡量两个变量因素的相关密切程度。相关性的元素之间需要存在一定的联系或者概率才可以进行相关性分析。

【例 4-9】利用 GraphPad Prism 自带的数据进行相关性分析，找到相关矩阵，并通过分析了解三个天气变量如何与臭氧水平相关。

1. 导入/输入数据

步骤 01 启动 GraphPad Prism，或执行菜单栏中的 File → New → New Project File 命令，在出现的 Welcome to GraphPad Prism 欢迎窗口左侧单击 XY 选项。

步骤 02 在欢迎窗口右侧的 Data table 选项组中单击 Start with sample data to follow a tutorial 单选按钮，在 Select a tutorial data set 选项组中选择 Correlation & regression（linear and nonlinear）下的 Correlation 数据，如图 4-100 所示。

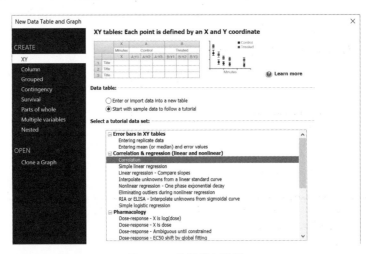

图 4-100 选择样本数据

步骤 03 设置完成后，单击欢迎窗口中的 Create 按钮进入工作界面，显示的数据表如图 4-101

所示。其中每一行代表不同的一天，X 列表示臭氧水平，Y 列表示太阳辐射、风和温度。

| | X | Group A | Group B | Group C |
| | Ozone | Solar.R | Wind | Temp |
	X	Y	Y	Y
1	41	190	7.4	67
2	36	118	8.0	72
3	12	149	12.6	74
4	18	313	11.5	62
5			14.3	56
6	28		14.9	66
7	23	299	8.6	65
8	19	99	13.8	59
9	8	19	20.1	61
10		194	8.6	69

图 4-101　数据表（部分）

2．数据分析

步骤 01　单击 Analysis 选项卡下的 ▣**Analyze**（分析）按钮，在弹出的 Analyze Data 对话框左侧的分析类型中选择 XY analyses 下的 Correlation 选项，右侧数据集中默认勾选所有数据，如图 4-102 所示，此时即可对选中数据进行相关性分析。

步骤 02　单击 OK 按钮，即可进入 Parameters: Correlation 对话框，对相关模型进行设置，此处采用默认即可，如图 4-103 所示。

图 4-102　Analyze Data 对话框

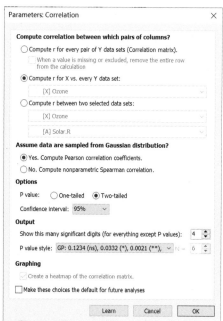

图 4-103　Parameters：Correlation 对话框

其中 Assume data are sampled from Gaussian distribution 的选择取决于数据是否符合正态分布，如果符合正态分布，选择第一种 Yes.（计算 Pearson 相关系数），如果不符合，选择第二种 No.（计算非参数 Spearman 相关）。在本例中，默认数据符合正态分布，选择第一种。

步骤 03 单击 OK 按钮退出对话框，完成参数设置，此时弹出如图 4-104 所示的分析结果。由分析结果知 P<0.05，证明两因素之间有明显相关性。其中臭氧与太阳辐射的相关性较小（r=0.3482），与温度的相关性较大（r=0.7740）。

	Correlation	A Ozone vs. Solar.R	B Ozone vs. Wind	C Ozone vs. Temp
1	**Spearman r**			
2	r	0.3482	-0.5902	0.7740
3	95% confidence interval	0.1676 to 0.5062	-0.7002 to -0.4527	0.6861 to 0.8397
4				
5	**P value**			
6	P (two-tailed)	0.0002	<0.0001	<0.0001
7	P value summary	***	****	****
8	Exact or approximate P value?	Approximate	Approximate	Approximate
9	Significant? (alpha = 0.05)	Yes	Yes	Yes
10				
11	**Number of XY Pairs**	111	116	116
12				

图 4-104 分析结果

相关系数 r 的范围为 −1~+1；非参数 Spearman 相关系数（缩写为 rs）具有相同的范围，有时用希腊字母 ρ（rho）表示。

- 当 r（或 rs）的值为 1.0 时表示完全相关。
- 为 0~1 时表示两个变量往往一起增加或减少。
- 为 0.0 时表示两个变量并不一起变化。
- 为 −1~0 表示一个变量增加，另一个变量减少。
- 为 −1.0 表示完全负相关或逆相关。

如果 r 或 rs 远离零，有 4 种可能的解释：

- X 变量的变化导致 Y 变量的值发生变化。
- Y 变量的变化导致 Y 变量的值发生变化。
- 另一个变量的变化会影响 X 和 Y。
- X 和 Y 事实上无任何关联，只是刚好观察到如此强关联。

P 值用于量化该情况出现的可能性。

3．生成图表

步骤 01 在左侧导航浏览器中，单击 Graphs 选项组中的 XY: Correlation 选项，弹出 Change Graph Type 对话框。

步骤 02 根据需要在对话框中选择满足要求的图表类型，此处采用默认设置即可，如图 4-105 所示。单击 OK 按钮完成设置，此时的生成的图表如图 4-106 所示。

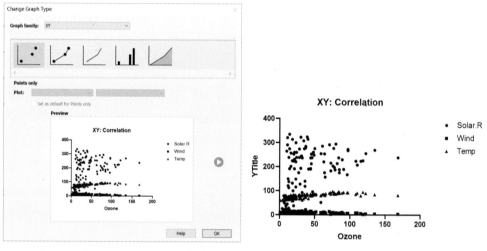

图 4-105　Change Graph Type 对话框　　　　　图 4-106　生成的图表

步骤 03 单击 Change 选项卡下的 ●▼（改变颜色）按钮，在弹出的配色方案快捷菜单中执行 Colors 命令，此时图形区颜色发生了变化。

步骤 04 双击坐标轴，在弹出的 Format Axes 对话框中对坐标轴进行精细修改；也可以对坐标轴标题、图表题、图例等进行修改；还可以在图形中添加内容，这里就不再介绍。最终效果如图 4-107 所示。

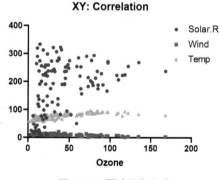

图 4-107　更改配色方案

4.3.5 通过标准曲线解析插值

在 GraphPad Prism 中可以根据标准曲线（有时称为"校准曲线"）通过拟合获得某点的值，例如根据给出的样本数据表获取未知样本的参数指标。下面通过示例来讲解实现步骤。

【例 4-10】试根据已知样本数据来获取未知样本的参数指标。

1. 导入 / 输入数据

步骤 01 启动 GraphPad Prism，或执行菜单栏中的 File → New → New Project File 命令，在出现的 Welcome to GraphPad Prism 欢迎窗口左侧单击 XY 选项。

步骤 02 在欢迎窗口右侧的 Data table 选项组中单击 Enter or import data into a new table 单选按钮，在 Options 选项组中单击 Enter 2 replicate values in side-by-side subcolumns 单选按钮，如图 4-108 所示。

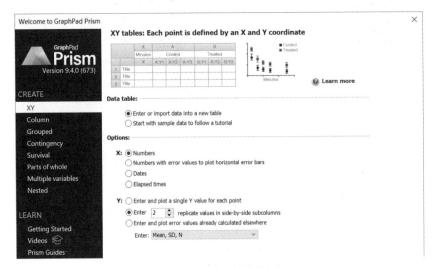

图 4-108 选择样本数据

步骤 03 设置完成后，单击欢迎窗口中的 Create 按钮进入工作界面，输入数据并更改数据表的名称，如图 4-109 所示。

数据表前七行包含标准曲线（一式两份），第 8~10 行是三个未知数。这些未知数中有一个已测定的 Y 值，但没有 X 值。该分析的目标是为这些未知数插入相应的 X 值（浓度）。

说明 表中 X 值为负，这是因为在该示例中，X 值是以摩尔表示的浓度对数，因此 1 微摩尔的浓度（10^{-6}mol）的输入为 −6。

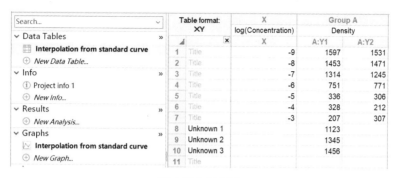

图 4-109　数据表

2. 查看图表

步骤 01 在左侧导航浏览器中，单击 Graphs 选项组中的 Interpolation from standard curve 选项，弹出 Change Graph Type 对话框。

步骤 02 根据需要在对话框中选择满足要求的图表类型，此处采用默认设置即可，如图 4-110 所示。单击 OK 按钮完成设置，此时生成的图表如图 4-111 所示。

说明 此处不对图表进行美化操作。

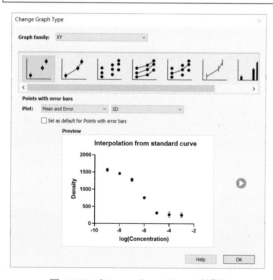

图 4-110　Change Graph Type 对话框

图 4-111　生成的图表

3. 数据分析

步骤 01 单击 Analysis 选项卡下的 Analyze（分析）按钮，在弹出的 Analyze Data 对话框左侧的分析类型中选择 XY analyses 下的 Interpolation a standard curve 选项，右侧数据集中默认勾选 Density 复选框，如图 4-112 所示。

步骤02 单击 OK 按钮，即可进入 Parameters: Interpolation a Standard Curve 对话框，对标准曲线进行设置，此处选择 Sigmoidal, 4PL, X is Log(concentration)，其余参数保持默认设置，如图 4-113 所示。

图 4-112 Analyze Data 对话框

图 4-113 Parameters: Interpolation a Standard Curve 对话框

步骤03 单击 OK 按钮退出对话框，完成参数设置，此时弹出如图 4-114 所示的分析结果。由分析结果可知，当 Y 值 =1123、1345、1456时，对应的 X 值分别为 –6.649、–7.715、–7.673，也即对应的浓度分别为 $10^{-6.649}$、$10^{-7.715}$、$10^{-7.673}$mol。

	X log(Concentration) (Interpolated)	A Density (Entered)	B
	X		
1 Unknown 1	-6.649	1123.000	
2 Unknown 2	-7.175	1345.000	
3 Unknown 3	-7.673	1456.000	

图 4-114 分析结果

4．再次查看图表

步骤01 在左侧导航浏览器中，单击 Graphs 选项组中的 Interpolation from standard curve 选

项，此时的图表如图 4-115 所示。

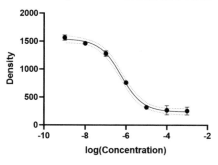

图 4-115　查看图表

步骤02 单击 Change 选项卡下的 （改变颜色）按钮，在弹出的配色方案快捷菜单中执行 Colors 命令，此时图形区颜色发生了变化。

步骤03 双击图形区域，在弹出的 Format Graph 对话框中对图表进行参数设置，设置结果如图 4-116 所示，图表效果如图 4-117 所示。

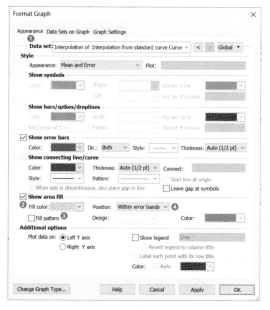

图 4-116　Format Graph 对话框

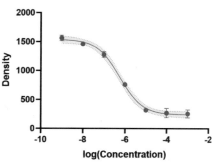

图 4-117　图表效果

4.4 本章小结

本章详细介绍了 XY 表的样式，对 XY 表可绘制的图表及可完成的统计分析进行了探讨；还结合 XY 表的特点对常见的图表绘制方法进行了详细的讲解，同时结合示例讲解了如何在 GraphPad Prism 中进行线性、非线性回归、逻辑回归、相关性、插值解析等分析。通过本章的学习读者基本能够掌握利用 XY 表进行图表绘制及统计分析的方法。

第 5 章
列表及其图表描述

如果数据组由某一分组变量定义，则该数据组可以使用列表数据类型。在列表数据中，每列均定义了一个组，这些组由一个方案定义，可能是"对照与治疗"。读者可以在一张单因素表中设置两个以上的组，每组可以有多个独立或非独立的数据，如"安慰剂与低剂量、高剂量"。列表只有一个分组变量，每一列均代表一个组别，且在行向量上没有分组。

学习目标：

★ 掌握列表数据的输入方法。
★ 掌握列表数据的图表绘制流程。
★ 掌握列表数据的统计分析方法。

5.1 列表数据的输入

列表是 GraphPad Prism 中比较常用的一类表格，可绘制的图表包括列散点图、箱型图、柱状图、小提琴图等，其数据输入的方式也与 XY 表类似。

5.1.1 输入界面

启动 GraphPad Prism 后，在弹出的 Welcome to GraphPad Prism 欢迎窗口中选择 Column（列）表。

1. 在新表中输入或导入数据

在欢迎窗口中选择 Column 表后，在右侧 Data table 选项组中单击 Enter or import data into a new table 单选按钮，表示在新表中输入或导入数据。此时其下方会出现 Options 选项组，用于设置输入数据 Y 值的数据格式，如图 5-1 所示。

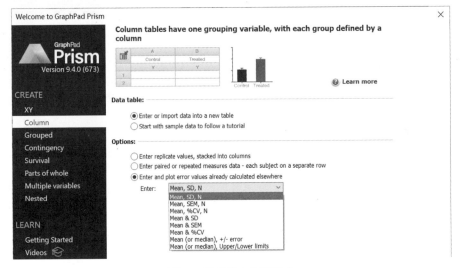

图 5-1 选择样本数据格式

步骤 01 Enter replicate values, stacked into columns：表示在一个新表中输入或导入重复测量值，并堆叠到每一列中，数据格式如图 5-2 所示。

实验过程中，将实验对象进行随机分组实验，并对每个实验对象测量一次，然后将每组中的实验数据输入到一列中，列内的实验数据无排列要求。非配对分组实验多选用该数据输入形式。

步骤 02 Enter paired or repeated measures data-each subject on a separate row：表示在新表中输入配对或重复测量数据，每行为一个实验对象（如每个受试者在单独的一行上），数据格式如图 5-3 所示。

实验过程中，多次测量每一个实验对象，行标题表示实验对象名称，列内的数据需要与行

——对应，不能随机排列。

	Group A	Group B	Group C	Group D	Group E	Group F	Group G
	Title	Title	Title	Title	Title	Title	Title
1							
2							
3							
4							
5							
6							

图 5-2　输入非配对分组实验数据

Table format: Column	Group A	Group B	Group C	Group D	Group E	Group F
	Title	Title	Title	Title	Title	Title
1　Title						
2　Title						
3　Title						
4　Title						
5　Title						
6　Title						

图 5-3　输入配对或重复测量数据

⊞ 注意　这里的行标题仅作为个体的区分，而不是分组变量，若行标题作为分组变量处理，则列表变为行列分组表。

步骤 03　Enter and plot error values already calculated elsewhere：表示输入已知统计量信息的数据，选择 Mean,SD,N 后的数据表结构如图 5-4 所示。此处要注意与 XY 表的差别。

Table format: Grouped	Group A			Group B		
	Title			Title		
	Mean	SD	N	Mean	SD	N
1　Title						
2　Title						
3　Title						
4　Title						
5　Title						
6　Title						

图 5-4　已知统计量信息的数据表

该数据表输入形式与 步骤 02 类似，只是该表可以记录个体在分组后的重复测量值，并用各种统计量表示。统计量的输入形式如图 5-5 所示，与 XY 表的第三种输入形式相同，这里不再赘述。

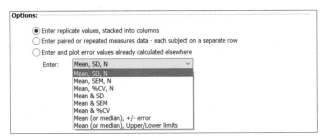

图 5-5 输入已知统计量信息的数据的形式

2. 按照教程从示例数据开始

在欢迎窗口右侧 Data table 选项组中单击 Start with sample data to follow a tutorial 单选按钮，表示将按照教程从示例数据开始，如图 5-6 所示。前文中介绍的示例均选用了示例数据进行讲解。这里不再赘述。

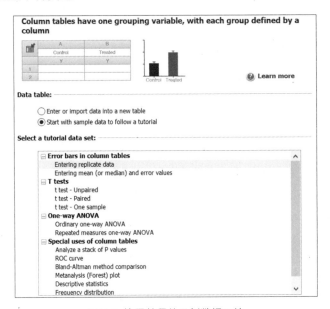

图 5-6 按照教程从示例数据开始

5.1.2 列表可绘制的图表

利用 Column 表输入的数据可以绘制的图表样式包括 3 组共 18 种。在 Column 数据表下单击导航浏览器的 Graphs 选项组中的 New Graph 选项，弹出如图 5-7 所示的 Create New Graph 对话框，在该对话框中查看可以绘制的图表。

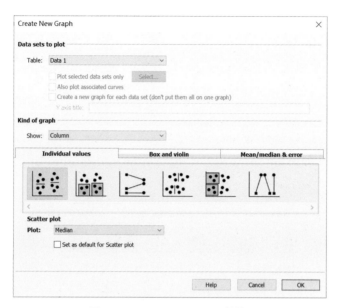

图 5-7　Create New Graph 对话框

1．Individual values（单值）

默认的 Individual values 选项卡显示的可以绘制的图表类型如图 5-8 所示，包括散点图（Scatter plot）、带柱状图的散点图（Scatter plot with bar）、前后图（Before-after）三种图表样式。

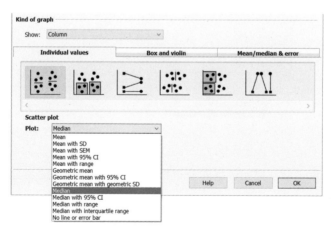

图 5-8　散点图统计信息

该类型图表多用于将原始数据以点的形式展示出来，其中前三个图表与后三个图表只是坐标轴进行了互换。

（1）散点图与带柱状图的散点图的统计量表现形式类似，均为 Mean（平均数）、Geometric Mean（几何平均数）、Median（中位数）三组统计量与 SD（标准差）、SEM（标准误）、95% CI（95% 的置信区间）、range（极差）及 interquartile range（四分位距）的组合，共计 12 种组合形式。另外带柱状图的散点图少了一种无统计量信息（No line or error bar）的纯散点图。

（2）前后图只有 Symbols & lines（符号与线条）、Lines only（仅线条）、Arrows（箭头）三种表现形式，如图 5-9 所示。

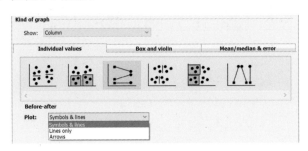

图 5-9 前后图表现形式

2．Box and violin（箱线图与小提琴图）

选择 Box and violin 选项卡后显示的可以绘制的图表类型如图 5-10 所示，包括悬浮柱状图（Floating bars）、箱线图（Box & whiskers）及小提琴图（Violin plot）三种。

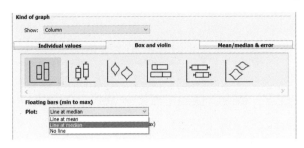

图 5-10 箱线图与小提琴图图表类型

该类型图表多用于展示原始数据的分布和范围，其中前三个图表与后三个图表只是坐标轴进行了互换。

（1）悬浮柱状图的统计量信息有 Line at mean（平均数划线）、Line at medium（中位数划线）及 No line（不划线）三种。

（2）箱线图又称为盒式图、箱型图等，是一种用来描述一组数据分布情况的统计图，箱线图的结构形式如图 5-11 所示。

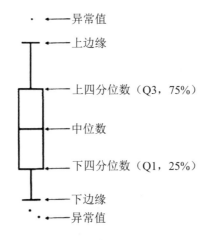

图 5-11　箱线图结构

箱体部分的底边为下四分位数 Q1，顶边为上四分位数 Q3，中间横线为中位数，箱体两端伸出的如同误差线的线条被称为 Whisker（须），此处我们分别称之为上边缘、下边缘。

Tukey 箱线图定义了一个四分位数差（Inter-quartile range，IQR），即 Q3–Q1，并以 Q3+1.5IQR 作为上边缘，以 Q1–1.5IQR 作为下边缘，不在上下边缘范围内的值用点标出作为异常值。Tukey 箱线图的优点在于不受异常值的影响，可以用一种相对稳定的方式描述数据的离散分别情况。

在 GraphPad Prism 中，箱线图的统计量如图 5-12 所示，各选项的含义可结合上述描述理解，这里不再赘述。

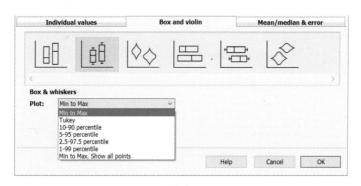

图 5-12　箱线图统计量

（3）小提琴图通常用来展示数据的概率密度分布情况，外形类似于小提琴，适用于数据量特别大不方便一一展示的情况。

小提琴图拥有箱型图的特征，也有中位数，上、下四分位数的描述，其轮廓线可以展示数据的频率，轮廓线越宽表示数据频率越高。较为复杂的小提琴图还可以通过须来展示置信区间。

在 GraphPad Prism中，小提琴图有 Violin plot only（纯小提琴图）及 Violin plot. Show all points.（显示所有点的小提琴图）两种显示形式，如图 5-13 所示。

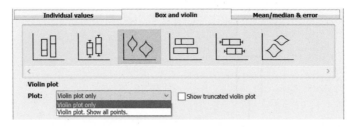

图 5-13 小提琴图统计量

另外，勾选 Show truncated violin plot 复选框，表示截断显示小提琴图，不勾选表示平滑显示。作图中，通常多使用平滑显示。

3. Mean/median &error（平均值／中位数及误差）

选择 Mean/median &error 选项卡后，显示的可以绘制的图表类型如图 5-14 所示，包括柱状图（Column bar graph）、统计量图（Column mean & error bars）、连线统计量图（Column mean & error bars & mean connected，亦称误差线图）三种图表样式。

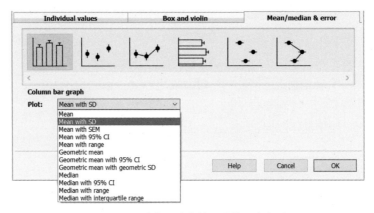

图 5-14 平均值／中位数及误差图表类型

该类型图表用于展示每组数据的统计结果，其中前三个图表与后三个图表只是坐标轴进行了互换。

该组图表的统计量表现形式与散点图类似，包括 Mean、Geometric Mean、Median 三组统计量与 SD、SEM、95% CI、range 及 interquartile range 的组合，共计 12 种组合形式。

5.1.3 列表可完成的统计分析

Column 表描述的是变量 Y 的特征，该类型表格只设计 Y 变量。可以完成统计检验、方差分析、频数分析、描述性统计分析等，具体而言利用 Column 表数据可以实现（包括但不限于）以下统计分析：

（1）Descriptive Statistics：描述性统计。

（2）Paired/Unpaired t test：配对 / 非配对 t 检验。

（3）Ratio-paired t test：比率配对 t 检验。

（4）Mann-Whitney test：Mann-Whitney 检验。

（5）Wilcoxon test：Wilcoxon 检验。

（6）Kolmogorov-Smirnov test：Kolmogorov-Smirnov 检验。

（7）Ordinary one-way ANOVA：常规单因素方差分析。

（8）Brown-Forsythe and Welch ANOVA：Brown-Forsythe 和 Welch 方差分析。

（9）RM one-way ANOVA：RM 单因素方差分析。

（10）Kruskal-Wallis test；Kruskal-Wallis 检验。

（11）Friedman test：Friedman 检验。

（12）One sample t and Wilcoxon test：单样本 t 检验和 Wilcoxon 检验。

（13）Normality and Lognormality Tests：正态性检验和 Lognormality 检验。

（14）Frequency Distribution：频数分布分析。

（15）ROC Curve：ROC 曲线。

（16）Bland-Altman：Bland-Altman 一致性分析。

（17）Identify Outliers：离群值识别。

（18）Analyze a stack of P values：P 值分析。

其中 t 检验就是通过比较不同数据的均值，研究两组数据之间是否存在显著差异的检验。t 检验包括单样本 t 检验、独立样本 t 检验、配对样本 t 检验。使用 t 检验时需要满足以下几个基本前提：

（1）t 检验属于参数检验，用于检验定量数据（数字有比较意义的），若数据均为定类数据则使用非参数检验。

（2）样本数据服从正态或近似正态分布。

（3）独立样本 t 检验（也称非配对 t 检验），要求因变量需要符合正态分布性，如果不满足，可以考虑使用非参数检验，具体来讲应该使用 Mann-Whitney 检验进行研究。

（4）单样本 t 检验的默认前提条件是数据需要符合正态分布性，如果不满足，可以考虑使用单样本 Wilcoxon 检验进行研究。

（5）配对样本 t 检验的默认前提条件是差值数据需要符合正态分布性，如果不满足，可以考虑使用配对 Wilcoxon 检验进行研究。

5.2 列表图表绘制

列表数据可以绘制多种图表，下面将通过各种示例来演示使用列表数据绘制图表的方法，绘制过程会对图表进行美化处理，读者要认真体会。

5.2.1 散点图

下面我们使用列表数据来演示散点图的绘制方法。

【例 5-1】表 5-1 所示为动物行为学数据，数字为动物的移动距离（单位：米）。

表5-1 动物行为学数据

Control	Model	Positive	Experimental Drug
68.6	34.2	99.0	64.8
70.6	37.6	68.4	50.4
88.7	26.5	63.9	61.5
70.0	15.3	31.3	24.2
74.3	16.9	51.0	26.3
126.2	26.3	42.9	43.2
89.5	37.5	45.1	62.5
91.4	41.5	31.2	60.4

1．数据输入

步骤 01 启动 GraphPad Prism，或执行菜单栏中的 File → New → New Project File 命令，在出现的 Welcome to GraphPad Prism 欢迎窗口左侧单击 Column 选项。

步骤 02 在欢迎窗口右侧的 Data table 选项组中单击 Enter or import data into a new table 单选按钮，表示在新表中输入数据，在 Options 选项组中单击 Enter replicate values, stacked into columns 单选按钮，如图 5-15 所示。

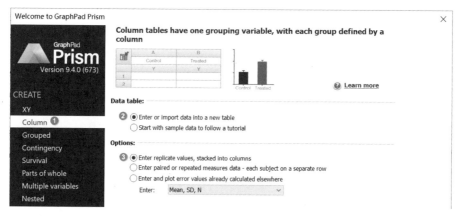

图 5-15　选择样本数据格式

步骤 03　设置完成后，单击欢迎窗口中的 Create 按钮进入工作界面，双击左侧导航浏览器的 Data Tables 选项组中的 Data 1 选项，将其名称修改为 Moving Distance，同时在右侧表格中输入数据，如图 5-16 所示。

	Group A Control	Group B Model	Group C Positive	Group D Experimental Drug
1	68.6	34.2	99.0	64.8
2	70.6	37.6	68.4	50.4
3	88.7	26.5	63.9	61.5
4	70.0	15.3	31.3	24.2
5	74.3	16.9	51.0	26.3
6	126.2	26.3	42.9	43.2
7	89.5	37.5	45.1	62.5
8	91.4	41.5	31.2	60.4
9				
10				
11				
12				
13				

图 5-16　修改名称并输入数据

2. 生成图表

步骤 01　单击左侧导航浏览器的 Graphs 选项组中的 Moving Distance 选项，此时会弹出 Change Graph Type 对话框，如图 5-17 所示选择 Individual values 选项卡下的散点图，Plot 参数设置为 Mean with SEM。

步骤 02　单击 OK 按钮即可生成如图 5-18 所示的图表。随后即可对该图表进行美化操作。

> 说明　Plot 通常设置为平均值 ± 标准差 / 标准误（Mean±SD/SEM），当然也可以选择其他如 Mean、Mean±95%CI、Mean with range 等显示形式，此处我们选择常见的平均值 ± 标准误。

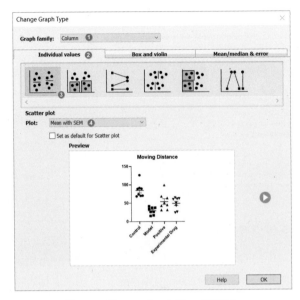

图 5-17 Change Graph Type 对话框

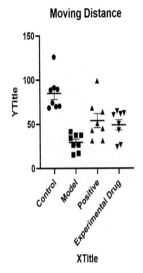

图 5-18 图表效果

3. 图表修饰

步骤 01 单击 X 轴，在 X 轴的两端出现控点，将鼠标指针移动到右控点并变为 时，按住鼠标左键并拖动鼠标到恰当的位置后松开鼠标，此时的图表如图 5-19 所示。

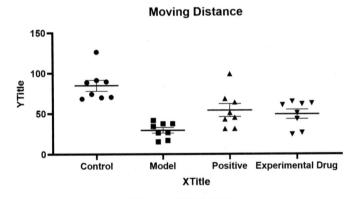

图 5-19 调整横坐标

步骤 02 单击 YTitle 将 YTitle 改为 Total Distance，并删除下方的 Xtitle。

步骤 03 单击 Change 选项卡下的 （改变颜色）按钮，在弹出的配色方案快捷菜单中执行 Colors 命令，此时图形区颜色发生了变化，如图 5-20 所示。读者还可以根据自己的喜好进行配色优化。

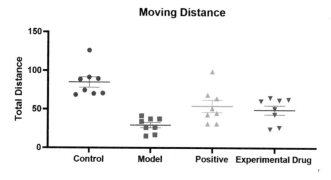

图 5-20　更改配色方案

步骤 04 单击轴标题或坐标轴的数值，然后在 Text 选项卡下调整字体格式和字体大小，默认的字体为 Arial，通常设置为常见的 Time New Roman 字体。

至此，散点图即绘制完成，基于前面选择的 Mean with SEM，图形各部分的含义如图 5-21 所示。

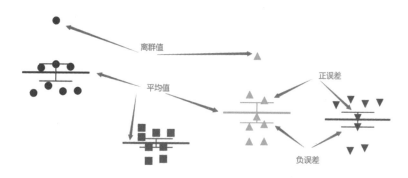

图 5-21　图形各部分含义

5.2.2　不同样式图

【例 5-2】继续例 5-1 进行不同样式图的展示。

1．生成新图表

步骤 01 单击左侧导航浏览器的 Graphs 选项组中的 New Graph 选项，弹出 Change Graph Type 对话框，如图 5-22 所示选择 Individual values 选项卡下的散点图。单击 OK 按钮退出对话框，此时的图表如图 5-23 所示。

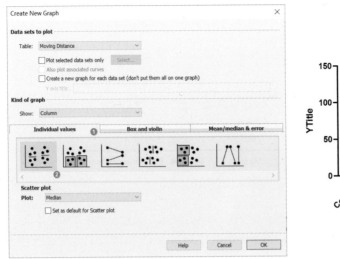

图 5-22 Change Graph Type 对话框　　　　　　　图 5-23 图表效果

步骤 02 单击 Change 选项卡下的 ⬤▼（改变颜色）按钮，在弹出的配色方案快捷菜单中执行 Colors 命令，此时图形区颜色发生了变化。

步骤 03 修改坐标轴标题，调整 X 轴的长度，最终效果如图 5-24 所示。随后即可对该图表进行不同样式图的展示操作。

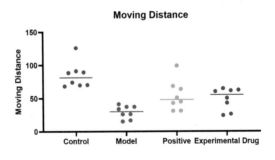

图 5-24 调整后的图表

2．图形样示展示

步骤 01 双击图形区域或单击 Change 选项卡下的 ⬚（格式化图）按钮，在弹出的 Format Graph 对话框中进行设置，设置完成后单击 Apply 按钮。

步骤 02 针对所有的数据集采用不同的设置，如图 5-25 所示为其中两个数据集的参数设置，全部设置完成后单击 OK 按钮，最终的图形效果如图 5-26 所示。

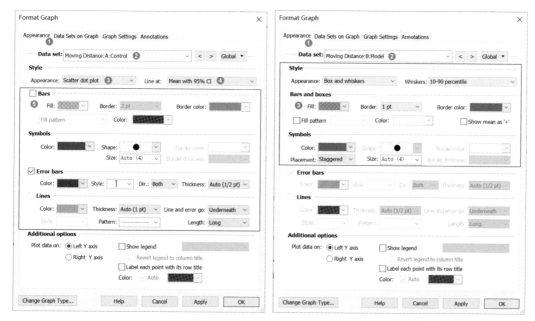

（a）Control 数据集的参数设置　　　　　（b）Model 数据集的参数设置

图 5-25　Format Graph 对话框

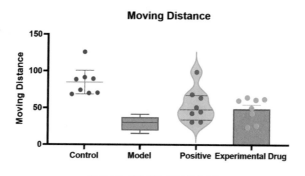

图 5-26　不同样式图的展示

5.2.3　悬浮条形图

【例 5-3】根据某地最近几个月每月的最低、最高、平均温度绘制悬浮条形图。

1. 数据输入

步骤01 启动 GraphPad Prism，或执行菜单栏中的 File → New → New Project File 命令，在

出现的 Welcome to GraphPad Prism 欢迎窗口左侧单击 Column 选项。

步骤02 在欢迎窗口右侧 Data table 选项组中单击 Enter or import data into a new table 单选按钮，在 Options 选项组中单击 Enter replicate values, stacked into columns 单选按钮，如图 5-27 所示。

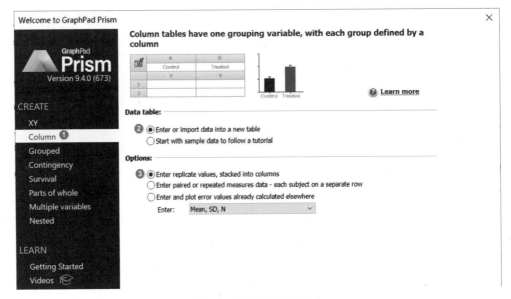

图 5-27 选择样本数据格式

步骤03 设置完成后，单击欢迎窗口中的 Create 按钮进入工作界面，双击左侧导航浏览器的 Data Tables 选项组中的 Data 1 选项，将其名称修改为 Floating bars(Temperature)，同时在右侧表格中输入数据，如图 5-28 所示。

Table format: Column		Group A Jan.	Group B Feb.	Group C Mar.	Group D Apr.	Group E May.	Group F Jun.	Group G Jul.	Group H Aug.	Group I Sep.	Group J Oct.	Group K Nov.	Group L Dec.
1	Lower	-6.0	-3.0	5.0	8.0	14.0	22.5	28.0	29.0	26.0	17.0	10.0	2.0
2	Mean	1.5	4.0	10.0	12.0	20.5	26.0	33.0	32.0	30.0	28.0	20.0	13.0
3	Upper	-15.0	-10.0	-4.0	0.0	8.0	16.0	20.0	21.0	19.0	13.0	5.0	-6.0
4	Title												

图 5-28 修改名称并输入数据

2. 生成图表

步骤01 单击左侧导航浏览器的 Graphs 选项组中的 Floating bars(Temperature) 选项，此时会弹出 Change Graph Type 对话框，如图 5-29 所示选择 Box and violin 选项卡下的悬浮条形图。

步骤02 单击 OK 按钮即可生成如图 5-30 所示的图表，随后即可对该图表进行美化操作。

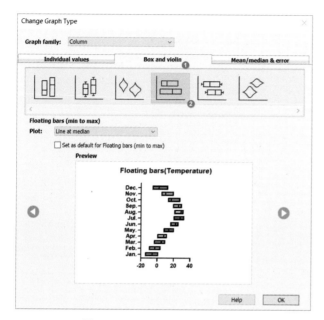

图 5-29 Change Graph Type 对话框

图 5-30 图表效果

3. 图表修饰

步骤01 单击 X 轴，在 X 轴的两端出现控点，将鼠标指针移动到右控点并变为 时，按住鼠标左键并拖动鼠标到恰当的位置后松开鼠标。单击 XTitle 将 XTitle 改为 Temperature，并删除左侧的 YTitle。

步骤02 单击 Change 选项卡下的 （改变颜色）按钮，在弹出的配色方案快捷菜单中执行 Colors 命令，此时图形区颜色发生了变化，如图 5-31 所示。读者还可以根据自己的喜好进行配色优化。

图 5-31 调整后的图表

步骤 03 双击坐标轴或者单击 Change 选项卡下的 ⤵ （格式化轴）按钮，在弹出的 Format Axes 对话框中对坐标轴进行精细修改，如图 5-32 所示。设置完成后单击 OK 按钮，此时的图表效果如图 5-33 所示。

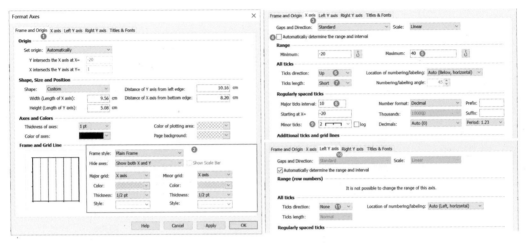

图 5-32 Format Axes 对话框参数设置

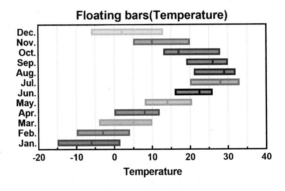

图 5-33 设置效果

步骤 04 双击图形区域或单击 Change 选项卡下的 ⤵ （格式化图）按钮，在弹出的 Format Graph 对话框中进行设置，如图 5-34 所示。设置完成后单击 OK 按钮，此时的图表效果如图 5-35 所示。

说明 悬浮条形图主要展示最小值到最大值的范围，即直观地展示了每个月份最低温度和最高温度的情况。读者也可以在条形图的两侧添加最低温度和最高温度数据，使得图表能够更加直观。

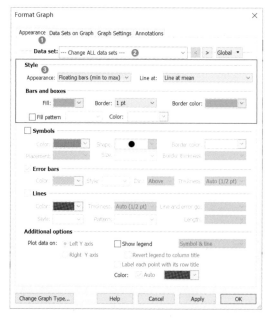

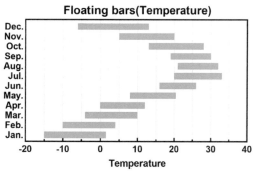

图 5-34　Format Graph 对话框参数设置　　　　　图 5-35　设置效果

5.2.4　森林图

森林图是以统计指标和统计分析方法为基础，用数值运算结果绘制出的图形，也称为比值图，用以综合展示每个被纳入研究的效应量以及汇总的合并效应量。

在平面直角坐标系中，森林图以一条垂直的无效线（横坐标刻度为 1 或 0）为中心，用平行于横轴的多条线段描述了每个被纳入研究的效应量和置信区间，用一个棱形（或其他图形）描述了多个研究合并的效应量及置信区间。森林图可以非常简单和直观地描述 Meta 分析的统计结果，是 Meta 分析中最常用的结果表现形式。

森林图展示了单个研究和 Meta 分析的效应估计值及置信区间。每个研究都由位于干预效果点估计值位置的方块来代表，同时一条横线向该方块的两边延伸出去。方块的面积代表了在 Meta 分析中该研究被赋予的权重，而横线代表了置信区间（通常为 95%CI）。

方块面积和可信区间传达的信息是相似的，但在森林图中两者的作用却不同。置信区间描述的是与研究结果相符的干预效果的范围，且能表示每个研究是否有统计学意义。较大的方块意味着较大权重的研究（通常为置信区间较窄的研究），这些研究也决定了最终合并的结果。

【例 5-4】针对给定的基因数据绘制森林图。

1. 导入 / 输入数据

步骤01 启动 GraphPad Prism，或执行菜单栏中的 File → New → New Project File 命令，在出现的 Welcome to GraphPad Prism 欢迎窗口左侧单击 Column 选项。

步骤02 在欢迎窗口右侧的 Data table 选项组中单击 Enter or import data into a new table 单选按钮，在 Options 选项组中单击 Enter replicate values, stacked into columns 单选按钮，如图 5-36 所示。

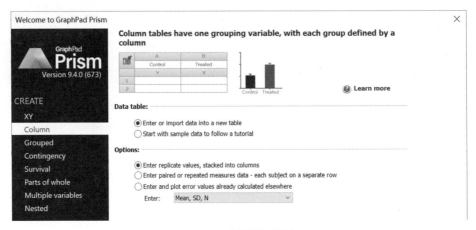

图 5-36 选择样本数据

步骤03 设置完成后，单击欢迎窗口中的 Create 按钮进入工作界面，输入数据并更改数据表的名称，如图 5-37 所示。其中行值分别为基因的风险比（效应值）、95%CI 下限值、95%CI 上限值，顺序任意。

Search...	Table format: Column	Group A HAPLN2	Group B NES	Group C CRABP2	Group D ISG20L2	Group E MRPL24	Group F IQGAP3	Group G NAXE
Data Tables		✕						
Forest Map	1 Lower Limit	1.022	1.005	1.010	1.063	1.004	0.804	1.007
New Data Table...	2 Hazard Ratio	1.119	1.194	1.152	1.567	1.095	0.961	1.064
Info	3 Upper Limit	1.226	1.292	1.313	1.683	1.195	1.121	1.125

图 5-37 数据表（部分）

2. 生成图表

步骤01 在左侧的导航浏览器中，单击 Graphs 选项组中的 Forst Map 选项，弹出 Change Graph Type 对话框。

步骤02 根据需要在对话框中选择满足要求的图表类型，如图 5-38 所示。单击 OK 按钮完成设置，此时生成的图表如图 5-39 所示。

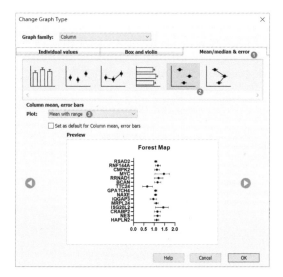

图 5-38　Change Graph Type 对话框　　　　　图 5-39　生成的图表

步骤 03　单击 Change 选项卡下的 ↻▾（更改数据集顺序）按钮，在弹出如图 5-40 所示的菜单中执行 Reverse order of data sets 命令，即可实现数据的排序，以保证数据自上而下与数据表中的数据顺序一致，如图 5-41 所示。

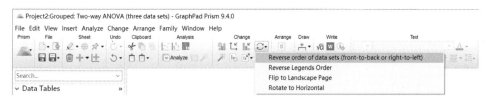

图 5-40　更改数据集顺序命令

Forest Map

图 5-41　反转数据集

步骤04 执行菜单栏中的 Insert → Insert Object → Excel Object 命令，在打开的 Excel 中输入森林图的数据，即可在图表中添加表格。表格需要在 Excel 中编辑完成，如图 5-42 所示。

> **说明** 可以在图形区右击，在弹出的快捷菜单中执行 Excel Object 命令；也可以直接在 Excel 中设置好数据格式，执行复制命令后将数据粘贴到图表区域。

Gene	Hazard Ratio	Lower 95%CI	High 95%CI	P Value
HAPLN2	1.119	1.022	1.226	0.01519
NES	1.194	1.005	1.292	0.03844
CRABP2	1.152	1.010	1.313	0.03434
ISG20L2	1.567	1.063	1.683	0.00114
MRPL24	1.095	1.004	1.195	0.04014
IQGAP3	1.061	1.004	1.121	0.03581
NAXE	1.064	1.007	1.125	0.02684
GPATCH4	1.066	1.003	1.134	0.03952
TTC24	0.625	0.434	0.924	0.04541
BCAN	1.157	1.012	1.323	0.03304
RRNAD1	1.196	1.005	1.422	0.04381
MYC	1.627	1.031	1.732	0.00823
CMPK2	1.116	1.021	1.246	0.04927
RNF144A	1.169	1.051	1.301	0.00424
RSAD2	1.072	1.012	1.134	0.01704

图 5-42 插图数据表

3. 图表修饰

由图 5-42 可知，插入的 Excel 数据表与图表并不匹配，这是因为数据表与图表中文字的字体、字号、间距等并不一致。为保证数据表与图表一致，需要在 GraphPad Prism 中进行调整。

步骤01 将数据表与图表上方第一行的基因名称对齐，然后单击 Y 轴，在 Y 轴的两端出现控点，将鼠标指针移动到下控点并变为↕时，按住鼠标左键并拖动鼠标到恰当的位置（各行基因名称与数据表基本对齐）后松开鼠标。同样地调整 X 轴，调整完后的图表如图 5-43 所示。

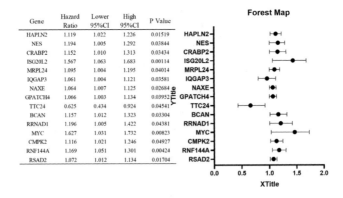

图 5-43 图表效果

步骤 02 单击 Change 选项卡下的 ⬐ （格式化坐标轴）按钮，在弹出的 Format Axes 对话框中的 Frame and Origin 选项卡下进行设置，如图 5-44 所示。

步骤 03 双击图形区域，或单击 Change 选项卡下的 ⬐ （格式化图）按钮，在弹出的 Format Graph 对话框中进行设置，统一修改图形符号与误差线，如图 5-45、图 5-46 所示，设置完成后单击 OK 按钮，图表效果如图 5-47 所示。

图 5-44　Format Axes 对话框

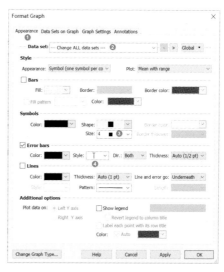

图 5-45　Format Graph 对话框

图 5-46　Data sets on Graph 选项卡与 Graph Settings 选项卡

163

Gene	Hazard Ratio	Lower 95%CI	High 95%CI	P Value	Forest Map
HAPLN2	1.119	1.022	1.226	0.01519	
NES	1.194	1.005	1.292	0.03844	
CRABP2	1.152	1.010	1.313	0.03434	
ISG20L2	1.567	1.063	1.683	0.00114	
MRPL24	1.095	1.004	1.195	0.04014	
IQGAP3	1.061	1.004	1.121	0.03581	
NAXE	1.064	1.007	1.125	0.02684	
GPATCH4	1.066	1.003	1.134	0.03952	
TTC24	0.625	0.434	0.924	0.04541	
BCAN	1.157	1.012	1.323	0.03304	
RRNAD1	1.196	1.005	1.422	0.04381	
MYC	1.627	1.031	1.732	0.00823	
CMPK2	1.116	1.021	1.246	0.04927	
RNF144A	1.169	1.051	1.301	0.00424	
RSAD2	1.072	1.012	1.134	0.01704	

图 5-47 森林图效果

> **说明** 当添加的数据表中行与行的间距不相等时，需要在 Format Graph 对话框 Data sets on Graph 选项卡与 Graph Settings 选项卡下调整数据集间距。

步骤 04 在 X=1 处添加辅助线。双击 X 坐标轴，在弹出的 Format Axes 对话框中的 Frame and Origin 选项卡下进行设置，如图 5-48 所示。设置完成后单击 OK 按钮，此时的图表效果如图 5-49 所示。

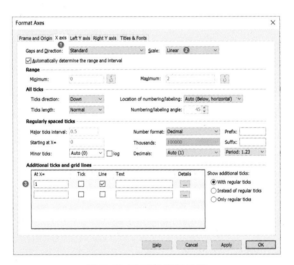

图 5-48 对 X 轴进行设置

> **说明** 修改 X 轴中的 Scale 为 Log 10，可以将 X 轴调整为以 Log_{10} 的对数坐标形式显示，读者可自行尝试。

Gene	Hazard Ratio	Lower 95%CI	High 95%CI	P Value	Forest Map
HAPLN2	1.119	1.022	1.226	0.01519	
NES	1.194	1.005	1.292	0.03844	
CRABP2	1.152	1.010	1.313	0.03434	
ISG20L2	1.567	1.063	1.683	0.00114	
MRPL24	1.095	1.004	1.195	0.04014	
IQGAP3	1.061	1.004	1.121	0.03581	
NAXE	1.064	1.007	1.125	0.02684	
GPATCH4	1.066	1.003	1.134	0.03952	
TTC24	0.625	0.434	0.924	0.04541	
BCAN	1.157	1.012	1.323	0.03304	
RRNAD1	1.196	1.005	1.422	0.04381	
MYC	1.627	1.031	1.732	0.00823	
CMPK2	1.116	1.021	1.246	0.04927	
RNF144A	1.169	1.051	1.301	0.00424	
RSAD2	1.072	1.012	1.134	0.01704	

图 5-49　添加辅助线效果

5.3 统计分析及图表绘制

利用 GraphPad Prism 的列表数据可以实现多种统计分析，下面通过示例来讲解如何利用列表实现统计检验、方差分析等操作。

5.3.1 频数分析

频数分析是对一组数据的不同数值的频数，或者数据落入指定区域内的频数进行统计，了解其数据分布状况的方式。通过频数分析，能在一定程度上反映出样本是否具有总体代表性，抽样是否存在系统偏差，并以此证明以后相关问题分析的代表性和可信性。

【例 5-5】针对某学校 100 名学生的语文成绩进行频数分析。

1．导入 / 输入数据

步骤 01　启动 GraphPad Prism，或执行菜单栏中的 File → New → New Project File 命令，在出现的 Welcome to GraphPad Prism 欢迎窗口左侧单击 Column 选项。

步骤 02　在欢迎窗口右侧的 Data table 选项组中单击 Enter or import data into a new table 单选按钮，在 Options 选项组中单击 Enter replicate values, stacked into columns 单选按钮，如图 5-50 所示。

步骤 03　设置完成后，单击欢迎窗口中的 Create 按钮进入工作界面，输入数据并更改数据表的名称，如图 5-51 所示。其中列值为学生成绩。

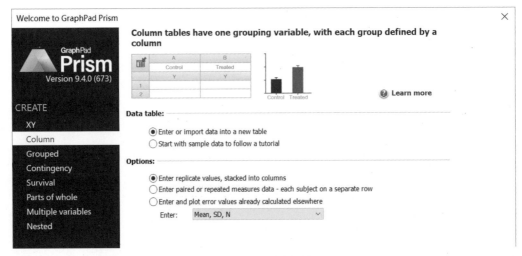

图 5-50 选择样本数据

图 5-51 数据表（部分）

2. 数据分析

步骤01 单击 Analysis 选项卡下的 ☰Analyze（分析）按钮，在弹出的 Analyze Data 对话框左侧的分析类型中选择 Column analyses 下的 Frequency distribution 选项，在右侧数据集中默认勾选所有数据，如图 5-52 所示。

步骤02 单击 OK 按钮，即可进入 Parameters: Frequency Distribution 对话框，选项设置如图 5-53 所示。其中勾选 Graph 选项组中的 Graph the results 复选框，Graph type 选择 Bar graph 表示在分析结束后创建柱状图。

图 5-52　Analyze Data 对话框

图 5-53　Parameters: Frequency Distribution 对话框

步骤 03 单击 OK 按钮退出对话框，完成参数设置，此时弹出如图 5-54 所示的分析结果。从分析结果中可以看到各个值所对应的重复数量。

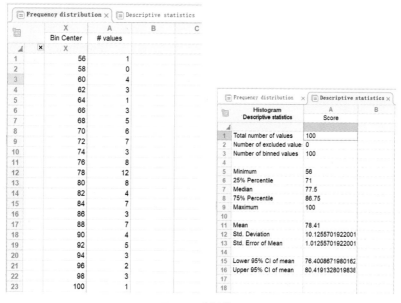

图 5-54　分析结果

3. 生成图表

步骤 01 在左侧导航浏览器中,单击 Graphs 选项组中的 Histogram of Frequency analysis 选项,即可自动生成如图 5-55 所示的柱状图图表。

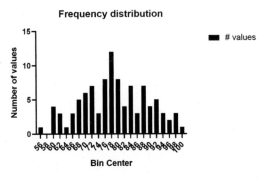

图 5-55 生成的图表

步骤 02 单击 Change 选项卡下的 (改变颜色)按钮,在弹出的配色方案快捷菜单中执行 Colors 命令,此时图形区颜色发生了变化。

步骤 03 双击 X 坐标轴,在弹出的 Format Axes 对话框中对 X 坐标轴进行设置,如图 5-56 所示。

步骤 04 设置完成后,单击 OK 按钮,删除图例后的图表如图 5-57 所示。

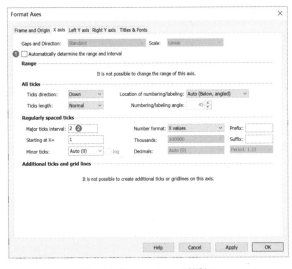

图 5-56 Format Axes 对话框

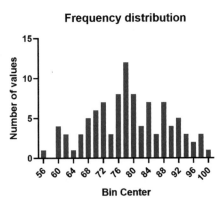

图 5-57 图表效果

4. 更换参数设置进行分析

步骤 01 在数据分析时,在 Parameters: Frequency distribution 对话框中勾选 Graph 选项组

中的 Graph the results 复选框后，Graph type 选择 XY graph. Histogram spikes（见图 5-58），表示在分析结束后创建符合 XY 表形式的柱状图，图表效果如图 5-59 所示。

图 5-58 选择 XY graph. Histogram spikes

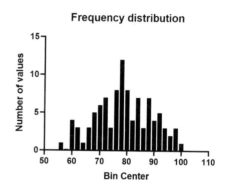

图 5-59 图表效果

步骤 02 单击 Analysis 选项卡下的 ☰Analyze（分析）按钮，在弹出的 Analyze Data 对话框左侧的分析类型中选择 XY analyses 下的 Nonlinear regression (curve fit) 选项，在右侧数据集中默认勾选 # values 复选框，如图 5-60 所示，此时即可对数据进行拟合。

图 5-60 Analyze Data 对话框

步骤 03 单击 OK 按钮，即可进入 Parameters：Nonlinear Regression 对话框，选择 Gaussian 下的 Gaussian 模型选项，如图 5-61 所示。

> 💠➕**说明** 也可以单击 Analysis 选项卡中的 📈（非线性拟合）按钮，直接进入 Parameters:Nonlinear Regression 对话框。

步骤 04 单击 OK 按钮退出对话框，完成参数设置，此时弹出如图 5-62 所示的分析结果，同时在图表窗口中添加了高斯拟合曲线，如图 5-63 所示。

图 5-61 Parameters：Nonlinear Regression 对话框

	Nonlin fit Table of results	A # values
1	**Gaussian**	
2	**Best-fit values**	
3	Amplitude	7.359
4	Mean	78.95
5	SD	11.27
6	**95% CI (profile likelihood)**	
7	Amplitude	5.790 to 9.041
8	Mean	76.08 to 81.97
9	SD	8.586 to 15.48
10	**Goodness of Fit**	
11	Degrees of Freedom	20
12	R squared	0.5805
13	Sum of Squares	75.19
14	Sy.x	1.939
15	**Constraints**	
16	SD	SD > 0
17		
18	**Number of points**	
19	# of X values	23
20	# Y values analyzed	23

图 5-62 分析结果

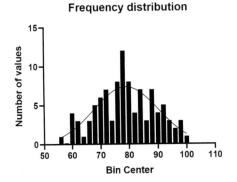

图 5-63 添加拟合曲线

步骤 05 双击图形区域，在弹出的 Format Graph 对话框中选择 Appearance 选项卡，在 Data sets plotted 中单击选中要调整的数据集，并按照图 5-64 所示对参数进行修改，单击 OK 按钮确认并退出对话框，此时的图表如图 5-65 所示。

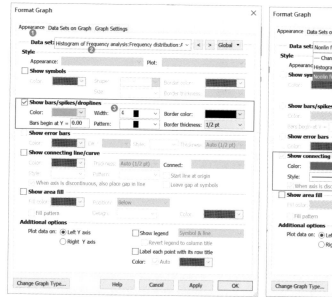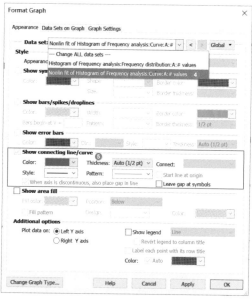

（a）第一组数据集参数设置　　　　　　　　（b）第二组数据集参数设置

图 5-64 Format Graph 对话框

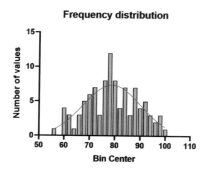

图 5-65 最终图表效果

同样地，可以在 Parameters: Frequency distribution 对话框中勾选 Graph 选项组中的 Graph the results 复选框后，Graph type 选择 XY graph. Points，表示在分析结束后创建符合 XY 表形式的散点图，图表效果如图 5-66（a）所示，添加高斯拟合曲线进行颜色修饰后的图表效果如图 5-66（b）所示。

171

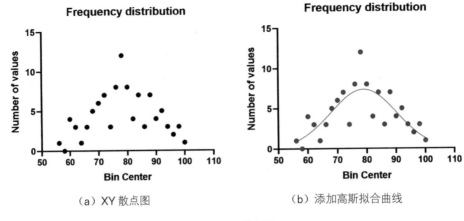

（a）XY 散点图　　　　　　　　　　（b）添加高斯拟合曲线

图 5-66　散点图

5.3.2　离群值识别

在一组平行测定得到的分析数据中，有时会出现个别测定值与其他数据相差较远的情况，这些离散数据就称为离群值或逸出值（Outlier）。

对离群值的处理有一些统计判断的方法，如 Chanwennt 准则规定：如果一个数值偏离观测平均值的概率小于或等于 $1/2n$，则该数据应当舍弃（其中 n 为观察例数，概率可以根据数据的分布进行估计）。

【例 5-6】在 GraphPad Prism 中试用 ELISA 法检测 15 个患者体内 X 指标的水平（Level），并判断这 15 个患者的数据是否存在异常值。

1. 导入 / 输入数据

步骤 01 启动 GraphPad Prism，或执行菜单栏中的 File → New → New Project File 命令，在出现的 Welcome to GraphPad Prism 欢迎窗口左侧单击 Column 选项。

步骤 02 在欢迎窗口右侧的 Data table 选项组中单击 Enter or import data into a new table 单选按钮，在 Options 选项组中单击 Enter replicate values, stacked into columns 单选按钮，如图 5-67 所示。

步骤 03 设置完成后，单击欢迎窗口中的 Create 按钮进入工作界面，输入数据并更改数据表的名称，如图 5-68 所示。其中列值为患者体内 X 指标的水平。

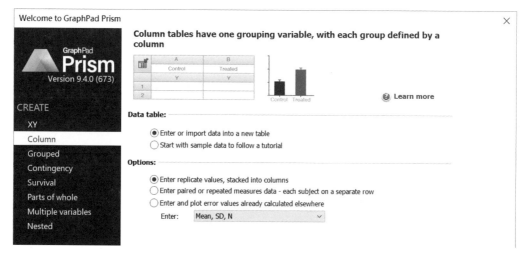

图 5-67　选择样本数据

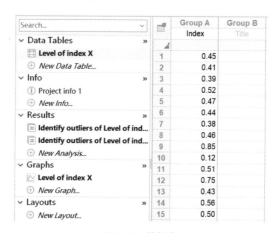

图 5-68　数据表

2．数据分析

步骤 01　单击 Analysis 选项卡下的 ⊟Analyze（分析）按钮，在弹出的 Analyze Data 对话框中的 Table 中确保选择待分析数据为 Level of index X 数据，在左侧分析类型中选择 Column analyses 下的 Identify outliers 选项，在右侧数据集中默认勾选所有数据，如图 5-69 所示。

步骤 02　单击 OK 按钮，即可进入 Parameters: Identify Outliers 对话框，根据分析需要选择选项，如图 5-70 所示。

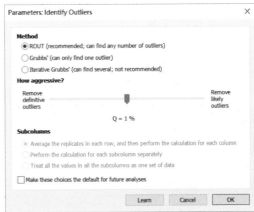

图 5-69 Analyze Data 对话框 　　　　　图 5-70 Parameters: Identify Outliers 对话框

> 说明 如果考虑一个或多个异常值的可能性，则选择 ROUT 法；如果以某种方式确定了数据集没有异常值或者只有一个异常值，那么选择 Grubbs 检验；尽量避免使用 Grubbs 迭代法。异常值识别没有严格意义的标准，建议先将 Q 设置为 1%（α 设置为 0.01）进行识别。

步骤 03 选中需要查看的选项后，单击 OK 按钮退出对话框，此时弹出如图 5-71 所示的求解分析结果。由分析结果可知共有两个异常值，分别为 #9、#10。其中 Cleaned data 表中显示的是剔除异常值后的数据，Outliers 表中显示的是被剔除的异常值。

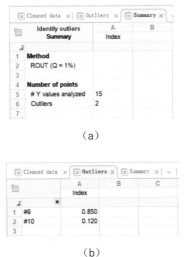

（a）

（b）

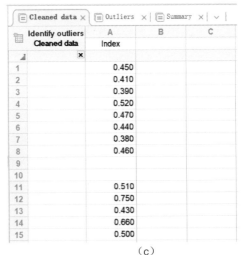

（c）

图 5-71 分析结果

3．生成图表

通过图形也可以看出异常值，下面就通过图表形式显示异常值的情况。

步骤01 在左侧导航浏览器中，单击 Graphs 选项组中的 Level of index X 选项，弹出 Change Graph Type 对话框。

步骤02 根据需要在对话框中选择满足要求的图表类型，如图 5-72 所示。单击 OK 按钮完成设置，此时生成的图表如图 5-73 所示。

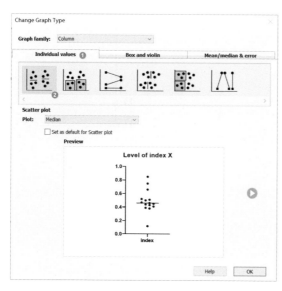

图 5-72　Change Graph Type 对话框

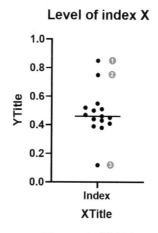

图 5-73　生成的图表

由图可知①、②、③这 3 个点存在偏离，可以认为是离群值，尤其是①、③两点。前述分析中给出的离群值为①、③两点（Q=1%），这与 Q 参数的设置有关（Q=2% 时可以识别出另外 1 个离群点）。

4．美化图表（散点图）

步骤01 单击 Change 选项卡下的 🖌️▾（改变颜色）按钮，在弹出的配色方案快捷菜单中执行 Colors 命令，此时图形区颜色发生了变化。

步骤02 删除 Xtitle、YTitle 轴标题。双击图形区域，在弹出的 Format Graph 对话框中进行如图 5-74 所示设置，设置完成后单击 OK 按钮，此时的图表如图 5-75 所示。

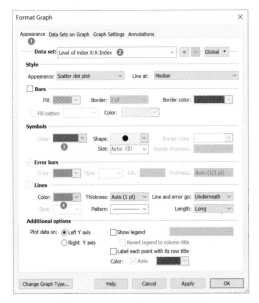

图 5-74 Format Graph 对话框

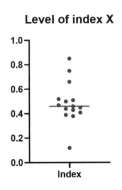

图 5-75 生成的图表

步骤 03 单击 Change 选项卡下的 ▉▋（改变图形格式）按钮，在弹出的 Change Graph Type 对话框中选择带柱状图的散点图，如图 5-76 所示。单击 OK 按钮，此时的图表如图 5-77 所示。

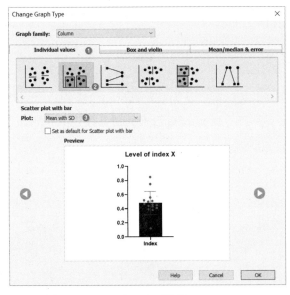

图 5-76 Format Graph 对话框

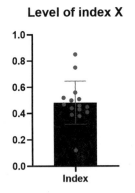

图 5-77 生成的图表

步骤 04 调整柱状图的显示。双击图形区域，在弹出的 Format Graph 对话框中进行如图 5-78

所示设置，设置完成后单击 OK 按钮，此时的图表如图 5-79 所示。

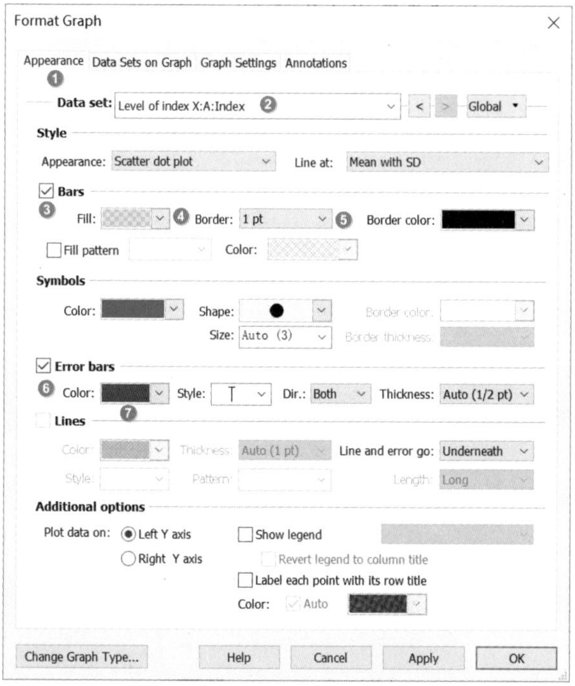

图 5-78　Format Graph 对话框

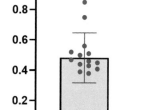

图 5-79　生成的图表

> 说明　此处为读者展示了如何修改图表样式，读者在实际工作中可以根据作图需要选择符合要求的图表样式。

5.3.3　描述性统计

描述性统计是指运用制表、分类、图形以及计算概括性数据来描述数据特征的各项活动。描述性统计分析要对调查总体所有变量的有关数据进行统计性描述，主要包括数据的频数分析、集中趋势分析、离散程度分析、分布以及一些基本的统计图表。

- 频数分析：在数据的预处理部分，利用频数分析和交叉频数分析可以检验异常值。
- 集中趋势分析：用来反映数据的一般水平，常用的指标有平均值、中位数和众数等。
- 离散程度分析：主要用来反映数据之间的差异程度，常用的指标有方差和标准差。
- 数据分布：在统计分析中，通常要假设样本所属总体的分布属于正态分布，因此需要用偏度和峰度两个指标来检查样本数据是否符合正态分布。

- 绘制统计图：通过柱状图、饼图和折线图等形式来表达数据，比用文字表达更清晰、更简明。

【例 5-7】有三组患者，分别是未用药组、用药 A 组、用药 B 组，每组有 6 例患者，现需要对这三组患者体内 X 指标的水平进行描述性分析，试给出这三组患者体内 X 指标的 Mean 值、SD 值、Min 值、Max 值等描述性统计数据。

1. 导入 / 输入数据

步骤 01 启动 GraphPad Prism，或执行菜单栏中的 File → New → New Project File 命令，在出现的 Welcome to GraphPad Prism 欢迎窗口左侧单击 Column 选项。

步骤 02 在欢迎窗口右侧 Data table 选项组中单击 Enter or import data into a new table 单选按钮，在 Options 选项组中单击 Enter replicate values, stacked into columns 单选按钮，如图 5-80 所示。

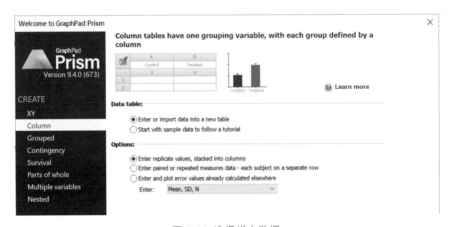

图 5-80 选择样本数据

步骤 03 设置完成后，单击欢迎窗口中的 Create 按钮进入工作界面，输入数据并更改数据表的名称，如图 5-81 所示。**其中列值为三组患者体内 X 指标的水平。**

	Group A Control	Group B Treated A	Group C Treated B
1	3.4	2.3	4.3
2	4.2	4.7	3.0
3	7.8	4.5	3.9
4	5.9	4.1	6.4
5	3.1	5.0	5.9
6	4.8	5.6	7.1
7			
8			

图 5-81 数据表

2．数据分析

步骤 01　单击 Analysis 选项卡下的 ▤Analyze（分析）按钮，在弹出的 Analyze Data 对话框中的 Table 中确保选择待分析数据为 X level in patients 数据，在左侧分析类型中选择 Column analyses 下的 Descriptive statistics 选项，在右侧数据集中默认勾选所有数据，如图 5-82 所示。

图 5-82　Analyze Data 对话框

步骤 02　单击 OK 按钮，即可进入 Parameters: Descriptive Statistics 对话框，根据分析需要选择选项，如图 5-83 所示。

图 5-83　Parameters: Descriptive Statistics 对话框

- Basics 中包括 Minimum and maximum, range（最小、最大值及范围）、Mean, SD, SEM（平均值、标准差、平均值的标准误）、Quartiles（四分位数）等。

- Advanced 中包括 Coefficient of variation（变异系数）、Skewness and kurtosis（偏度和峰度）、Geometric mean（几何平均数）、Harmonic mean（调和平均值）、Quadratic mean（二次均值）等。

- Confidence intervals 用于查看平均值、几何均值和中值的置信区间。

步骤03 选中需要查看的选项后，单击 OK 按钮退出对话框，此时弹出如图 5-84 所示的求解分析结果。由分析结果可知各组想要的具体值，例如，未用药组最小值为 3.1，最大值为 7.8，平均值为 4.867，标准差为 1.755。

		A Control	B Treated A	C Treated B
1	Number of values	6	6	6
2				
3	Minimum	3.100	2.300	3.000
4	Maximum	7.800	5.600	7.100
5	Range	4.700	3.300	4.100
6				
7	Mean	4.867	4.367	5.100
8	Std. Deviation	1.755	1.131	1.601
9	Std. Error of Mea	0.7163	0.4616	0.6537
10				

图 5-84 分析结果

3．生成图表

步骤01 在左侧导航浏览器中，单击 Graphs 选项组中的 X level in patients 选项，弹出 Change Graph Type 对话框。

步骤02 根据需要在对话框中选择满足要求的图表类型，此处采用默认设置即可，如图 5-85 所示。单击 OK 按钮完成设置，此时生成的图表如图 5-86 所示，图中体现了未用药组、用药 A 组、用药 B 组这三组患者体内 X 指标水平的情况，柱状图柱体上方边界代表各组的均值，柱体上方的"T"字线表示标准差，横坐标为组别名称，纵坐标为 X 指标的水平。

4．美化图表

步骤01 单击 Change 选项卡下的 （改变颜色）按钮，在弹出的配色方案快捷菜单中执行 Colors 命令，此时图形区颜色发生了变化。

步骤02 单击 X 轴，在 X 轴的两端出现控点，将鼠标指针移动到右控点并变为 时，按住鼠标左键并拖动鼠标到恰当的位置后松开鼠标，此时的图表如图 5-87 所示。

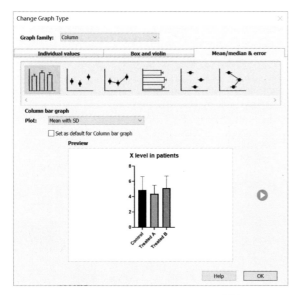

图 5-85 Change Graph Type 对话框

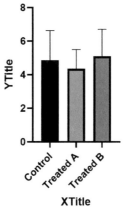

图 5-86 生成的图表

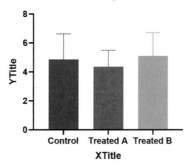

图 5-87 配色及调整横坐标

步骤 03 双击坐标轴，在弹出的 Format Axes 对话框中对坐标轴进行精细修改；也可以对坐标轴标题、图表题、图例等进行修改。删掉 Xtitle 轴标题，同时将 Ytitle 轴标题修改为 X Level。

步骤 04 在图表中双击图形，弹出 Format Graph 对话框，利用该对话框可以对三组数据集进行修改，如图 5-88 所示。读者可以对相应的参数进行修改观察图形的变化情况。

步骤 05 读者还可以在图形中添加内容，这里就不再介绍。最终效果如图 5-89 所示。

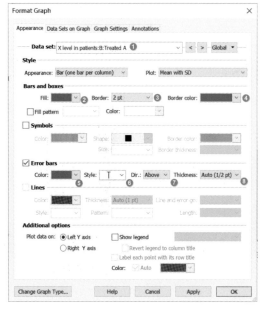

图 5-88 Format Graph 对话框

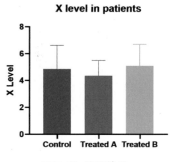

图 5-89 最终效果

5.3.4 单样本 t 检验

单样本 t 检验是利用来自某总体的样本数据，推断该总体的均值是否与指定的检验值之间存在显著差异，它是对总体均值的假设检验。

单样本 t 检验研究的问题中仅涉及一个总体，且采用 t 检验的方法进行分析。单样本 t 检验的前提是样本总体应服从或近似服从正态分布。

【例 5-8】为了了解某班级学生的综合素质得分情况，随机抽取该班级 12 名学生的综合素质得分，已知该班级所属学校的平均综合素质得分为 100 分，分析该班级综合素质得分是否和该学校的综合素质得分一致。

1. 导入 / 输入数据

步骤 01 启动 GraphPad Prism，或执行菜单栏中的 File → New → New Project File 命令，在出现的 Welcome to GraphPad Prism 欢迎窗口左侧单击 Column 选项。

步骤 02 在欢迎窗口右侧 Data table 选项组中单击 Enter or import data into a new table 单选按钮，在 Options 选项组中单击 Enter replicate values, stacked into columns 单选按钮，如图 5-90 所示。

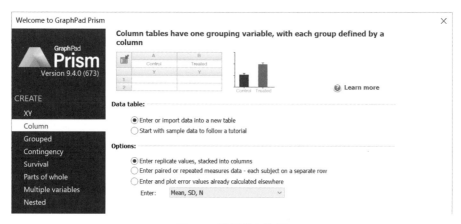

图 5-90　选择样本数据

（步骤 03）设置完成后，单击欢迎窗口中的 Create 按钮进入工作界面，输入数据并更改数据表的名称，如图 5-91 所示。其中 A 列值为学生的综合素质得分。

图 5-91　数据表

2．数据分析

（步骤 01）单击 Analysis 选项卡下的 Analyze（分析）按钮，在弹出的 Analyze Data 对话框左侧的分析类型中选择 Column analyses 下的 One sample t and Wilcoxon test 选项，在右侧数据集中默认勾选所有数据，如图 5-92 所示。

（步骤 02）单击 OK 按钮，即可进入 Parameters: One sample t and Wilcoxon test 对话框，单击 One sample t test 单选按钮，同时在 Hypothetical value 中设置 Hypothetical value. Often 0.0，1.0 or 100 为 100，如图 5-93 所示。

其中 Hypothetical value 用于输入希望与平均值（t 检验）或中值（Wilcoxon 检验）进行比较的假设值，该值通常为 0 或 100（为百分比时）或 1.0（为比率时）。

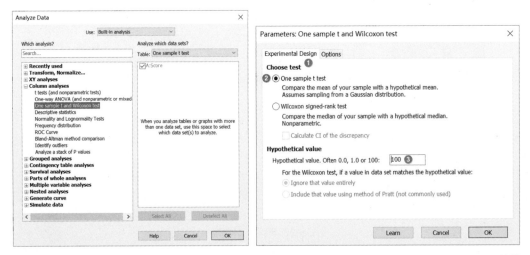

图 5-92 Analyze Data 对话框　　图 5-93 Parameters: One sample t and Wilcoxon test 对话框

步骤 03 单击 OK 按钮退出对话框，完成参数设置，此时弹出如图 5-94 所示的分析结果。由分析结果可知，实际平均值为 109.2，高于学校平均分 100，且无明显差异（P=0.0576＞0.05）。

> 说明 利用 P 值（概率）进行决策时，将它与给定的显著性水平 α 进行比较，以确定是接受还是拒绝原假设，如果 P＜α 则拒绝原假设 H_0，如果 P ≥ α 则不拒绝（接受）原假设 H_0。

步骤 04 如果在 Parameters: One sample t and Wilcoxon test 对话框中选择 Wilcoxon signed-rank test，其余参数不变，则得到的分析结果如图 5-95 所示。由分析结果可知，实际中值为 109.5，高于理论中值 100.0，但是实际与理论之间无明显差异（P=0.0811＞0.05）。

	One sample t test	A Score
1	Theoretical mean	100.0
2	Actual mean	109.2
3	Number of values	12
4		
5	**One sample t test**	
6	t, df	t=2.120, df=11
7	P value (two tailed)	0.0576
8	P value summary	ns
9	Significant (alpha=0.05)?	No
10		
11	**How big is the discrepancy?**	
12	Discrepancy	9.167
13	SD of discrepancy	14.98
14	SEM of discrepancy	4.324
15	95% confidence interval	-0.3497 to 18.68
16	R squared (partial eta squared)	0.2901

图 5-94 One sample t test 分析结果

	One sample Wilcoxon test	A Score
1	Theoretical median	100.0
2	Actual median	109.5
3	Number of values	12
4		
5	**Wilcoxon Signed Rank Test**	
6	Sum of signed ranks (W)	45.00
7	Sum of positive ranks	61.50
8	Sum of negative ranks	-16.50
9	P value (two tailed)	0.0811
10	Exact or estimate?	Exact
11	P value summary	ns
12	Significant (alpha=0.05)?	No
13		
14	**How big is the discrepancy?**	
15	Discrepancy	9.500

图 5-95 Wilcoxon signed-pank test 分析结果

3．生成图表

步骤01 在左侧导航浏览器中，单击 Graphs 选项组中的 One sample t test 选项，弹出 Change Graph Type 对话框。

步骤02 根据需要在对话框中选择满足要求的图表类型，此处采用默认设置即可，如图 5-96 所示。单击 OK 按钮完成设置，此时生成的图表如图 5-97 所示，图中的横线表示 Median（中值），当在对话框中设置 Plot 为 Mean 时，则中线表示平均值。

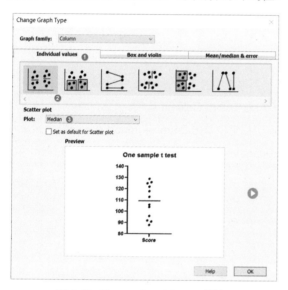

图 5-96　Change Graph Type 对话框

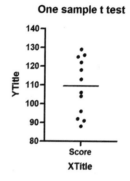

图 5-97　生成的图表

步骤03 单击 Change 选项卡下的 （改变颜色）按钮，在弹出的配色方案快捷菜单中执行 Colors 命令，此时图形区颜色发生了变化。

步骤04 双击坐标轴，在弹出的 Format Axes 对话框中对坐标轴进行精细修改；也可以对坐标轴标题、图表题、图例等进行修改；还可以在图形中添加内容，这里就不再介绍。最终效果如图 5-98 所示。

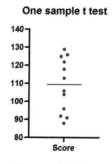

图 5-98　最终效果

5.3.5 非配对 t 检验

非配对 t 检验用于比较两个不匹配组的平均值，并假设值服从高斯分布，即非配对 t 检验需要从遵循高斯分布的群体中对数据进行抽样。

【例 5-9】随着年龄的增长，人们患某种疾病的概率增加。现有男性 7 人，女性 8 人，统计了男性和女性的初始患病时的年龄，现需要分析男性和女性初始患病年龄之间是否存在差异。

1. 导入 / 输入数据

步骤 01 启动 GraphPad Prism，或执行菜单栏中的 File → New → New Project File 命令，在出现的 Welcome to GraphPad Prism 欢迎窗口左侧单击 Column 选项。

步骤 02 在欢迎窗口右侧的 Data table 选项组中单击 Enter or import data into a new table 单选按钮，在 Options 选项组中单击 Enter replicate values, stacked into columns 单选按钮，如图 5-99 所示。

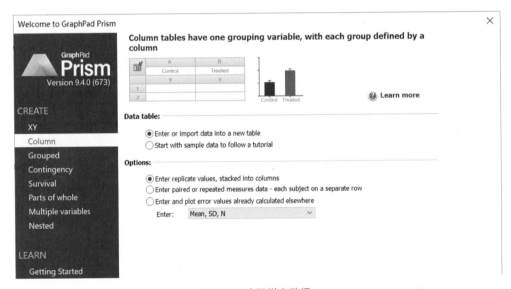

图 5-99 选择样本数据

步骤 03 设置完成后，单击欢迎窗口中的 Create 按钮进入工作界面，输入数据并更改数据表的名称，如图 5-100 所示。其中列值分别为男性和女性患病时的年龄。

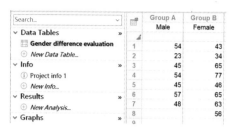

图 5-100　数据表

2．正态性检验

在进行配对 t 检验前，首先需要对数据进行正态性检验。

步骤01 单击 Analysis 选项卡下的 **⊜Analyze**（分析）按钮，在弹出的 Analyze Data 对话框左侧的分析类型中选择 Column analyses 下的 Normality and Lognormality Tests 选项，选中右侧数据集所有数据，如图 5-101 所示。

步骤02 单击 OK 按钮，即可进入 Parameters: Normality and Lognormality Tests 对话框，采用如图 5-102 所示设置即可（默认）。

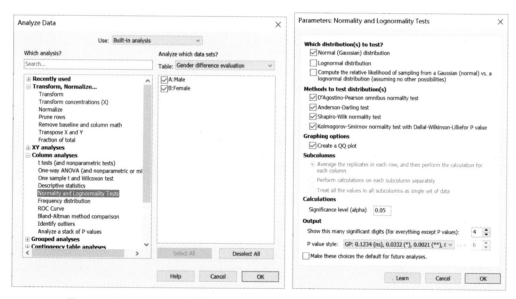

图 5-101　Analyze Data 对话框　　　图 5-102　Parameters: Normality and Lognormality Tests
对话框

步骤03 单击 OK 按钮退出对话框，完成参数设置，此时弹出如图 5-103 所示的分析结果。由分析结果可知，Female 数据的 4 种正态性检验方法的结果都表明数据服从正态分布，Male 数据的后两种检验方法得到的结果表明数据服从正态分布。

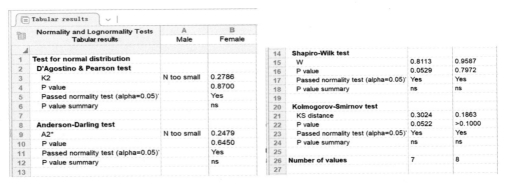

Normality and Lognormality Tests Tabular results	A Male	B Female
1 Test for normal distribution		
2 D'Agostino & Pearson test		
3 K2	N too small	0.2786
4 P value		0.8700
5 Passed normality test (alpha=0.05)		Yes
6 P value summary		ns
7		
8 Anderson-Darling test		
9 A2*	N too small	0.2479
10 P value		0.6450
11 Passed normality test (alpha=0.05)		Yes
12 P value summary		ns
13		

		A	B
14 Shapiro-Wilk test			
15 W		0.8113	0.9587
16 P value		0.0529	0.7972
17 Passed normality test (alpha=0.05)		Yes	Yes
18 P value summary		ns	ns
19			
20 Kolmogorov-Smirnov test			
21 KS distance		0.3024	0.1863
22 P value		0.0522	>0.1000
23 Passed normality test (alpha=0.05)		Yes	Yes
24 P value summary		ns	ns
25			
26 Number of values		7	8
27			

图 5-103 分析结果

3. 数据分析

步骤 01 单击 Analysis 选项卡下的 ≡Analyze（分析）按钮，在弹出的 Analyze Data 对话框左侧的分析类型中选择 Column analyses 下的 t tests（and Nonparametric Tests）选项，在右侧数据集中默认勾选所有数据，如图 5-104 所示。

步骤 02 单击 OK 按钮，即可进入 Parameters: t tests(and Nonparametric Tests) 对话框，采用如图 5-105 所示设置即可。

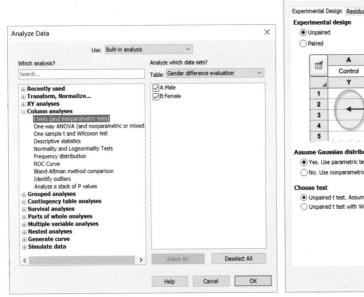

图 5-104 Analyze Data 对话框

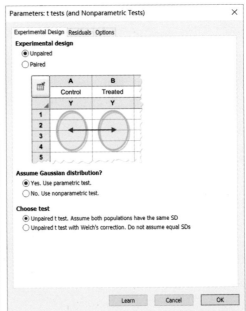

图 5-105 Parameters: t tests(and Nonparametric Tests) 对话框

- Assume Gaussian distribution 选项用于设置是采用参数检验（数据符合正态分布）还是非参数检验（数据不符合正态分布）。此处单击 Yes, use parametric test 单选按钮，因为数据经检验是符合正态分布的。

- Choose test 选项选择第一项 Unpaired t test. Assume both populations have the same SD（假设方差齐性），如果后续统计结果显示不符合方差齐性，需要返回此处选择第二项 Unpaired t test with Welch's correction. Do not assure equal SDs（方差不齐）。

步骤 03 单击 OK 按钮退出对话框，完成参数设置，此时弹出如图 5-106 所示的分析结果。由分析结果可知，两组年龄情况对比无明显差异（t=1.423，P=0.1782>0.05）。

结果分析表中 F test to compare variances 用来判断方差是否齐性，其下方 P value 为 0.6149>0.05，证明方差齐性。因此，在数据既符合正态分布且方差齐性的前提下，可以使用非配对 t 检验，因此此处可以直接使用分析结果中得到的统计值。

	Unpaired t test Tabular results				
1	Table Analyzed	Gender difference evaluation	15	Mean of column A	46.57
2			16	Mean of column B	56.13
3	Column B	Female	17	Difference between means (B - A) ± SEM	9.554 ± 6.712
4	vs.	vs.	18	95% confidence interval	-4.947 to 24.05
5	Column A	Male	19	R squared (eta squared)	0.1348
6			20		
7	**Unpaired t test**		21	**F test to compare variances**	
8	P value	0.1782	22	F, DFn, Dfd	1.540, 7, 6
9	P value summary	ns	23	P value	0.6149
10	Significantly different (P < 0.05)?	No	24	P value summary	ns
11	One- or two-tailed P value?	Two-tailed	25	Significantly different (P < 0.05)?	No
12	t, df	t=1.423, df=13	26		
13			27	**Data analyzed**	
14	**How big is the difference?**		28	Sample size, column A	7
			29	Sample size, column B	8
			30		

图 5-106　分析结果

4．生成图表

步骤 01 在左侧导航浏览器中，单击 Graphs 选项组中的 Gender difference evaluation 选项，弹出 Change Graph Type 对话框。

步骤 02 根据需要在对话框中选择满足要求的图表类型，此处采用默认设置即可，如图 5-107 所示。单击 OK 按钮完成设置，此时生成的图表如图 5-108 所示，图中的横线表示 Median（中值），当在对话框中设置 Plot 为 Mean 时，则中线表示平均值。

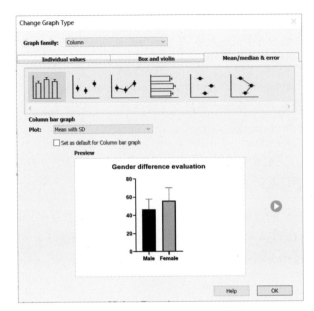

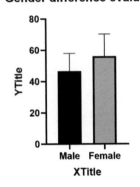

图 5-107 Change Graph Type 对话框

图 5-108 生成的图表

步骤 03 单击 Change 选项卡下的 （改变颜色）按钮，在弹出的配色方案快捷菜单中执行 Colors 命令，此时图形区颜色发生了变化。

步骤 04 双击坐标轴，在弹出的 Format Axes 对话框中对坐标轴进行精细修改；也可以对坐标轴标题、图表题、图例等进行修改；还可以在图形中添加内容，这里就不再介绍。最终效果如图 5-109 所示。

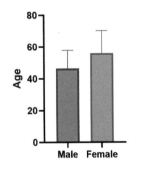

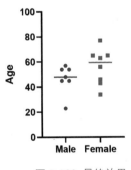

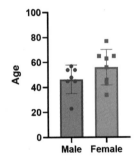

图 5-109 最终效果

由于是非配对 t 检验，此处是男性和女性之间年龄的比较情况，因此还需要在图上添加差异性标记符号。根据前面的分析结果可知两组年龄对比是无差异的，在图上的表示符号为 ns（no significant）。

步骤 05 单击 Draw 选项卡中 按钮下拉菜单中的 按钮，如图 5-110 所示，在需要添加差异性标记符号的位置处单击即可，随后调节符号位置。

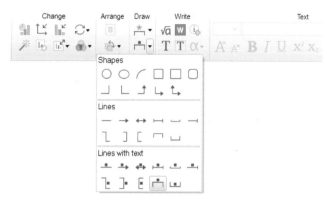

图 5-110　添加差异性标记符号操作

步骤 06 此时显示的线条较粗，需要调节线条的粗细。双击差异性标记线条，在弹出的 Format Object 对话框中设置 Thickness 为 1pt，如图 5-111 所示。此时的图表如图 5-112 所示。

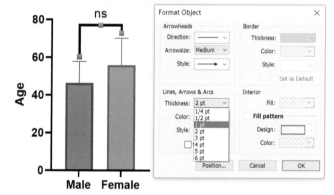

图 5-111　Format Object 对话框　　　　图 5-112　修改线宽

该图表示 Male 组和 Female 组两组年龄的差异性比较情况，上方横线均覆盖到两组，且标识 ns，代表两组对比无明显差异，也就是说两组的年龄情况相当，并不存在特别大的差别。

5. 评估图

步骤 01 在左侧导航浏览器中，单击 Graphs 选项组中的 Estimation Plot: Unpaired t test of Gender difference evaluation 选项，会直接打开评估图表。

步骤 02 单击 Change 选项卡下的 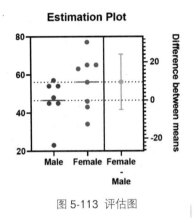 （改变颜色）按钮，在弹出的配色方案快捷菜单中执行 Colors 命令，此时图形区颜色发生了变化，最终图表如图 5-113 所示。

图 5-113 评估图

5.3.6 配对 t 检验

配对 t 检验就是针对两组非相互独立的数据而设计的，两组数据必须一一对应且具有相关性是配对 t 检验的充分必要条件。配对 t 检验的四种结果如下：

（1）两样本强相关且配对差值的差异性显著，基本达到了实验效果。

（2）两样本非强相关但配对差值的差异性显著，表明造成配对差异的原因可能并不是来自样本的相关性，而是其他的影响因素。

（3）两样本强相关但配对差值不存在统计学差异，表明样本之间的高度关联性导致配对差异结果不明显。

（4）两样本非强相关且配对差值不存在统计学差异，说明实验完全脱离理论预期。

【例 5-10】根据十组患者治疗前后体内 X 因子的测量值判断患者体内 X 因子水平在经过治疗后是否有明显变化。

1. 导入 / 输入数据

步骤 01 启动 GraphPad Prism，或执行菜单栏中的 File → New → New Project File 命令，在出现的 Welcome to GraphPad Prism 欢迎窗口左侧单击 Column 选项。

步骤 02 在欢迎窗口右侧的 Data table 选项组中单击 Enter or import data into a new table 单选按钮，在 Options 选项组中单击 Enter paired or repeated measures data-each subject on a separate row 单选按钮，如图 5-114 所示。

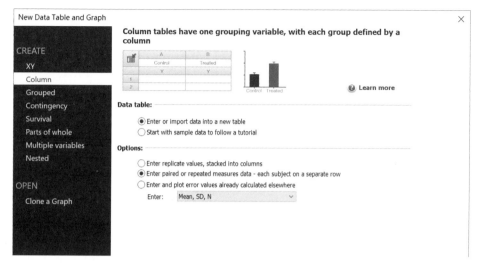

图 5-114 选择样本数据

步骤 03 设置完成后，单击欢迎窗口中的 Create 按钮进入工作界面，输入数据并更改数据表的名称，如图 5-115 所示。其中列值 Control、Treated 为治疗前后 X 因子的测量值，Diff 为两组数据的插值，用于配对 t 检验的正态性检测。

Table format: Column		Group A Control	Group B Treated	Group C Diff
1	WY	4.4	5.5	1.1
2	LB	5.0	6.5	1.5
3	HX	5.3	6.4	1.1
4	JW	4.2	5.9	1.7
5	PS	3.9	5.2	1.3
6	DJ	4.3	5.6	1.3
7	GS	5.1	6.4	1.3
8	JM	4.8	6.2	1.4
9	HM	4.6	6.0	1.4
10	ZY	3.9	5.2	1.3
11	Title			

图 5-115 数据表

2. 正态性检验

在进行配对 t 检验前，首先需要进行差值的正态性检验。

步骤 01 单击 Analysis 选项卡下的 Analyze（分析）按钮，在弹出的 Analyze Data 对话框左侧的分析类型中选择 Column analyses 下的 Normality and Lognormality Tests 选项，在右侧数据集中勾选 Diff 数据，取消勾选 Control、Treated 数据，如图 5-116 所示。

步骤 02 单击 OK 按钮，即可进入 Parameters: Normality and Lognormality Tests 对话框，采用如图 5-117 所示设置即可（默认）。

图 5-116　Analyze Data 对话框

图 5-117　Parameters: Normality and Lognormality Tests 对话框

步骤03 单击 OK 按钮退出对话框，完成参数设置，此时弹出如图 5-118 所示的分析结果。由分析结果可知，四种正态性检验方法的结果都表明数据服从正态分布。

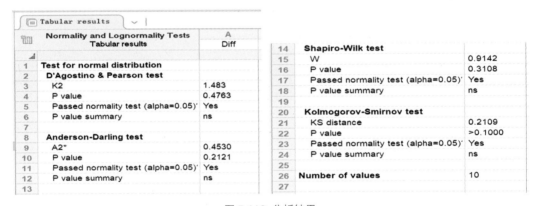

图 5-118　分析结果

3. 数据分析

步骤01 继续单击 Analysis 选项卡下的 ▣Analyze（分析）按钮，在弹出的 Analyze Data 对话框左侧的分析类型中选择 Column analyses 下的 One sample t and Wilcoxon test 选项，在右侧数据集中勾选 Control、Treated 数据，取消勾选 Diff 数据，如图 5-119 所示。

步骤 02 单击 OK 按钮，即可进入 Parameters: t tests(and Nonparametric Tests) 对话框，因为治疗前和治疗后的数据属于配对数据，即每一个治疗前的数据都对应一个治疗后的数据，因此在 Choose test 中单击 Paired t test(differences between paired values are consistent) 单选按钮，其余选项采用如图 5-120 所示设置。

图 5-119　Analyze Data 对话框

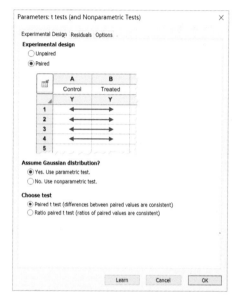

图 5-120　Parameters: t tests(and Nonparametric Tests) 对话框

> **说明** 本数据已经通过正态性检验，因此选择 Yes, Use parametric test 选项，底部默认选择的 t 检验方法为 Paired t test(differences between paired values are consistent)，即默认认为配对数据之间差异连续，符合数据实际情况。如果正态性检验未通过，则需要采用非参数检验。对于配对数据，非参数检验法为 Wilcoxon 检验法。

步骤 03 单击 OK 按钮退出对话框，完成参数设置，此时弹出如图 5-121 所示的分析结果。由分析结果可知配对有效（第 24 行中 P<0.05），治疗前后 X 因子具有明显差异（Paired t test 中 t=23.85，P<0.0001）。

> **说明** 在 GraphPad Prism 中通过计算 Pearson 相关系数 r 和相应的 P 值（显著性）来测试配对的有效性，其中 r 取值为 −1~1，代表相关性的强弱和正负，绝对值越接近 1 表示相关性越强；P 值代表相关模型的拟合效果，取值为 0~1，当 P 小于 0.01 时表示两组数据的相关关系显著。

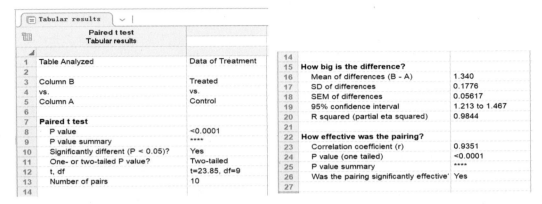

图 5-121 分析结果

4. 生成图表

步骤 01 在左侧导航浏览器中，单击 Graphs 选项组中的 Data of Treatment 选项，弹出 Change Graph Type 对话框。

步骤 02 根据需要在对话框中选择满足要求的图表类型，此处采用默认设置即可，如图 5-122 所示。单击 OK 按钮完成设置，此时生成的图表如图 5-123 所示，可以看出 Diff 数据出现在图中，这是不需要的。

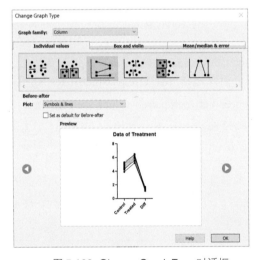

图 5-122 Change Graph Type 对话框

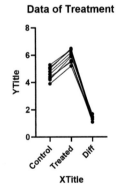

图 5-123 生成的图表

步骤 03 双击图形区域，在弹出的 Format Graph 对话框中选择 Data Sets on Graph 选项卡，在 Data sets plotted 中单击选中 Diff 数据（Data of Treatment:C:Diff），然后单击右侧的 Remove（移

除）按钮移除数据，如图 5-124 所示。单击 OK 按钮确认参数设置并退出对话框，此时的图表如图 5-125 所示。

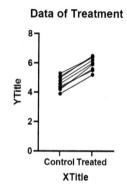

图 5-124　Format Graph 对话框　　　　　图 5-125　移除数据后的图表

步骤 04　单击 Change 选项卡下的 ⬤▾（改变颜色）按钮，在弹出的配色方案快捷菜单中执行 Colors 命令，此时图形区颜色发生了变化。

步骤 05　单击 Draw 选项卡下的 ⌐▾ 按钮下拉菜单中的 ⌐ 按钮，然后在需要添加符号的位置处单击即可，随后调节符号位置。

步骤 06　此时显示的线条较粗，需要调节线条的粗细。双击差异性标记线条，在弹出的 Format Object 对话框中设置 Thickness 为 1pt 即可，此时的图表如图 5-126 所示。

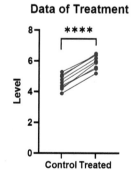

图 5-126　图表效果

5. 进一步修饰图表

步骤 01 双击图形区域，在弹出的 Format Graph 对话框中选择 Appearance 选项卡，在 Data Set 中选择 Data of Treatment:A:Control 数据，按照图 5-127 所示进行设置，然后单击 Apply 按钮预览设置效果，此时的图表如图 5-128 所示。

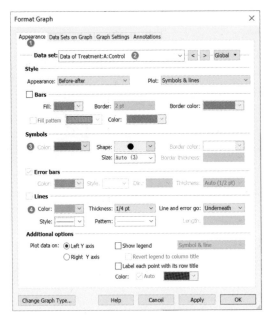

图 5-127 Format Graph 对话框

图 5-128 修改数据后的图表

> **说明** 图中分别展示了治疗前（红点表示）和治疗后（蓝点表示）10 个样本的 X 因子水平情况，每一个红点配对一个特定的蓝点，从图 5-128 中可以看出经过治疗后，X 因子水平均有所提升，且提升差异显著（P<0.0001）。

步骤 02 如果在 Appearance 选项卡中勾选 Bars 复选框，可以将数据以柱状图形式展示。读者可以在对话框中修改响应的参数，然后单击 Apply 按钮预览设置效果。设置达到要求后，单击 OK 按钮退出对话框。

6. 评估图

步骤 01 在左侧导航浏览器中，单击 Graphs 选项组中的 Estimation Plot: Unpaired t test of Gender difference evaluation 选项，会直接打开评估图表。

步骤 02 单击 Change 选项卡下的 ⬤▼（改变颜色）按钮，在弹出的配色方案快捷菜单中执行 Colors 命令，此时图形区颜色发生了变化，最终图表如图 5-129 所示。

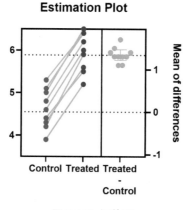

图 5-129　评估图

5.3.7　常规单因素方差分析

试验中要考察的指标称为试验指标，影响试验指标的条件称为因素，因素所处的状态称为水平，若试验中只有一个因素改变则称为单因素试验，若有两个因素改变则称为双因素试验，若有多个因素改变则称为多因素试验。

方差分析就是对试验数据进行分析，检验方差相等的多个正态总体均值是否相等，进而判断各因素对试验指标的影响是否显著。根据影响试验指标条件的个数可以将方差分析分为单因素方差分析（One-way ANOVA）、双因素方差分析（Two-way ANOVA）和多因素方差分析。

> **说明** 通过 Column（列表）可以进行单因素方差分析，通过 Grouped（分组表）可以进行双因素方差分析和多因素方差分析。

单因素方差分析用于完全随机设计的多个样本均数间的比较，其统计推断是推断各样本所代表的各总体均数是否相等。

【例 5-11】为研究大豆对缺铁性贫血的作用，某研究者进行了如下实验：选取已做成贫血模型的大鼠 36 只，随机等分为 3 组，每组 12 只，分别用三种不同的饲料喂养：不含大豆的普通饲料、含 10% 大豆的饲料和含 15% 大豆的饲料。喂养一周后，测定大鼠血液中的红细胞数（$\times 10^{12}$/L），结果如表 5-2 所示。试分析三种不同饲料对贫血大鼠红细胞数的影响有无差别。

表5-2 三种不同喂养方式下大鼠血液中的红细胞数（×10^{12}/L）

普通饲料	10%大豆饲料	15%大豆饲料
4.78	4.65	6.80
4.65	6.92	5.91
3.98	4.44	7.28
4.04	6.16	7.51
3.44	5.99	7.51
3.77	6.67	7.74
3.65	5.29	8.19
4.91	4.70	7.15
4.79	5.05	8.18
5.31	6.01	5.53
4.05	5.67	7.79
5.16	4.68	8.03

1. 导入 / 输入数据

步骤 01 启动 GraphPad Prism，或执行菜单栏中的 File → New → New Project File 命令，在出现的 Welcome to GraphPad Prism 欢迎窗口左侧单击 Column 选项。

步骤 02 在欢迎窗口右侧的 Data table 选项组中单击 Enter or import data into a new table 单选按钮，在 Options 选项组中单击 Enter replicate values, stacked into columns 单选按钮，如图5-130所示。

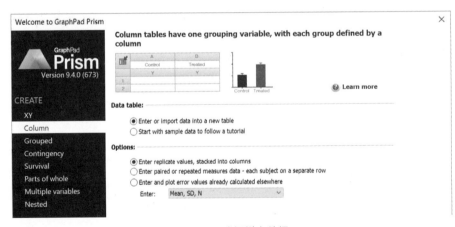

图 5-130 选择样本数据

步骤 03 设置完成后，单击欢迎窗口中的 Create 按钮进入工作界面，输入数据并更改数据表的名称，如图 5-131 所示。**其中列值为贫血大鼠血液中的红细胞数量。**

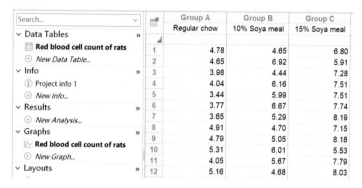

| | Group A | Group B | Group C |
	Regular chow	10% Soya meal	15% Soya meal
1	4.78	4.65	6.80
2	4.65	6.92	5.91
3	3.98	4.44	7.28
4	4.04	6.16	7.51
5	3.44	5.99	7.51
6	3.77	6.67	7.74
7	3.65	5.29	8.19
8	4.91	4.70	7.15
9	4.79	5.05	8.18
10	5.31	6.01	5.53
11	4.05	5.67	7.79
12	5.16	4.68	8.03

图 5-131　数据表

2．正态性检验

在进行方差分析前，首先需要进行数据的正态性检验。

步骤01　单击 Analysis 选项卡下的 **≡Analyze**（分析）按钮，在弹出的 Analyze Data 对话框左侧的分析类型中选择 Column analyses 下的 Normality and Lognormality Tests 选项，选中右侧数据集中的所有数据，如图 5-132 所示。

步骤02　单击 OK 按钮，即可进入 Parameters: Normality and Lognormality Tests 对话框，采用如图 5-133 所示设置即可（默认）。

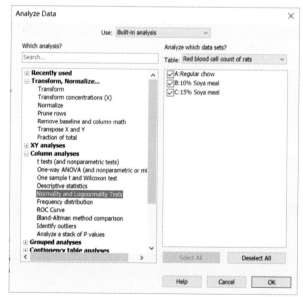
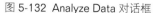

图 5-132　Analyze Data 对话框

图 5-133　Parameters: Normality and
Lognormality Tests 对话框

步骤 03 单击 OK 按钮退出对话框，完成参数设置，此时弹出如图 5-134 所示的分析结果。由分析结果可知，三组数据的四种正态性检验方法的结果都表明数据服从正态分布。

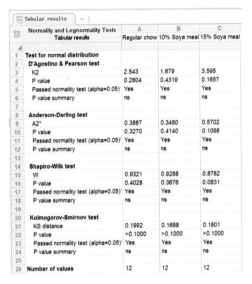

图 5-134 分析结果

3．数据分析

步骤 01 单击 Analysis 选项卡下的 Analyze（分析）按钮，在弹出的 Analyze Data 对话框左侧的分析类型中选择 Column analyses 下的 One-way ANOVA（and nonparametric or mixed）选项，在右侧数据集中默认勾选所有数据，如图 5-135 所示。

图 5-135 Analyze Data 对话框

步骤 02　单击 OK 按钮，即可进入 Parameters: One-Way ANOVA(and Nonparametric or Mixed) 对话框，如图 5-136 所示。

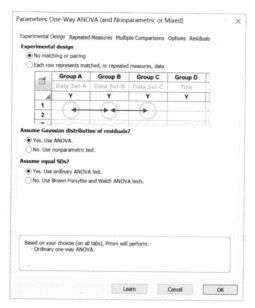

图 5-136　Parameters: One-Way ANOVA(and Nonparametric or Mixed) 对话框

- 在 Experimental Design（实验设计）选项卡下的 Experimental design 中选择 No matching or pairing（非重复非配对实验）选项，即数据为独立数据。

- Assume Gaussian distribution of residuals 选项用于设置是采用参数检验（数据符合正态分布）还是非参数检验（数据不符合正态分布）。此处勾选 Yes, use ANOVA，因为数据经检验是符合正态分布的。如果正态检验未通过，则选择 No. Use nonparametric test，即采用非参数检验（Kruskal-Walls 秩和检验法），此时建议用中位数和四分位间距的箱线图展示图表。

- Assume equal SDs 选项选择第一项 Yes. Use ordinary ANOVA test（假设方差齐性），如果后续统计结果显示不符合方差齐性，需要返回此处选择第二项 No. Use Brown-Forsythe and Welch ANOVA tests（方差不齐）。

步骤 03　在 Multiple Comparisons（多重比较）选项卡下的 Followup tests 中选择 Compare the mean of each column with the mean of every other column 选项，即三组之间进行两两比较，如图 5-137 所示。

提示　选择 Compare the mean of each column with the mean of a control column 表示与设定组进行比较。

步骤 ④ 在 Options 选项卡下的 Multiple comparisons test 中选择两两比较的方法为 Tukey，如图 5-138 所示。多重比较时大多选择 Dunnett 法。

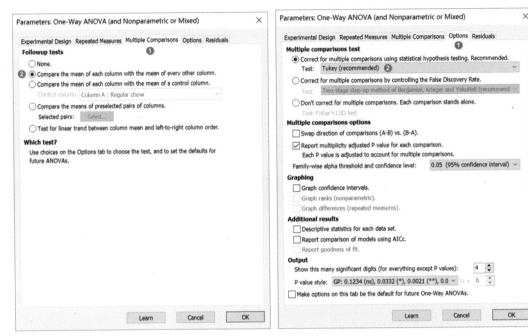

图 5-137 Multiple comparisons选项卡　　　　　图 5-138 Options 选项卡

说明 根据两两比较形式的不同，GraphPad Prism 分别提供了单因素方差分析的多重比较方法，如表 5-3 所示。

表5-3　单因素方差分析中的多重比较方法

目标	CI及其显著性报告	方法
每个平均值与其他平均值比较	是	Tukey（建议）、Bonferroni、Sidak
	否	Holm-Sidak（首选）、Newman-Keuls、Dunn（非参数）
每个平均值和对照平均值比较	是	Dunnettt、Sidak、Bonferroni
	否	Holm-Sidak、Dunn（非参数）
选定的平均值对（最多40）比较	是	Bonferroni - Dunn、Sidak - Bonferroni
	否	Holm-Sidak、Dunn（非参数）
符合线性趋势与否，列平均值与列顺序是否相关	否	线性趋势检验，仅适用于单因素方差分析

步骤 ⑤ 单击 OK 按钮退出对话框，完成参数设置，此时弹出如图 5-139 所示的分析结果。

ANOVA results | Multiple comparisons

Ordinary one-way ANOVA
ANOVA results

1	Table Analyzed	Red blood cell count of rats				
2	Data sets analyzed	A-C				
3						
4	**ANOVA summary**					
5	F	42.92				
6	P value	<0.0001				
7	P value summary	****				
8	Significant diff. among means (P < 0.05)?	Yes				
9	R squared	0.7223				
10						
11	**Brown-Forsythe test**					
12	F (DFn, DFd)	0.4311 (2, 33)				
13	P value	0.6534				
14	P value summary	ns				
15	Are SDs significantly different (P < 0.05)?	No				
16						
17	**Bartlett's test**					
18	Bartlett's statistic (corrected)	1.161				
19	P value	0.5596				
20	P value summary	ns				
21	Are SDs significantly different (P < 0.05)?	No				
22						
23	**ANOVA table**	**SS**	**DF**	**MS**	**F (DFn, DFd)**	**P value**
24	Treatment (between columns)	52.13	2	26.06	F (2, 33) = 42.92	P<0.0001
25	Residual (within columns)	20.04	33	0.6072		
26	Total	72.16	35			
27						
28	**Data summary**					
29	Number of treatments (columns)	3				
30	Number of values (total)	36				

图 5-139 分析结果

①结果分析表中 Brown-Forsythe test 和 Bartlett’s test 都是判断方差是否齐性，可以看到两个 P 值均大于 0.05，证明数据符合方差齐性（常以 Brown-Forsythe test 结果为准），因此可以直接使用分析结果中得到的统计值。

② Bartlett’s test 在数据服从正态分布时效率很高，由于它对正态分布特别敏感，因此一旦偏离正态分布，则效果会变差。在偏离正态分布的情况下建议采用 Brown-Forsythe 法，该法是 Levene 法的改进版。

> 说明　判断数据是否偏离正态分布，可以通过查看正态性检验的 P 值或通过绘制的残差图进行判断。

③如果方差齐性未通过，则需要返回 步骤 02 在 Experimental Design 选项卡下的 Assume equal SDs 中选择第二项 No. Use Brown-Forsythe and Welch ANOVA tests。由于 Welch 法效率高且可以将 Alpha 保持在所需水平，因此建议使用该法检验的结果；在数据不对称的情况下可以使用 Brown-Forsythe 法检验的结果。

④分析结果中 ANOVA table 中的 MS 为均方、SS 为离均差平方和、F 为 F 统计量、DF 为自由度。

⑤由分析结果中的 ANOVA summary 数据可知，方差分析差异显著（$P<0.05$），因此需要进一步查看两两比较或多重比较。

步骤 06 打开分析结果中的 Multiple comparisons 表，可以查看两两比较的分析结果，如图 5-140 所示。由 Tukey 检验法结果可知，普通饲料与 15% 大豆饲料、10% 与 15% 大豆饲料喂养的

大鼠的红细胞数水平两两之间差异都非常显著（****），普通饲料与 10% 大豆饲料喂养的大鼠的
红细胞数水平两两之间存在差异（**）。

> 说明 分别用 *、**、***、**** 表示统计结果的差异程度，需要在图上体现；当
> 多组进行比较的时候，无差异用 ns 表示，通常不需要在图上体现。

Ordinary one-way ANOVA Multiple comparisons								
1 Number of families	1							
2 Number of comparisons per family	3							
3 Alpha	0.05							
4								
5 Tukey's multiple comparisons test	Mean Diff.	95.00% CI of diff.	Below threshold?	Summary	Adjusted P Value			
6 Regular chow vs. 10% Soya meal	-1.142	-1.922 to -0.3611	Yes	**	0.0030	A-B		
7 Regular chow vs. 15% Soya meal	-2.924	-3.705 to -2.144	Yes	****	<0.0001	A-C		
8 10% Soya meal vs. 15% Soya meal	-1.783	-2.563 to -1.002	Yes	****	<0.0001	B-C		
9								
10 Test details	Mean 1	Mean 2	Mean Diff.	SE of diff.	n1	n2	q	DF
11 Regular chow vs. 10% Soya meal	4.378	5.519	-1.142	0.3181	12	12	5.075	33
12 Regular chow vs. 15% Soya meal	4.378	7.302	-2.924	0.3181	12	12	13.00	33
13 10% Soya meal vs. 15% Soya meal	5.519	7.302	-1.783	0.3181	12	12	7.924	33

图 5-140 Multiple comparisons 表

4. 生成图表

步骤 01 在左侧导航浏览器中，单击 Graphs 选项组中的 Red blood cell count of rats 选项，
弹出 Change Graph Type 对话框。

步骤 02 根据需要在对话框中选择满足要求的图表类型，此处采用默认设置即可，如图 5-141
所示。单击 OK 按钮完成设置，此时生成的图表如图 5-142 所示，图中的横线表示 Median（中值），
当在对话框中设置 Plot 为 Mean 时，则中线表示平均值。

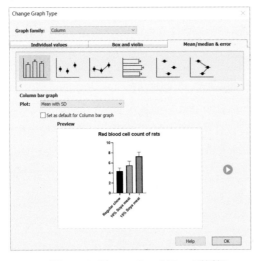

图 5-141 Change Graph Type 对话框

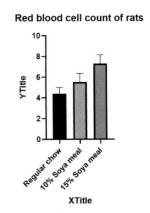

图 5-142 生成的图表

步骤 03 单击 Change 选项卡下的 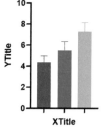（改变颜色）按钮，在弹出的配色方案快捷菜单中执行 Colors 命令，此时图形区颜色发生了变化。

步骤 04 双击 X 坐标轴，在弹出的 Format Axes 对话框中对坐标轴进行精细修改。在 X axis 选项卡下的 All ticks 选项组中，Location of numbering/labeling 设置为 None，如图 5-143 所示，单击 OK 按钮完成设置，此时的图表如图 5-144 所示。

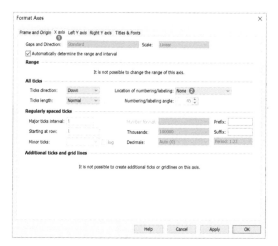

图 5-143 Format Axes 对话框

图 5-144 图表效果

步骤 05 在图形区双击，打开 Format Graph 对话框，在 Data set 中选择 Change All data sets，在 Additional options 中勾选 Show legend 复选框，如图 5-145 所示，单击 OK 按钮完成设置，双击坐标轴标题，对坐标轴标题进行修改，此时的图表如图 5-146 所示。

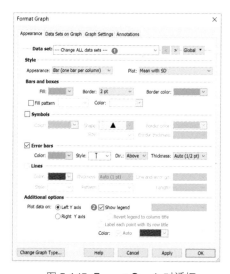

图 5-145 Format Graph 对话框

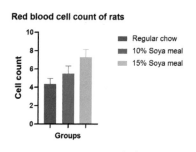

图 5-146 图表效果

207

步骤 06 在图上添加差异性标记符号。单击 Draw 选项卡下的 ⌐ 按钮，即可自动添加差异性标记符号，如图 5-147 所示。图中很直观地标明了两两数据直接的差异情况，与分析结果一一对应。

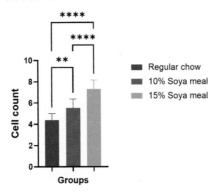

图 5-147　添加差异性标记符号

5.3.8　重复测量（RM）单因素方差分析

常规和重复测量方差分析之间的差异，类似于非配对和配对 t 检验之间的差异。每个参与者或试验可充当其自身的对照，因此重复测量设计可更好地区分信号和噪声，通常具有更大的检验能力。

重复测量设计是指对同一受试对象的某一观测指标在不同时间点上进行多次测量的设计方法，譬如受试者服药后在不同时间点测定受试者血糖浓度（GLU），多用来分析不同处理方式在不同时间点上的变化情况。

> 💬说明　（1）重复测量单因素方差分析中只允许一个分组因素（多为时间），因此我们将其归入 Column（纵列表）中。
>
> （2）如果将行代表的个体也作为分组变量进行无重复双因素方差分析，此时也可以采用 Grouped（分组表）来进行重复测量单因素方差分析。
>
> （3）如果还需要对实验对象进行分组（不同治疗方案、服用不同药物等），并在不同时间节点上检测某个指标的变化，那么可以采用双因素重复测量方差分析，此时在 GraphPad Prism 中应采用 Grouped（分组表）实现。

【例 5-12】设定 8 个受试者（受试者个体差异一致）注射某种药物，注射后分别于 T1、T2、T3、T4 四个时间点测定受试者血糖浓度，如表 5-4 所示，试判断该药物的作用时间对血糖浓度是否有影响。

表5-4　受试者血糖浓度（mmol/L）

受试者	T1	T2	T3	T4
Subjects A	6.2	6.8	7.4	7.1
Subjects B	4.5	8.1	7.4	6.2
Subjects C	5.1	7.8	6.9	6
Subjects D	5.4	8.2	6.5	5.9
Subjects E	5.1	7.8	6.6	5.8
Subjects F	4.9	6.2	7.1	5.2
Subjects G	5.5	8.1	6.8	6.1
Subjects H	6.1	6.5	7.2	6.9

1. 导入 / 输入数据

步骤 01 启动 GraphPad Prism，或执行菜单栏中的 File → New → New Project File 命令，在出现的 Welcome to GraphPad Prism 欢迎窗口左侧单击 Column 选项。

步骤 02 在欢迎窗口右侧的 Data table 选项组中单击 Enter or import data into a new table 单选按钮，在 Options 选项组中单击 Enter paired or repeated measures data-each subject on a separate row 单选按钮，如图 5-148 所示。

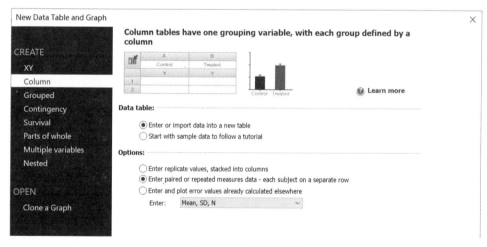

图 5-148　选择样本数据

步骤 03 设置完成后，单击欢迎窗口中的 Create 按钮进入工作界面，输入数据并更改数据表的名称，如图 5-149 所示。其中列值为受试者在不同时间点的血糖浓度的测量值。

Search...
Data Tables
Concentration of GLU
New Data Table...
Info
Project info 1
New Info...
Results
New Analysis...
Graphs

	Table format: Column	Group A T1	Group B T2	Group C T3	Group D T4
1	Subjects A	6.2	6.8	7.4	7.1
2	Subjects B	4.5	8.1	7.4	6.2
3	Subjects C	5.1	7.8	6.9	6.0
4	Subjects D	5.4	8.2	6.5	5.9
5	Subjects E	5.1	7.8	6.6	5.8
6	Subjects F	4.9	6.2	7.1	5.2
7	Subjects G	5.5	8.1	6.8	6.1
8	Subjects H	6.1	6.5	7.2	6.9

图 5-149 数据表

2．正态性检验

在进行方差分析前，首先需要进行数据的正态性检验。方法同常规单因素方差分析，分析结果如图 5-150 所示。由分析结果可知，四组数据的四种正态性检验方法的结果除 T2 的 Kolmogorov-Smirnov test 检验未通过外，其余均通过了检验，表明数据服从正态分布。

Tabular results

	Normality and Lognormality Tests Tabular results	A T1	B T2	C T3	D T4
1	Test for normal distribution				
2	D'Agostino & Pearson test				
3	K2	0.2638	2.387	1.234	0.2171
4	P value	0.8764	0.3031	0.5395	0.8972
5	Passed normality test (alpha=0.05)?	Yes	Yes	Yes	Yes
6	P value summary	ns	ns	ns	ns
7					
8	Anderson-Darling test				
9	A2*	0.2562	0.6383	0.2325	0.3383
10	P value	0.6148	0.0602	0.7031	0.3995
11	Passed normality test (alpha=0.05)?	Yes	Yes	Yes	Yes
12	P value summary	ns	ns	ns	ns
13					
14	Shapiro-Wilk test				
15	W	0.9472	0.8325	0.9322	0.9381
16	P value	0.6834	0.0630	0.5360	0.5925
17	Passed normality test (alpha=0.05)?	Yes	Yes	Yes	Yes
18	P value summary	ns	ns	ns	ns
19					
20	Kolmogorov-Smirnov test				
21	KS distance	0.1666	0.2987	0.1347	0.2172
22	P value	>0.1000	0.0342	>0.1000	>0.1000
23	Passed normality test (alpha=0.05)?	Yes	No	Yes	Yes
24	P value summary	ns	*	ns	ns
25					
26	Number of values	8	8	8	8

图 5-150 分析结果

3．数据分析

步骤 01 单击 Analysis 选项卡下的 Analyze（分析）按钮，在弹出的 Analyze Data 对话框左侧的分析类型中选择 Column analyses 下的 One-way ANOVA(and nonparametric or mixed) 选项，在右侧数据集中默认勾选所有数据，如图 5-151 所示。

步骤 02 单击 OK 按钮，即可进入 Parameters: One-Way ANOVA(and Nonparametric or Mixed) 对话框，如图 5-152 所示。

图 5-151　Analyze Data 对话框

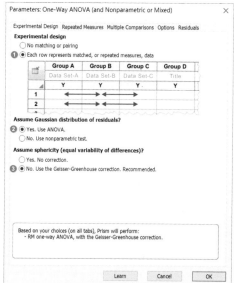

图 5-152　Experimental Design 选项卡

- 在 Experimental Design 选项卡下的 Experimental design 选项组中单击 Each row represents matched, or repeated measures, data（每行为配对数据或重复测量数据）单选按钮。

- 由于已通过正态检验，因此在 Assume Gaussian distribution of residuals 选项组中单击 Yes, use ANOVA 单选按钮。

- 在 Assume sphericity(equal variability of differences) 选项组中选择重复测量数据分析中重要的球形检验选项 No. Use the Geisser-Greenhouse correction. Recommended。

步骤 03　在 Repeated Measures（重复测量）选项卡下采用默认选择即可，如图 5-153 所示。

步骤 04　在 Multiple Comparisons（多重比较）选项卡下的 Followup tests 选项组中单击 Compare the mean of each column with the mean of every other column 单选按钮，如图 5-154 所示，即三组之间进行两两比较。

步骤 05　单击 OK 按钮退出对话框，完成参数设置，此时弹出如图 5-155 所示的分析结果。由分析结果中的 ANOVA table 中的 Treatment(between columns) 数据可知，方差分析差异显著（P<0.05），因此需要进一步查看两两比较或多重比较。

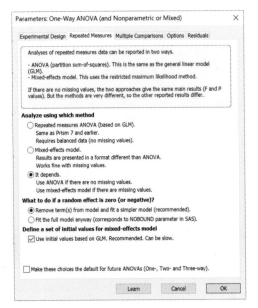

图 5-153 重复测量选项卡

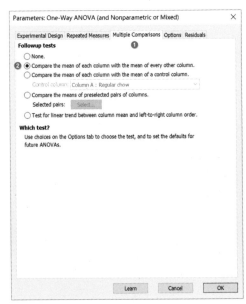

图 5-154 多重比较选项卡

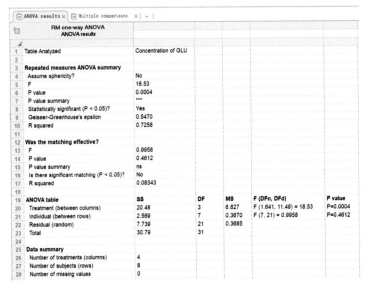

图 5-155 分析结果

步骤 06 打开分析结果中的 Multiple comparisons 表，可以查看两两比较的分析结果，如图 5-156 所示。由 Tukey 检验法结果可知，除 T2 vs. T3 之外，其余检验表明两两比较存在差异（**）。

	RM one-way ANOVA Multiple comparisons							
1	Number of families	1						
2	Number of comparisons per family	6						
3	Alpha	0.05						
4								
5	Tukey's multiple comparisons test	Mean Diff.	95.00% CI of diff.	Below threshold?	Summary	Adjusted P Value		
6	T1 vs. T2	-2.088	-3.450 to -0.7249	Yes	**	0.0061	A-B	
7	T1 vs. T3	-1.638	-2.383 to -0.8922	Yes	***	0.0007	A-C	
8	T1 vs. T4	-0.8000	-1.289 to -0.3114	Yes	**	0.0042	A-D	
9	T2 vs. T3	0.4500	-0.7500 to 1.650	No	ns	0.6231	B-C	
10	T2 vs. T4	1.288	0.02635 to 2.549	Yes	*	0.0457	B-D	
11	T3 vs. T4	0.8375	0.2248 to 1.450	Yes	*	0.0112	C-D	
12								
13	Test details	Mean 1	Mean 2	Mean Diff.	SE of diff.	n1	n2	q	DF
14	T1 vs. T2	5.350	7.438	-2.088	0.4116	8	8	7.172	7
15	T1 vs. T3	5.350	6.988	-1.638	0.2251	8	8	10.29	7
16	T1 vs. T4	5.350	6.150	-0.8000	0.1476	8	8	7.665	7
17	T2 vs. T3	7.438	6.988	0.4500	0.3625	8	8	1.755	7
18	T2 vs. T4	7.438	6.150	1.288	0.3810	8	8	4.779	7
19	T3 vs. T4	6.988	6.150	0.8375	0.1851	8	8	6.399	7
20								

图 5-156 Multiple comparisons 表

4．生成图表

步骤 01 在左侧导航浏览器中，单击 Graphs 选项组中的 Concentration of GLU 选项，弹出 Change Graph Type 对话框。

步骤 02 根据需要在对话框中选择满足要求的图表类型，此处采用默认设置即可，如图 5-157 所示。单击 OK 按钮完成设置，此时生成的图表如图 5-158 所示。

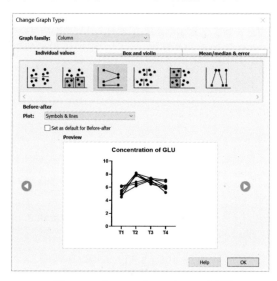

图 5-157 Change Graph Type 对话框

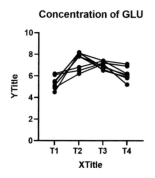

图 5-158 生成的图表

步骤 03 单击 Change 选项卡下的 🔵▼（改变颜色）按钮，在弹出的配色方案快捷菜单中执行 Colors 命令，此时图形区颜色发生了变化。

步骤 04 双击 Y 坐标轴，在弹出的 Format Axes 对话框中对坐标轴进行精细修改。在 X axis 选项卡下的 All ticks 选项组中，将 Location of numbering/labeling 设置为 None，在 Left Y axis 选项卡下进行设置，如图 5-159 所示。单击 OK 按钮完成设置，此时的图表如图 5-160 所示。

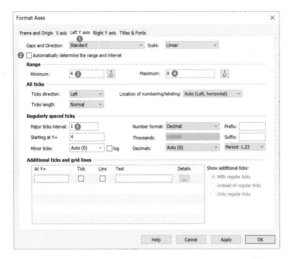

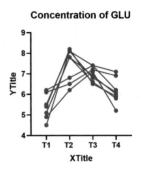

图 5-159 Format Axes 对话框

图 5-160 图表效果

步骤 05 在图形区双击，打开 Format Graph 对话框，在 Appearance 选项卡下的 Data set 中选择 Concentration of GLU:A:T1，在 Symbols 及 Lines 选项组中修改颜色，如图 5-161 所示。单击 OK 按钮完成设置，双击坐标轴标题，对坐标轴标题进行修改，此时的图表如图 5-162 所示。

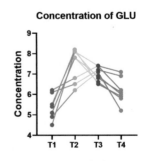

图 5-161 Format Graph 对话框

图 5-162 图表效果

步骤 06　在图上添加差异性标记符号。单击 Draw 选项卡下的 ⊓ 按钮，即可自动添加差异性标记符号，如图 5-163 所示。图中很直观地标明了每个受试者在四个时间段的血糖值变换情况，整体可以看出每个受试者的血糖变化趋势，并且能够看出哪两个时间段之间是有差异的。

步骤 07　适当调整 X 坐标轴，并调整差异性符号位置，最终结果如图 5-164 所示。读者可根据自己的喜好调整出满意的图表。

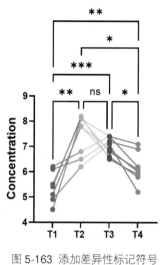

图 5-163 添加差异性标记符号

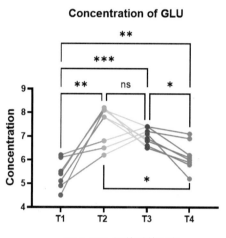

图 5-164 调整后的图表

5.3.9 一致性分析

临床中经常会遇到下列情况：一种新的诊断方法能否替代原有的标准诊断方法；一种简便易行的检测方法与原来操作烦琐的方法是否结果一致；一种价格便宜的试剂能否取代原来价格昂贵的试剂；等等。这些都是一致性分析的内容。

一致性分析与相关分析不同，它是比相关分析更为严格的一个概念，不仅要求两个测量结果具有相关性，而且要求两个测量之间差别不大。

Bland-Altman 法从两种方法所测数据的差异入手，通过对其差异的处理分析两种方法的一致性。其基本思路是根据原始数据求出两种方法的均值和差值，以均值为横轴、以差值为纵轴，画出散点图。计算差值的均数及差值的 95% 分布范围（均数 ±1.96× 标准差），这一范围也称为一致性界限。理论上，如果差值的分布服从正态分布，则 95% 的差值应位于一致性界限之内。

【例 5-13】研究人员测量了 21 名正常受试者的二尖瓣血流（MF）和左心室搏出量（LV），

测量结果如表 5-5 所示。每个受试者的数据各位于同一行，数据是按照 A 列 MF 值的顺序输入的，但行的顺序不会影响分析。在没有二尖瓣疾病的情况下，这两个测量值应该相等。试通过 Bland-Altman 图查看测量值之间的差异。

表5-5 受试者二尖瓣血流和左心室搏出量（mL）

MF	47	66	68	69	70	70	73	75	79	81	85
SV	43	70	72	81	60	67	72	72	92	76	85
MF	87	87	87	90	100	104	105	112	120	132	
SV	82	90	96	82	100	94	98	108	131	131	

1. 导入 / 输入数据

步骤01 启动 GraphPad Prism，或执行菜单栏中的 File → New → New Project File 命令，在出现的 Welcome to GraphPad Prism 欢迎窗口左侧单击 Column 选项。

步骤02 在欢迎窗口右侧的 Data table 选项组中单击 Enter or import data into a new table 单选按钮，在 Options 选项组中单击 Enter replicate values, stacked into columns 单选按钮，如图 5-165 所示。

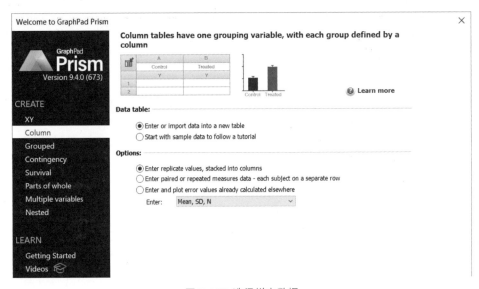

图 5-165 选择样本数据

步骤03 设置完成后，单击欢迎窗口中的 Create 按钮进入工作界面，输入数据并更改数据表的名称，如图 5-166 所示。其中列值分别为受试者二尖瓣血流和左心室搏出量。

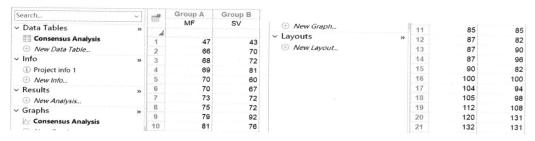

图 5-166　数据表

2．数据分析

步骤 01　单击 Analysis 选项卡下的 ▤Analyze（分析）按钮，在弹出的 Analyze Data 对话框左侧的分析类型中选择 Column analyses 下的 Bland-Altman method comparison 选项，在右侧数据集中默认勾选所有数据，如图 5-167 所示。

步骤 02　单击 OK 按钮，即可进入 Parameters: Bland-Altman 对话框，采用默认选项设置即可，如图 5-168 所示。其中 Difference vs. average 表示在第一页显示差异值与平均值，并用于创建曲线图。

图 5-167　Analyze Data 对话框

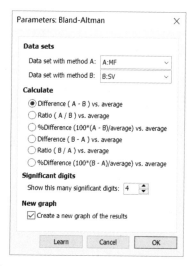

图 5-168　Parameters: Bland-Altman 对话框

Calculate 选项组下包括 6 种计算方式，其中 X 轴均为 average（均值），Y 轴有 6 种选择：最常用的是 Difference（A-B），表示数据集 A 与 B 的差值；Ratio（A/B）表示数据集 A 与 B 的比值；%Difference（100*（A-B）/average）表示数据集 A 与 B 的差值除以两者的均值；其余 3

种类似。

步骤 03 单击 OK 按钮退出对话框，完成参数设置，此时弹出如图 5-169 所示的分析结果，其中包括 Bias（偏移）、95% Limits of Agreement（95% 一致性界限）。

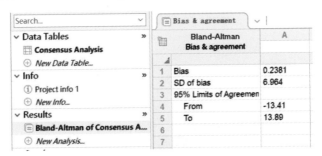

图 5-169 分析结果

3. 生成图表

步骤 01 在左侧导航浏览器中，单击 Graphs 选项组中的 Difference vs. average: Bland-Altman of Consensus Analysis 选项，即可自动生成如图 5-170 所示的散点图。

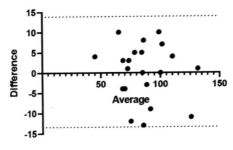

图 5-170 生成的图表

图中上、下虚线分别对应 95% 置信区间的上限和下限，以及分析结果中的 From（–13.41）~To（13.89）。

步骤 02 单击 Change 选项卡下的 （改变颜色）按钮，在弹出的配色方案快捷菜单中执行 Colors 命令，此时图形区颜色发生了变化。

步骤 03 在图中添加直线 Y=0.2381。双击 Y 坐标轴，在弹出的 Format Axes 对话框中对坐标轴进行设置，如图 5-171 所示。

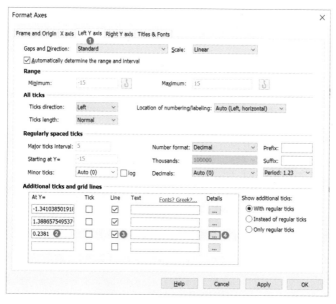

图 5-171　Format Axes 对话框

步骤 04 在 Format Axes 对话框的 Additional ticks and grid lines 选项组中，单击 0.2381 行后 Details 列的 ⌈…⌋ 按钮，在弹出的 Format Additional Ticks and Grids 对话框中进行颜色及线型设置，如图 5-172 所示。

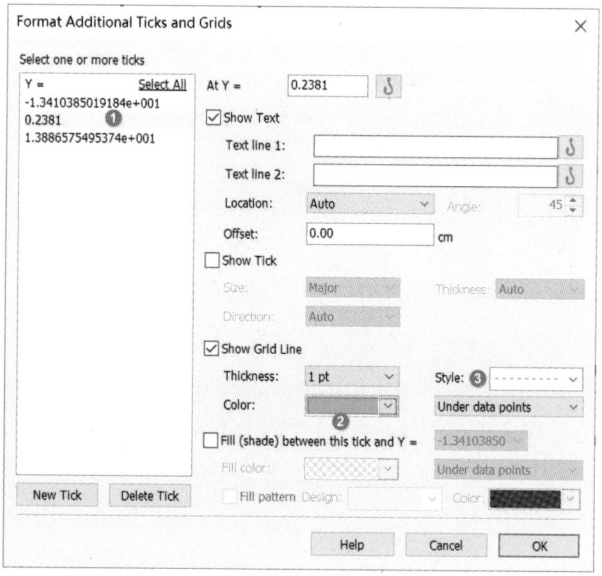

图 5-172　Format Additional Ticks and Grids 对话框

步骤 05 设置完成后，单击 OK 按钮，此时的图表如图 5-173 所示。横坐标（X 轴）为两种测量结果的平均值，纵坐标（Y 轴）为两种测量结果的差值。

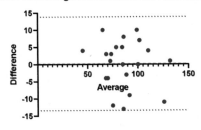

图 5-173 图表效果（1）

图中 X 轴的数据对图形产生了干扰，下面调整坐标轴的显示。

步骤 06 单击 Change 选项卡下的 ⌐ （格式化坐标轴）按钮，在弹出的 Format Axes 对话框中的 Frame and Origin 选项卡下进行设置，修改 Frame style 为 Plain Frame，如图 5-174 所示。

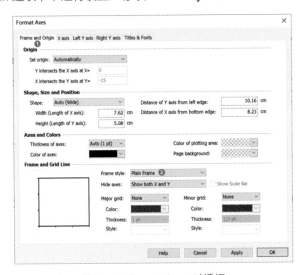

图 5-174 Format Axes 对话框

步骤 07 在 X axis 选项卡下的 All ticks 中修改 Ticks direction 为 Up，Ticks length 为 Short，同样地在 Left Y axis 选项卡下的 All ticks 中修改 Ticks direction 为 Right，Ticks length 为 Short，完成设置后，单击 OK 按钮，此时的图表如图 5-175 所示。

步骤 08 双击虚线，在弹出的 Format Additional Ticks and Grids 对话框中修改各线条的线型、颜色、粗细等（例如选中 Y=0），如图 5-176 所示。对上、下两条虚线做同样的修改，最终图表效果如图 5-177 所示。

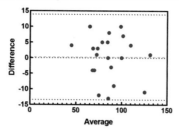

图 5-175　图表效果（2）

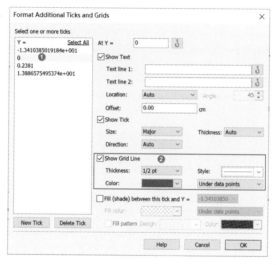

图 5-176　Format Additional Ticks and Grids 对话框

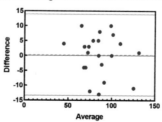

图 5-177　图表效果（3）

说明　从 Bland-Altman 图可以直观地看出两种测量结果之间的差异。一般来说，如果大部分点都落在 95% 一致性界限之内（即均值 $\pm 1.96 \times$ 标准差这两条线之内），并且其最大差值在临床上是可以接受的，那么可以认为这两种方法有较好的一致性。

Bland-Altman 图中的点通常呈水平带状分布，代表测量差值和均值之间没有明显的线性关系，即两种方法的差值是固定的，不随测量值绝对值的变化而变化。

5.4 本章小结

本章详细介绍了 Column 表数据表样式，对 Column 表可绘制的图表及可完成的统计分析进行了探讨；本章还结合 Column 表的特点对常见的图表绘制方法进行了详细的讲解，同时结合示例讲解了如何在 GraphPad Prism 中进行频数分析、描述性统计分析、t 检验、单因素方差分析、一致性分析等。通过本章的学习读者基本能够掌握利用 Column 表数据进行图表绘制及统计分析的方法。

第 6 章
分组表及其图表描述

分组表类似于列表，但其设计用于两个分组变量，也就是说当数据组是由两个分组变量定义时，则可以使用分组表数据类型。分组表的每一列定义一个组别，每一行定义另外一个组别，适应于二维分组数据。分组表可以理解为列表的拓展应用。

学习目标：

★ 掌握分组表数据的输入方法。

★ 掌握分组表数据的图表绘制流程。

★ 掌握分组表数据的统计分析方法。

6.1 分组表数据的输入

Grouped（分组）表是 Column（列）表的在另一维度上的拓展，其输入方式与列表类似，但数据结构却不相同，二者有着本质的区别，读者在学习的时候需要结合数据的物理含义进行对比理解。

6.1.1 输入界面

启动 GraphPad Prism 后，在弹出的 Welcome to GraphPad Prism 欢迎窗口中选择 Grouped 表。

1. 在新表中输入或导入数据

在欢迎窗口中选择 Grouped 表后，在右侧 Data table 选项组中单击 Enter or import data into a new table 单选按钮，表示在新表中输入或导入数据。此时其下方会出现 Options 选项组，用于设置输入数据 Y 值的数据格式，如图 6-1 所示。

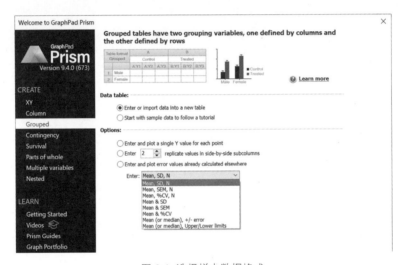

图 6-1 选择样本数据格式

> 说明 分组表的整体格式与 XY 表类似，不同之处在于分组表的每一行代表一个分组变量，行标题可以显示在 X 轴的刻度标签位置。

（1）Enter and plot a single Y value for each point：表示为每个点输入单个 Y 值，分组表结构如图 6-2 所示。

Table format: Grouped	Group A Title	Group B Title	Group C Title	Group D Title	Group E Title	Group F Title
1 Title						
2 Title						
3 Title						
4 Title						
5 Title						
6 Title						

图 6-2 为每个点输入单个 Y 值的数据表

（2）Enter n replicate values in side-by-side subcolumns：表示通过子列并列输入多个重复的 Y 值，并按照 Group 进行分组。当需要根据原始数据作图时，应选择该选项。此时分组表结构如图 6-3 所示，n 取 3，表示每行 3 个 Y 值，即有 3 个重复测量值。

Table format: Grouped		Group A Title			Group B Title		
	×	**A:1**	A:2	A:3	B:1	B:2	B:3
1	Title						
2	Title						
3	Title						
4	Title						
5	Title						
6	Title						

图 6-3　并列输入多个重复的 Y 值的数据表

（3）Enter and plot error values already calculated elsewhere：表示输入已知统计量信息的数据，选择 Mean,SD,N 后的分组表结构如图 6-4 所示。

Table format: Grouped		Group A Title			Group B Title		
	×	**Mean**	SD	N	Mean	SD	N
1	Title						
2	Title						
3	Title						
4	Title						
5	Title						
6	Title						

图 6-4　输入已知统计量信息的数据表

分组表格式与 XY 表一样，其统计量如图 6-5 所示，它们的含义也与 XY 表相同。

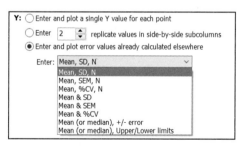

图 6-5　统计量类型

2. 按照教程从示例数据开始

在欢迎窗口右侧 Data table 选项组中单击 Start with sample data to follow a tutorial 单选按钮，表示将按照教程从示例数据开始，如图 6-6 所示。

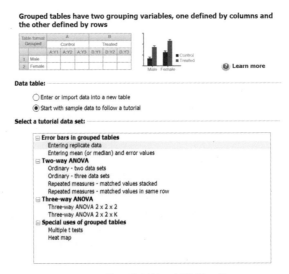

图 6-6 按照教程从示例数据开始

6.1.2 分组表可绘制的图表

在分组表引入行变量后，就比列表多了一个分组变量，因此分组表可以绘制的图表种类变得更多。

当行与列均作为分组变量后，图形就存在分割（Separated）、交错（Interleave）、堆积（Stacked）及叠印（Superimposed）四种表现形式。它们的含义如下：

- 分割：表示将数据在同一维度上分组显示。
- 交错：表示将数据在另一维度上分组显示。
- 堆积：表示将呈现各自数据的数据条在一个维度上堆砌，而不重叠。
- 叠印：表示将呈现各自数据的数据条在一个维度上前后重叠。叠印存在遮挡部分，不利于数据的展示，因此叠印多采用散点来表示。

在分组数据表下单击导航浏览器中的 Graphs 选项组中的 New Graph 选项，弹出如图 6-7 所示的 Create New Graph 对话框，从中查看可以绘制的图表。

1. Individual values（单值）

默认的 Individual values 选项卡下显示的可以绘制的图表类型有 7 种，如图 6-8 所示，用于将原始数据以点或条的形式展示出来。

这 7 种图表依次为：

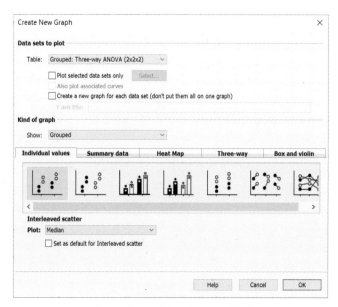

图 6-7　Create New Graph 对话框

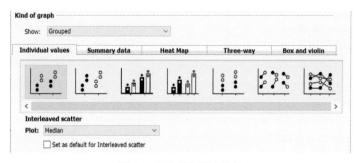

图 6-8　单值数据图表类型

（1）交错散点图（Interleave Scatter），有 12 种统计表现形式。

（2）分割散点图（Separated Scatter），有 12 种统计表现形式。

（3）带柱状的交错散点图（Interleave Scatter plot with bars），有 11 种统计表现形式。

（4）带柱状的分割散点图（Separated Scatter plot with bars），有 11 种统计表现形式。

（5）叠印散点图（Superimposed Scatter），有 14 种统计表现形式。

（6）重复测量的配伍散点图（Repeated measures. Matched values spread across a row），适用于重复测量的配对数据，即把重复测量的配对数据按照 X 轴归为一组，包括 Symbols & lines（符号与线条）、Lines only（仅线条）、Arrows（箭头）3 种表现形式。

（7）重复测量的配伍堆积散点图（Repeated measures. Matched values Stacked in subcolumns），是将重复测量的数据按照 X 轴分组堆积到一起，并将配伍数据通过直线连接起来。

前 5 种图表类型的统计量种类如图 6-9 所示，它们的含义如表 6-1 所示。

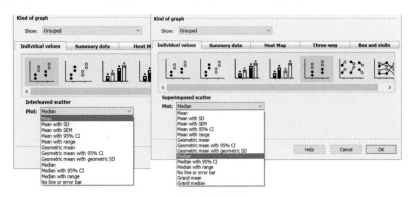

图 6-9 统计量种类

表6-1 统计量种类及含义

序号	选项	含义
1	Mean	平均数
2	Mean with SD	平均数（含标准差）
3	Mean with SEM	平均数（含标准误）
4	Mean with %95CI	平均数（%95的置信区间）
5	Mean with range	平均数（含极差）
6	Geometric mean	几何平均数
7	Geometric mean with %95 CI	几何均数（%95的置信区间）
8	Geometric mean with geometric SD	几何平均数（含几何标准差）
9	Median	中位数
10	Median with %95CI	中位数（%95的置信区间）
11	Median with range	中位数（含极差）
12	No line or error bar	无统计量信息
13	Grand mean	整体平均数
14	Grand median	整体中位数

说明：①其中交错散点图、分割散点图的统计量信息一致；②带柱状的交错散点图、带柱状的分割散点图少了第12种；③叠印散点图增加了第13、14两种。

2. Summary data（汇总数据）

Summary data 选项卡下显示的可以绘制的图表类型有 14 种，如图 6-10 所示，其中后 7 种图表是前 7 种图表经坐标轴变换后产生的。

前 7 种图表依次为：

（1）交错柱状图（Interleaved bars）。

（2）分割柱状图（Separated bar graph）。

图 6-10　汇总数据图表类型

（3）堆积柱状图（Stacked bars）。

（4）交错符号图（Interleaved symbols(at mean or median)）。

（5）分隔符号图（Separated symbols(at mean or median)）。

（6）叠印符号图（Superimposed symbols(at mean or median)）。

（7）连线叠印符号图（Superimposed symbols(at mean or median) with connecting line）。

各图表类型中的统计量均为平均数、几何平均数、中位数 3 组共 11 种的组合。

3. Heat Map（热图）

Heat Map 选项卡下显示的可以绘制的图表类型有 8 种，如图 6-11 所示。热图通过颜色的变化来表示二维矩阵或分组表中的数据信息，颜色的深浅可以直观地表示数据的大小。

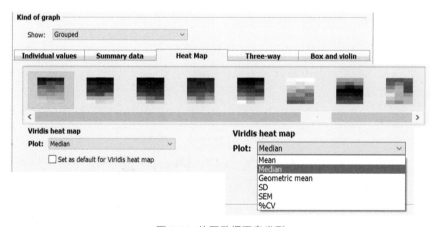

图 6-11　热图数据图表类型

分组表中绘制的热图功能完全一样，只是配色方案不同而已。可展示的数据包括 Mean（平均数）、Median（中位数）、Geometric mean（几何平均数）、SD（几何标准差）、SEM（标准误）、%CV（变异系数）等。

4．Three-way（三因素）

Three-way 选项卡下显示的可以绘制的图表类型有 4 种，如图 6-12 所示，用来展示三因素方差分析结果。

这 4 种图表类型依次为：

（1）嵌套线连接统计量图（Lines）。

（2）嵌套交错柱状图（Interleaved bars）。

（3）嵌套叠印散点图（Superimposed scatter）。

（4）嵌套并列散点图（Side by side scatter）。

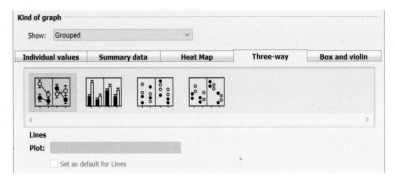

图 6-12 三因素数据图表类型

5．Box and violin（箱线图与小提琴图）

Box and violin 选项卡下显示的可以绘制的图表类型有 12 种，如图 6-13 所示，排除坐标变换产生的重复图表外，共 6 种图表类型。

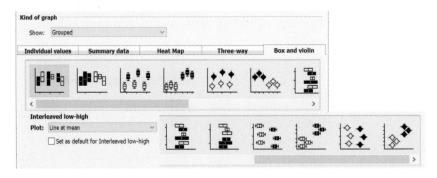

图 6-13 箱线图与小提琴图数据图表类型

这 6 种图表类型依次为：

（1）交错无须箱线图（Interleaved low-high）。

（2）分割无须箱线图（Separated low-high）。

（3）交错箱线图（Interleaved box & whiskers）。

（4）分割箱线图（Separated box & whiskers）。

（5）交错小提琴图（Interleaved violin）。

（6）分割小提琴图（Separated violin）。

6.1.3　分组表可完成的统计分析

在进行科学研究时，有时要按实验（研究对象为人时称为试验）设计将所研究的对象分为多个处理组施加不同的干预，施加的干预称为处理，处理因素（Treatment）至少有两个水平。

这类科研资料的统计分析是通过所获得的样本信息来推断各处理组均数间的差别是否有统计学意义，即处理有无效果。

分组表描述的是两个分组变量的特征，因此该类型表格需要设计两个分组变量。可以完成多因素方差分析、多参数检验等。具体而言利用 Grouped 表数据可以实现以下统计分析：

（1）Two-way ANOVA (and mixed model)：双因素方差分析（或混合效应模型）。

（2）Three-way ANOVA (and mixed model)：三因素方差分析（或混合效应模型）。

（3）Row means with SD or SEM：带 SD 或 SEM 的行平均数。

（4）Multiple t tests - one per row：多重 t 检验（每行一项）。

6.2　分组表图表绘制

分组表数据可以绘制多种图表，下面将通过各种示例来演示使用分组表数据绘制图表的方法。绘制过程会对图表进行美化处理，读者要认真体会。

6.2.1　单 Y 值柱状图

下面的操作用于展示不同表现形式的图表绘制方法，读者不要纠结于数据是否符合图表的展示形式。

【例 6-1】绘制各种单 Y 值柱状图。

1. 导入/输入数据

1）原始数据

步骤01 启动 GraphPad Prism，或执行菜单栏中的 File → New → New Project File 命令，在出现的 Welcome to GraphPad Prism 欢迎窗口左侧单击 Grouped 选项。

步骤02 在欢迎窗口右侧的 Data table 选项组中单击 Enter or import data into a new table 单选按钮，在 Options 选项组中单击 Enter and plot a single Y value for each point 单选按钮，如图 6-14 所示。

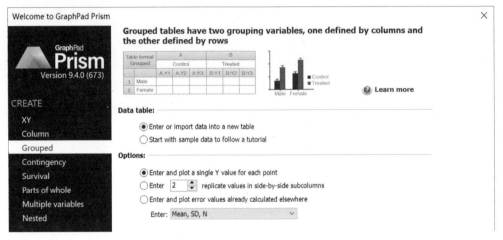

图 6-14 选择样本数据

步骤03 设置完成后，单击欢迎窗口中的 Create 按钮进入工作界面，输入数据并更改数据表的名称，如图 6-15 所示。其中，列数据为一周内每天的生物学指标。

Table format: Grouped	Group A Mon	Group B Tue	Group C Wed	Group D Thu	Group E Fri	Group F Sat	Group G Sun
1 DingJB	205	64	41	120	41	213	238
2 LiuBK	233	62	48	123	63	163	256
3 XuYS	225	160	120	41	38	44	380
4 Title							

图 6-15 数据表

2）行列交换后的数据表

步骤01 单击 Analysis 选项卡下的 **≡ Analyze**（分析）按钮，在弹出的 Analyze Data 对话框左侧的分析类型中选择 Transform, Normalize 下的 Transpose X and Y 选项，在右侧数据集中默认勾选所有数据，如图 6-16 所示。

步骤 02 单击 OK 按钮，即可进入 Parameters: Transform X and Y 对话框，在 Transform into which kind of table 选项组中单击 Grouped data table 单选按钮，勾选 New graph 选项下的 Create a new graph of the results 复选框，如图 6-17 所示。

图 6-16　Analyze Data 对话框

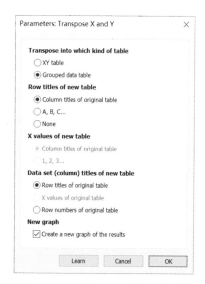

图 6-17　Parameters: Transpose X and Y 对话框

步骤 03 其他选项卡选项采用默认设置，单击 OK 按钮退出对话框，完成参数设置，此时弹出如图 6-18 所示的分析结果。结果给出了一个行列交换后的数据表。

Transpose	A DingJB	B LiuBK	C XuYS
1 Mon	205.000	233.000	225.000
2 Tue	64.000	62.000	160.000
3 Wed	41.000	48.000	120.000
4 Thu	120.000	123.000	41.000
5 Fri	41.000	63.000	38.000
6 Sat	213.000	163.000	44.000
7 Sun	238.000	256.000	380.000

图 6-18　分析结果

3）百分比数据表

进行百分比堆积柱状图绘制时，首先需要将数据转换为百分比形式。

步骤 01 单击 Analysis 选项卡下的 Analyze（分析）按钮，在弹出的 Analyze Data 对话框左侧的分析类型中选择 Transform, Normalize 下的 Fraction of total 选项，在右侧数据集中默认勾选所有数据，如图 6-19 所示。

步骤 02 单击 OK 按钮，即可进入 Parameters: Fraction of Total 对话框，在 Divide each value by its 选项组中单击 Row total 单选按钮，在 Display results as 选项组中单击 Percentages 单选按钮，如图 6-20 所示。

图 6-19 Analyze Data 对话框

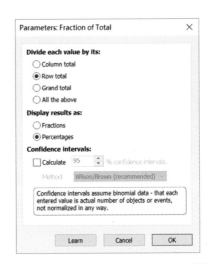

图 6-20 Parameters: Fraction of Total 对话框

步骤 03 其他选项卡选项采用默认设置，单击 OK 按钮退出对话框，完成参数设置，此时弹出如图 6-21 所示的分析结果。结果给出了一个百分比数据表。

	A Mon	B Tue	C Wed	D Thu	E Fri	F Sat	G Sun
1 DingJB	22.234	6.941	4.447	13.015	4.447	23.102	25.813
2 LiuBK	24.578	6.540	5.063	12.975	6.646	17.194	27.004
3 XuYS	22.321	15.873	11.905	4.067	3.770	4.365	37.698
4							

图 6-21 分析结果

2. 生成交错柱状图（按人员）

步骤 01 在左侧导航浏览器中，单击 Graphs 选项组中的 Biological indicators 选项，弹出 Change Graph Type 对话框。

步骤 02 根据需要在对话框中选择满足要求的图表类型，如图 6-22 所示。单击 OK 按钮完成设置，此时生成的图表如图 6-23 所示。

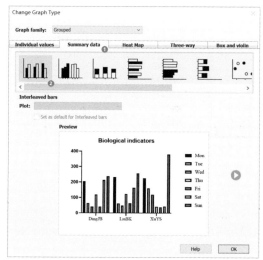

图 6-22　Change Graph Type 对话框

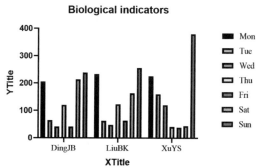

图 6-23　生成的图表

步骤 03　单击 Change 选项卡下的 🎨▾（改变颜色）按钮，在弹出的配色方案快捷菜单中执行 Colors 命令，此时图形区颜色发生了变化，如图 6-24 所示。

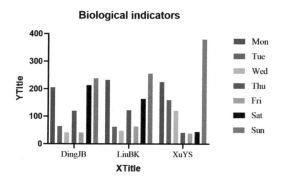

图 6-24　图形配色

步骤 04　双击坐标轴或者单击 Change 选项卡下的 ↳（格式化轴）按钮，在弹出的 Format Axes 对话框中对坐标轴进行精细修改，设置完成后单击 OK 按钮。

步骤 05　双击图形区域或单击 Change 选项卡下的 ↳（格式化图）按钮，在弹出的 Format Graph 对话框中进行设置，设置完成后单击 OK 按钮。

> 说明　中间过程可单击 Apply 按钮实时观察设置效果。

步骤 06　双击 Y 轴的轴标题将它修改为 Indicators，删除 X 轴的轴标题 Xtitle，最终效果如图 6-25 所示。

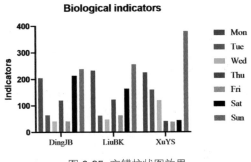

图 6-25 交错柱状图效果

3. 生成堆积柱状图（按人员）

步骤 01 在左侧导航浏览器中，单击 Graphs 选项组中的 New Graph 选项，弹出 Create New Graph 对话框。

步骤 02 根据需要在对话框中选择满足要求的图表类型，如图 6-26 所示。单击 OK 按钮完成设置，此时生成的图表如图 6-27 所示。

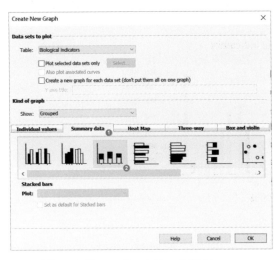

图 6-26 Change Graph Type 对话框

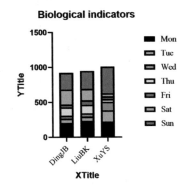

图 6-27 生成的图表

步骤 03 单击 Change 选项卡下的 ● ▼（改变颜色）按钮，在弹出的配色方案快捷菜单中执行 Colors 命令，此时图形区颜色发生了变化。

步骤 04 双击坐标轴或者单击 Change 选项卡下的 ⌐（格式化轴）按钮，在弹出的 Format Axes 对话框中对坐标轴进行精细修改，如图 6-28 所示，设置完成后单击 OK 按钮。

步骤 05 双击 Y 轴的轴标题将它修改为 Indicators，删除 X 轴的轴标题 Xtitle，最终效果如图 6-29 所示。

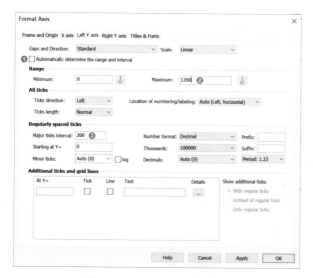

图 6-28　Format Axes 对话框

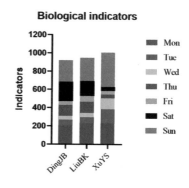

图 6-29　堆积柱状图效果

4．生成百分比堆积柱状图

如果把堆积柱状图的每一组数据设置为百分比，则称该图表为百分比堆积柱状图。百分比堆积柱状图中各组柱体的高度一致，能够很好地反映各组数据的占比情况。

步骤01　在左侧导航浏览器中，单击 Graphs 选项组中的 New Graph 选项，弹出 Creat New Graph 对话框。

步骤02　根据需要在对话框中选择满足要求的图表类型，如图 6-30 所示。单击 OK 按钮完成设置，此时生成的图表如图 6-31 所示。

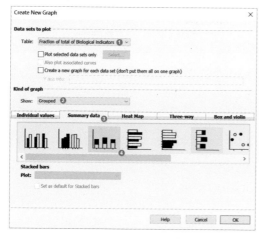

图 6-30　Change Graph Type 对话框

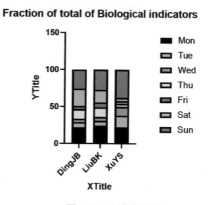

图 6-31　生成的图表

步骤 03 单击 Change 选项卡下的 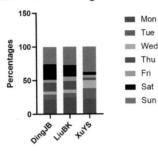▼（改变颜色）按钮，在弹出的配色方案快捷菜单中执行 Colors 命令，此时图形区颜色发生了变化。

步骤 04 双击 Y 轴的轴标题将它修改为 Percentages，删除 X 轴的轴标题 Xtitle，此时的图形效果如图 6-32 所示。

图 6-32 修改后的图表

步骤 05 双击坐标轴或者单击 Change 选项卡下的 ↳（格式化轴）按钮，在弹出的 Format Axes 对话框的 Frame and Origin 选项卡下对外框进行设置，如图 6-33（a）所示，在 Left Y axis 选项卡下对 Y 轴进行设置，如图 6-33（b）所示，完成后单击 OK 按钮。此时的图形效果如图 6-34 所示。

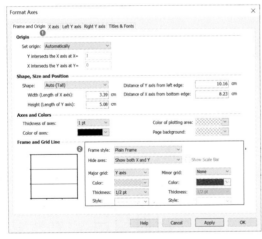
（a）Frame and Origin 选项卡

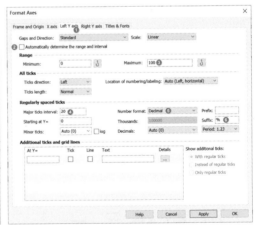
（b）Left Y axis 选项卡

图 6-33 Format Axes 对话框

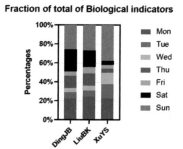

图 6-34　百分比堆积柱状图

5．生成分割柱状图

步骤01　在 Biological Indicator 图形上双击图形区域或单击 Change 选项卡下的 （格式化图）按钮，在弹出的 Format Graph 对话框中选中 Data Sets on Graph 选项卡。

步骤02　选择数据集进行分割，譬如选择 Biological Indicators:D:Thu 数据集，然后在 Relation of selected data set with the previous one: 选项组中单击 Separated(Grouped) 单选按钮，如图 6-35 所示，设置完成后单击 OK 按钮。

步骤03　双击坐标轴或者单击 Change 选项卡下的 （格式化轴）按钮，在弹出的 Format Axes 对话框中对坐标轴进行精细修改，如图 6-36 所示，设置完成后单击 OK 按钮。

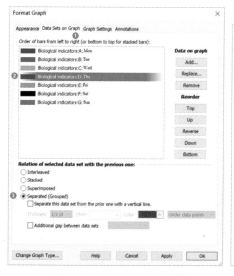

图 6-35　Format Graph 对话框

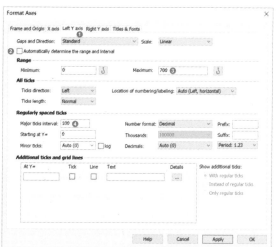

图 6-36　堆积柱状图效果

步骤04　单击并调整 X 轴的长度，最终的图表效果如图 6-37 所示。由图 6-37 可知通过分割的方法可以将柱状图转换为另外一种显示样式，但是图例不变。

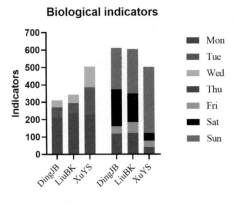

图 6-37 分割后的柱状图

> 说明 此处的堆积柱状图是按照人员来进行堆积的，也可以按照时间进行堆积，当然需要先对数据表进行调整，然后绘图。

6. 生成堆积柱状图（按日期）

步骤 01 在左侧导航浏览器中，单击 Graphs 选项组中的 Transpose of Biological indicators 选项，即可打开如图 6-38 所示的图表，显然该图表并不是我们需要的图表。

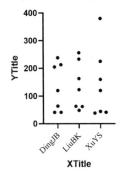

图 6-38 生成的图表

步骤 02 单击 Change 选项卡下的 ▦（图表类型）按钮，弹出 Change Graph Type 对话框。

步骤 03 根据需要在对话框中选择满足要求的图表类型，如图 6-39 所示。单击 OK 按钮完成设置，此时的图表如图 6-40 所示。

步骤 04 单击 Change 选项卡下的 ●▾（改变颜色）按钮，在弹出的配色方案快捷菜单中执行 Colors 命令，此时图形区颜色发生了变化。

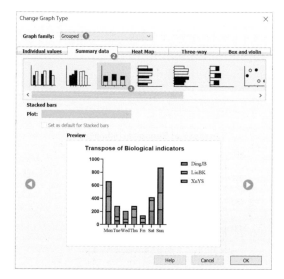

图 6-39 Change Graph Type 对话框

图 6-40 修改后的图表

步骤 05 双击 Y 轴的轴标题将它修改为 Indicators，删除 X 轴的轴标题 Xtitle，最终效果如图 6-41 所示。

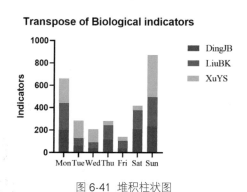

图 6-41 堆积柱状图

7. 生成交错柱状图（按日期）

步骤 01 单击 Change 选项卡下的 按钮，弹出 Change Graph Type 对话框。

步骤 02 根据需要在对话框中选择满足要求的图表类型，如图 6-42 所示。单击 OK 按钮完成设置，此时的图表如图 6-43 所示。

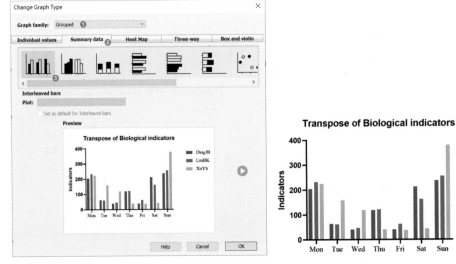

图 6-42 Change Graph Type 对话框　　　　图 6-43 修改后的图表

6.2.2 单 Y 值条形图

通过例 6-1 可以掌握根据单 Y 轴数据表制作柱状图的方法。条形图的制作方法与此相同，生成图表时在 Change Graph Type 对话框中选择条形图对应的选项即可，如图 6-44 所示为生成的条形图。具体操作这里不再赘述。

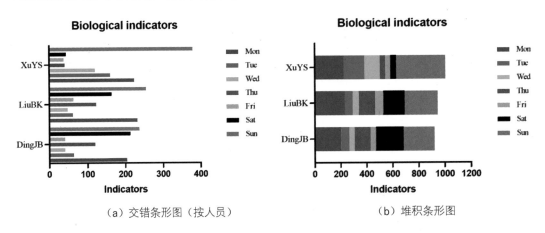

（a）交错条形图（按人员）　　　　（b）堆积条形图

图 6-44 条形图

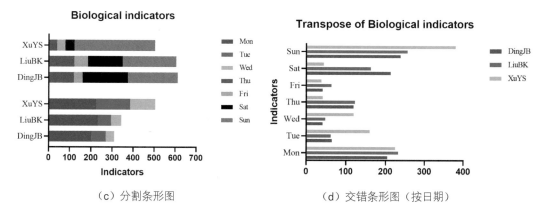

（c）分割条形图　　　　　　　　　　（d）交错条形图（按日期）

图 6-44　条形图（续）

6.2.3　多 Y 值柱状图

多 Y 值是相对于单 Y 值而言的，下面通过示例讲解如何利用多 Y 值数据表制作各类柱状图。

【例 6-2】绘制各种多 Y 值柱状图。

1. 导入 / 输入数据

步骤 01　启动 GraphPad Prism，或执行菜单栏中的 File → New → New Project File 命令，在出现的 Welcome to GraphPad Prism 欢迎窗口左侧单击 Grouped 选项。

步骤 02　在欢迎窗口右侧的 Data table 选项组中单击 Enter or import data into a new table 单选按钮，在 Options 选项组中单击 Enter n replicate values in side-by-side subcolumns 单选按钮，并输入 3，如图 6-45 所示。

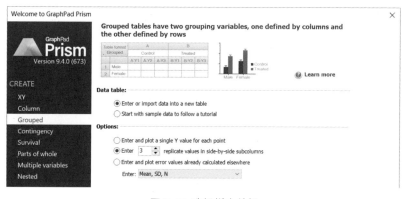

图 6-45　选择样本数据

步骤 03 设置完成后，单击欢迎窗口中的 Create 按钮进入工作界面，输入数据并更改数据表的名称，如图 6-46 所示。其中，列数据为基因指标。

Table format: Grouped	Group A Control			Group B Treated A			Group C Treated B		
	A:1	A:2	A:3	B:1	B:2	B:3	C:1	C:2	C:3
1 Wild type	23	21	19	67	79	98	72	85	88
2 Knock-out A	24	23		29	31	32	32	28	33
3 Knock-out B	21	25	27	65	69	71	68	75	83
4 Title									
5 Title									

图 6-46 数据表

2. 生成交错柱状图

步骤 01 在左侧导航浏览器中，单击 Graphs 选项组中的 Treatment effect indicators 选项，弹出 Change Graph Type 对话框。

步骤 02 根据需要在对话框中选择满足要求的图表类型，如图 6-47 所示，此处 Plot 选择 Mean with SD（平均数含标准差）。单击 OK 按钮完成设置，此时生成的图表如图 6-48 所示。

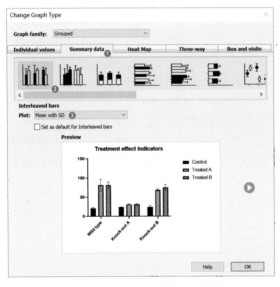

图 6-47 Change Graph Type 对话框

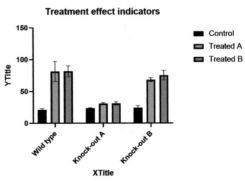

图 6-48 生成的图表

步骤 03 单击 Change 选项卡下的 ●▼（改变颜色）按钮，在弹出的配色方案快捷菜单中执行 Colors 命令，此时图形区颜色发生了变化。

步骤 04 双击坐标轴或者单击 Change 选项卡下的 ⊥（格式化轴）按钮，在弹出的 Format Axes 对话框中对坐标轴进行精细修改，设置完成后单击 OK 按钮。

步骤 05 双击图形区域或单击 Change 选项卡下的 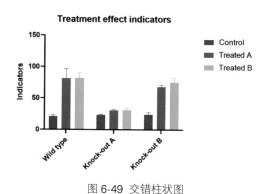（格式化图）按钮，在弹出的 Format Graph 对话框中进行设置，设置完成后单击 OK 按钮。

步骤 06 双击 Y 轴的轴标题将它修改为 Indicators，删除 X 轴的轴标题 Xtitle，最终效果如图 6-49 所示。

图 6-49 交错柱状图

3．生成堆积柱状图

步骤 01 在左侧导航浏览器中，单击 Graphs 选项组中的 New Graph 选项，弹出 Create New Graph 对话框。

步骤 02 根据需要在对话框中选择满足要求的图表类型，如图 6-50 所示。单击 OK 按钮完成设置，此时生成的图表如图 6-51 所示。

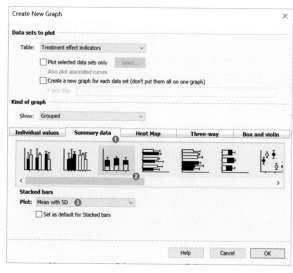

图 6-50 Change Graph Type 对话框

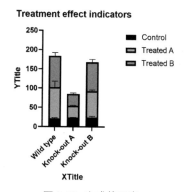

图 6-51 生成的图表

245

步骤 03 单击 Change 选项卡下的 ⬤▾ （改变颜色）按钮，在弹出的配色方案快捷菜单中执行 Colors 命令，此时图形区颜色发生了变化。

步骤 04 双击坐标轴或者单击 Change 选项卡下的 ⌞̖ （格式化轴）按钮，在弹出的 Format Axes 对话框中对坐标轴进行精细修改，如图 6-52 所示，设置完成后单击 OK 按钮。

步骤 05 双击 Y 轴的轴标题将它修改为 Indicators，删除 X 轴的轴标题 Xtitle，最终效果如图 6-53 所示。

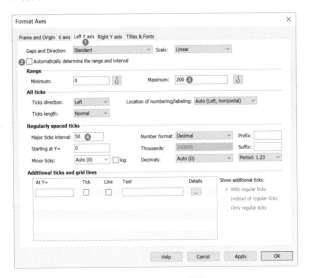

图 6-52　Format Axes 对话框

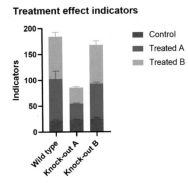

图 6-53　堆积柱状图

4．双向柱状图

为了演示双向柱状图的绘制过程，下面的操作是在交错柱状图的基础上进行的。

步骤 01 将前面绘制的交错柱状图置前。

步骤 02 双击图形区域或单击 Change 选项卡下的 ⌞̖ （格式化图）按钮，在弹出的 Format Graph 对话框的 Graph Settings 选项卡中进行设置，如图 6-54（a）所示，在 Annotations 选项卡中进行的设置如图 6-54（b）所示，并修改字体大小为 8 号，完成后单击 OK 按钮，图表效果如图 6-55 所示。

（a）Graph Settings 选项卡

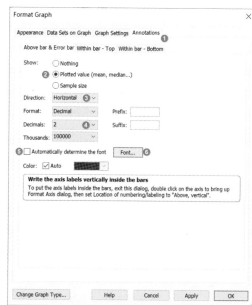

（b）Annotations 选项卡

图 6-54　Format Graph 对话框

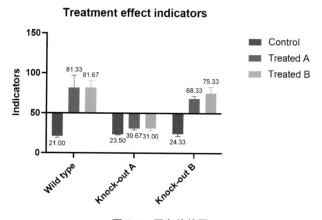

图 6-55　双向柱状图

步骤 03 双击坐标轴或者单击 Change 选项卡下的 ↳（格式化轴）按钮，在弹出的 Format Axes 对话框的 Frame and Origin 选项卡中对外框进行设置，如图 6-56（a）所示，在 Left Y axis 选项卡中对 Y 轴进行设置，如图 6-56（b）所示，完成后单击 OK 按钮。

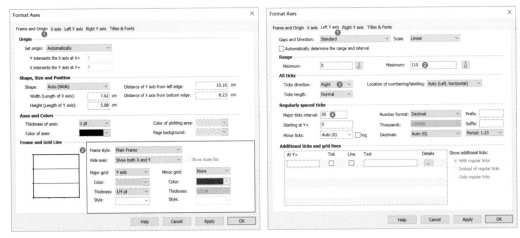

（a）Frame and Origin 选项卡　　　　　　（b）Left Y axis 选项卡

图 6-56　Format Axes 对话框

步骤 04 单击 X 轴，通过控点调整 X 轴的长度，图表效果如图 6-57 所示。

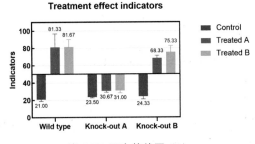

图 6-57　双向柱状图（1）

步骤 05　如果在 Format Graph 对话框的 Graph Settings 选项卡下修改 Direction 为 Horizontal，并将 Annotations 选项卡下的 Direction 设置为 Vertical，如图 6-58 所示，则双向柱状图的效果如图 6-59 所示。

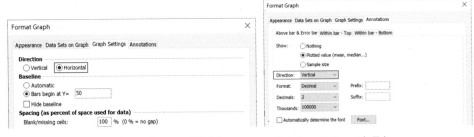

（a）Graph Settings 选项卡　　　　　（b）Annotations 选项卡

图 6-58　修改参数设置

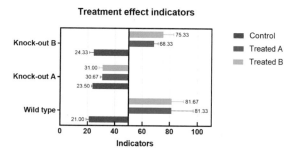

图 6-59　双向柱状图（2）

5．叠印柱状图

叠印柱状图的绘制操作同样是在交错柱状图的基础上进行的。

步骤 01 将前面绘制的交错柱状图置前。

步骤 02 单击 Change 选项卡下的 🎨▾（改变颜色）按钮，在弹出的配色方案快捷菜单中执行 Colors（Semi-transparent）命令，此时图形区颜色变为半透明，如图 6-60 所示。

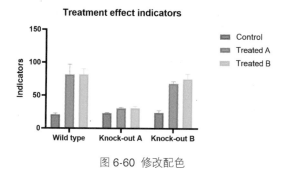

图 6-60　修改配色

步骤 03 双击图形区域或单击 Change 选项卡下的 📊（格式化图）按钮，在弹出的 Format Graph 对话框的 Data Sets on Graph 选项卡下对 Treated A 进行设置，如图 6-61（a）所示，完成后单击 Apply 按钮。

> 🎮 **说明** 这里只是演示了将数据集 Control 及数据集 Treated A 进行叠印操作。

步骤 04 继续在 Format Graph 对话框的 Annotations 选项卡下进行设置，如图 6-61（b）所示，并修改字体大小为 8 号，完成后单击 OK 按钮，此时图表效果如图 6-62 所示。

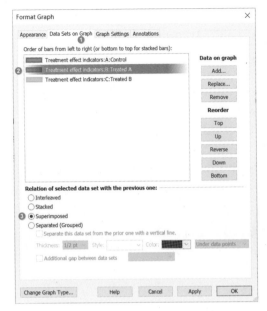 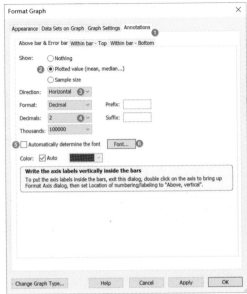

（a）Data Sets on Graph 选项卡　　　　　　　（b）Annotations 选项卡

图 6-61　Format Graph 对话框

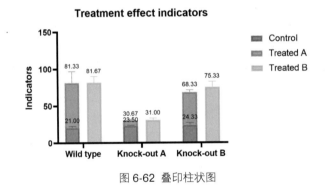

图 6-62　叠印柱状图

6.2.4　多 Y 值条形图

通过例 6-2 可以掌握使用多 Y 值数据表制作柱状图的方法。条形图的制作方法与此相同，生成图表时在 Change Graph Type 对话框中选择条形图对应的选项即可，如图 6-63 所示为生成的条形图。具体操作这里不再赘述。

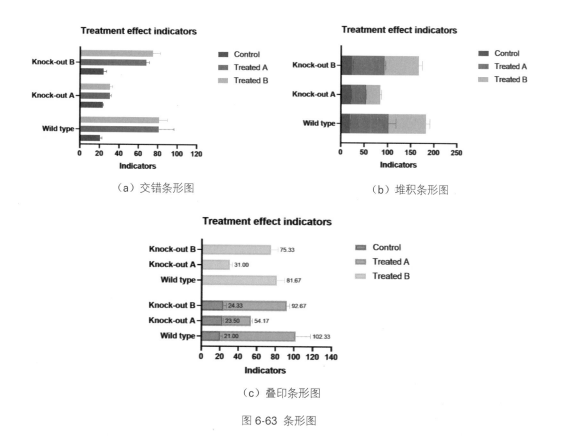

（a）交错条形图　　　　　　　　（b）堆积条形图

（c）叠印条形图

图 6-63　条形图

6.2.5　热图

　　热图是让颜色代表数字，使数据呈现更直观、对比更明显。热图常用来表示不同样品组代表性基因的表达差异、不同样品组代表性化合物的含量差异、不同样品之间的两两相似性。实际上，任何一个表格数据都可以转换为热图展示。

　　热图通过将数据矩阵中的各个值按一定规律映射为颜色展示，利用颜色变化来可视化比较数据。当应用于数值矩阵时，热图中每个单元格的颜色展示的是行变量和列变量交叉处的数据值的大小：若行为基因，列为样品，展示的则是对应基因在对应样品的表达值；若行和列都为样品，展示的则是对应的两个样品之间的相关性。

　　数字映射到颜色可以分为线性映射和区间映射。线性映射是每个值都对应一个颜色，区间映射是把数值划分为不同的区间块，每个区间块的所有数字采用同一个颜色显示。两者没有优劣好坏之分，具体使用取决于展示意图。

样本相关性热图为对称热图，每个单元格代表一个相关性值，具体是哪种类型的相关性可从图例中获取。热图一般结合层级聚类展示，样品相似度高的聚在一起。同时标记样品自身的分组、处理信息，查看样品聚类结果是否与生物分组吻合、差别在哪、各个生物重复的一致性怎么样、各个生物重复是与自己组的样品一致性高还是与其他组的样品一致性高，这些可以反映处理的批次的影响和样品质量的好坏。

【例 6-3】根据标准化的基因表述（即每个值）绘制热图。

1. 导入 / 输入数据

步骤 01 启动 GraphPad Prism，或执行菜单栏中的 File → New → New Project File 命令，在出现的 Welcome to GraphPad Prism 欢迎窗口左侧单击 Grouped 选项。

步骤 02 在欢迎窗口右侧的 Data table 选项组中单击 Enter or import data into a new table 单选按钮，在 Options 选项组中单击 Enter and plot a single Y value for each point 单选按钮，如图 6-64 所示。

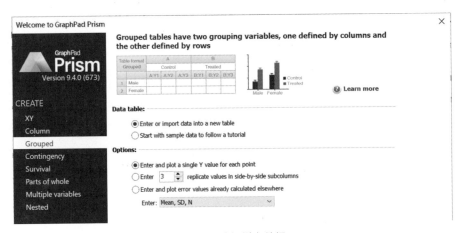

图 6-64 选择样本数据

步骤 03 设置完成后，单击欢迎窗口中的 Create 按钮进入工作界面，输入数据并更改数据表的名称，如图 6-65 所示。

Table format: Grouped		Group A Gene 1	Group B Gene 2	Group C Gene 3	Group D Gene 4	Group E Gene 5	Group F Gene 6	Group G Gene 7	Group H Gene 8
1	Heart	112	88	111	85	85	98	112	104
2	Lung	116	91	101	96	96	115	89	109
3	Liver	98	114	110	111	107	109	99	113
4	Brain	96	86	91	84	78	93	105	89
5	Kidney	113	89	92	86	102	89	99	76
6	Intestine	110	91	113	112	114	105	118	104

图 6-65 数据表

2．生成图表

步骤01 在左侧导航浏览器中，单击 Graphs 选项组中的 Heat map 选项，弹出 Change Graph Type 对话框。

步骤02 根据需要在对话框中选择满足要求的图表类型，如图 6-66 所示。单击 OK 按钮完成设置，此时生成的图表如图 6-67 所示。

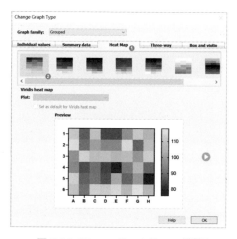

图 6-66 Change Graph Type 对话框

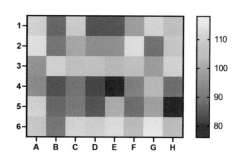

图 6-67 生成的图表

步骤03 双击图形区域或单击 Change 选项卡下的 （格式化图）按钮，在弹出的 Format Graph 对话框中进行设置，如图 6-68 所示，中间过程可单击 Apply 按钮实时观察设置效果，设置完成后单击 OK 按钮。

（a）Color mapping 选项卡

（b）Graph Settings 选项卡

图 6-68 Format Graph 对话框

- Color mapping（颜色映射）选项卡：用于设置映射重复值、颜色图及其范围、超出绘图范围的数值处理等。其中 Colormap 选项中包括 Single gradient（单渐变色）、Grayscale（灰度）、Double gradient（双渐变色）、Categorical（分类色）4 种可以在一定程度上自定义的配色方案，还包括 Viridis 等 6 种内部自带的配色方案，如图 6-69 所示。设置不同的配色方案的效果如图 6-70 所示。

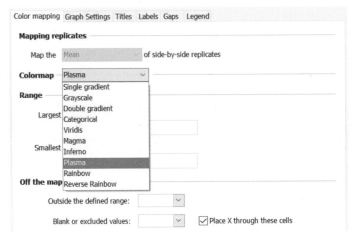

图 6-69 Colormap 选项

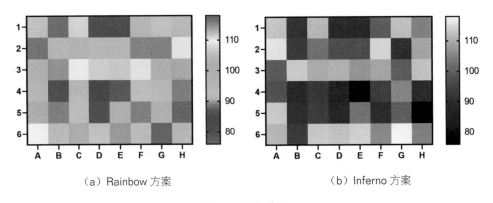

（a）Rainbow 方案　　　　　　　　（b）Inferno 方案

图 6-70 配色效果

- Graph Settings（图表设置）选项卡：用于设置热图的边框、背景、形状、大小以及行列顺序等。
- Labels（标签）选项卡：用于设置在热图上展示的数字标签（每个单元格的数值、平均值或中值等），以及行、列标签，如图 6-71（a）所示。勾选 Cell values 选项组中的 Label each cell with its value 复选框后的效果如图 6-71（b）所示。

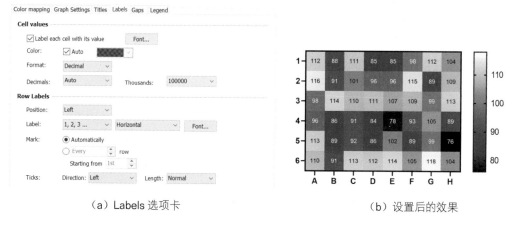

（a）Labels 选项卡　　　　　　　　　　　　（b）设置后的效果

图 6-71　热图上展示数值

- Titles（标题）选项卡：用于设置是在两条轴上显示整体标题还是多个标题，并可以设置这些标题的字体。
- Gaps（间隙）选项卡：用于设置是否在所有单元格的旁边和下方留出空隙，是否使用间隙对行和列进行分组等。
- Legend（图例）选项卡：用于设置图例以水平或垂直方式布置，是否有边框，设置标注的间隔以及每个标签的位置和格式等。

> 提示　读者可以根据本示例进行相应参数的设置，然后观察图表信息的变换，依次学习各参数的功能，限于篇幅，本书不再展示。

3. 获得相关系数矩阵

根据给定的数据，通过计算还可以获得其他复杂的热图，譬如根据计算得到的相关系数矩阵绘制热图。该类数据在输入时不能选择具有重复数据输入的表格格式，需要按照非重复数据直接输入。

> 注意　对于数据表的选择，除分组表外，还可以选择 XY 表、列表、多变量表等。

步骤 01　单击 Analysis 选项卡下的 Analyze（分析）按钮，在弹出的 Analyze Data 对话框左侧的分析类型中选择 XY analyses 下的 Correlation 选项或 Multiple variables analyses 下的 Correlation Matrix 选项，在右侧数据集中默认勾选所有数据，如图 6-72 所示。

步骤 02　单击 OK 按钮，即可进入 Parameters: Correlation 参数设置对话框，如图 6-73 所示进行设置。

图 6-72 Analyze Data 对话框

图 6-73 Parameters: Correlation 对话框

步骤 03 单击 OK 按钮退出对话框，完成参数设置，此时弹出如图 6-74 所示的分析结果。

Correlation Pearson r	A Gene 1	B Gene 2	C Gene 3	D Gene 4	E Gene 5	F Gene 6	G Gene 7	H Gene 8
1 Gene 1	1.000	-0.426	0.134	-0.127	0.230	0.158	-0.111	-0.042
2 Gene 2	-0.426	1.000	0.430	0.685	0.499	0.487	-0.241	0.553
3 Gene 3	0.134	0.430	1.000	0.675	0.479	0.559	0.476	0.789
4 Gene 4	-0.127	0.685	0.675	1.000	0.830	0.673	0.146	0.645
5 Gene 5	0.230	0.499	0.479	0.830	1.000	0.390	0.090	0.243
6 Gene 6	0.158	0.487	0.559	0.673	0.390	1.000	-0.322	0.885
7 Gene 7	-0.111	-0.241	0.476	0.146	0.090	-0.322	1.000	-0.006
8 Gene 8	-0.042	0.553	0.789	0.645	0.243	0.885	-0.006	1.000

图 6-74 分析结果

4．根据相关系数矩阵绘制热图

步骤 01 由于在对 Parameters: Correlation 对话框进行参数设置时默认勾选了 Create a heatmap of the correlation matrix 复选框，因此直接在左侧导航浏览器中单击 Graphs 选项组中的 Pearson r: Correlation of Heat map 选项，即可弹出如图 6-75 所示的热图。

> **说明** 右边图例代表的是 r 值的大小，颜色越偏深蓝色，表示 r 值越靠近 1，颜色越偏红色，代表 r 值越靠近 −1。

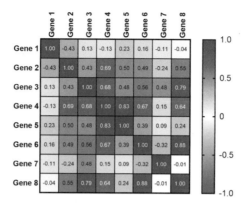

图 6-75　相关系数矩阵热图

步骤 02 双击图形区域或单击 Change 选项卡下的 ▮▴（格式化图）按钮，在弹出的 Format Graph 对话框中进行设置，中间过程可单击 Apply 按钮实时观察设置效果，设置完成后单击 OK 按钮。图 6-76 给出了两种不同参数设置的效果。

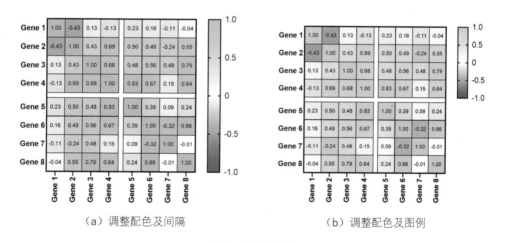

（a）调整配色及间隔　　　　　　　　　　　（b）调整配色及图例

图 6-76　热图效果

6.3　统计分析及图表绘制

　　分组表的行与列均用于分组因素，因此利用 GraphPad Prism 的分组表数据可以实现多因素数据的统计分析，下面通过示例来讲解如何利用分组表实现多因素方差分析等操作。

6.3.1 双因素方差分析

双因素方差分析有两种类型：一个是无交互作用，它假定因素 A 和因素 B 的效应之间是相互独立的，不存在相互关系；另一个是有交互作用，它假定因素 A 和因素 B 的结合会产生出一种新的效应。

当两种因素（譬如用药浓度和用药时间）共同影响实验结果时，可采用双因素方差分析，因素直接的交互作用是否显著直接关系到主效应的利用价值。

【例 6-4】探究不同给药时间（T1、T2、T3、T4）下的肿瘤体积在不同药物处理方式（给药浓度 0.5、1.0、2.0）中的变化情况（每组 3 个重复值）。

1．导入/输入数据

步骤 01 启动 GraphPad Prism，或执行菜单栏中的 File → New → New Project File 命令，在出现的 Welcome to GraphPad Prism 欢迎窗口左侧单击 Grouped 选项。

步骤 02 在欢迎窗口右侧的 Data table 选项组中单击 Enter or import data into a new table 单选按钮，在 Options 选项组中单击 Enter n replicate values in side-by-side subcolumns 单选按钮，并输入 3，如图 6-77 所示。

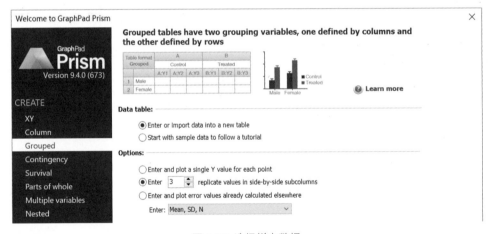

图 6-77 选择样本数据

步骤 03 设置完成后，单击欢迎窗口中的 Create 按钮进入工作界面，输入数据并更改数据表的名称，如图 6-78 所示。其中，自变量 A= 给药时间，自变量 B= 药物处理方式，因变量 = 肿瘤体积。

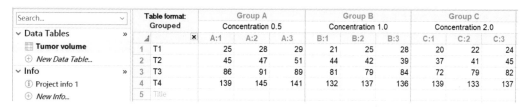

图 6-78 数据表

2. 数据分析

步骤01 单击 Analysis 选项卡下的 ⊟ **Analyze**（分析）按钮，在弹出的 Analyze Data 对话框左侧的分析类型中选择 Grouped analyses 下的 Two-way ANOVA（or mixed model）选项，在右侧数据集中默认勾选所有数据，如图 6-79 所示。

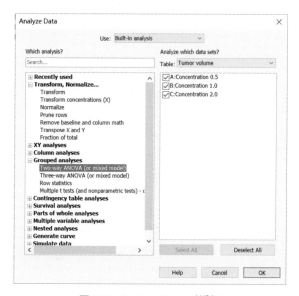

图 6-79 Analyze Data 对话框

步骤02 单击 OK 按钮，即可进入 Parameters: Two-Way ANOVA(or Mixed Model) 对话框，在 Model 选项卡下选择默认设置，如图 6-80 所示。

步骤03 在 Multiple Comparisons 选项卡下选择 Compare column means（main column effect）选项，如图 6-81 所示。

步骤04 在 Options 选项卡下的 Multiple comparisons test 选项组中单击 Correct for multiple comparisons using statistical hypothesis testing. Recommended 单选按钮，设置 Test 为 Tukey(recommended)，如图 6-82 所示。

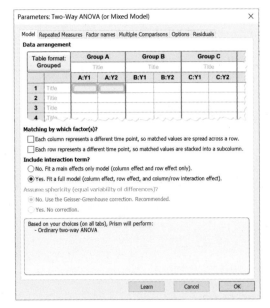

图 6-80 Parameters 对话框

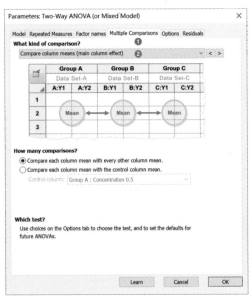

图 6-81 Multiple Comparisons 选项卡

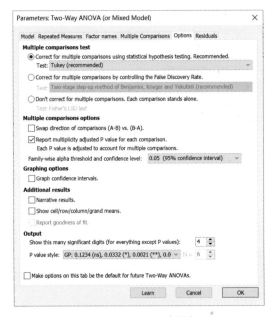

图 6-82 Options 选项卡

步骤 05 单击 OK 按钮退出对话框，完成参数设置，此时弹出如图 6-83 所示的分析结果。由分析结果可知，行之间的比较 P 值与列之间的比较 P 值均小于 0.0001，说明各行各列的比较存在明显差异。

图 6-83　分析结果

步骤 06 重点看第二张表。打开第二张表 Multiple comparisons，显示的结果如图 6-84 所示。因为之前选择的是按照每列进行比较，因此得到的就是给药方式之间的比较，可知给药浓度 0.5 和给药浓度 1.0、给药浓度 2.0 的比较均是有差异的，但是给药浓度 1.0 和给药浓度 2.0 的比较是无差异的。

图 6-84　Multiple comparisons 表

步骤 07 如果还想看不同时间下给药方式的比较，可以将前面选项更改为在每行内比较，即选择 Within each row, compare columns(simple effects within rows) 选项，如图 6-85 所示。比较结果如图 6-86 所示。

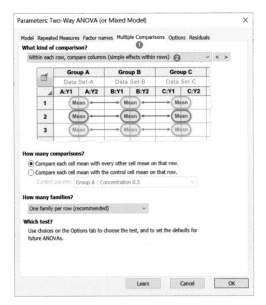

图 6-85　选择在每行内比较

Tukey's multiple comparisons test	Mean Diff.	95.00% CI of diff.	Below threshold?	Summary	Adjusted P Value			
T1								
Concentration 0.5 vs. Concentration 1.0	2.667	-3.700 to 9.034	No	ns	0.5559			
Concentration 0.5 vs. Concentration 2.0	5.333	-1.034 to 11.70	No	ns	0.1128			
Concentration 1.0 vs. Concentration 2.0	2.667	-3.700 to 9.034	No	ns	0.5559			
T2								
Concentration 0.5 vs. Concentration 1.0	6.000	-0.3669 to 12.37	No	ns	0.0674			
Concentration 0.5 vs. Concentration 2.0	6.667	0.2998 to 13.03	Yes	*	0.0389			
Concentration 1.0 vs. Concentration 2.0	0.6667	-5.700 to 7.034	No	ns	0.9831			
T3								
Concentration 0.5 vs. Concentration 1.0	7.333	0.9665 to 13.70	Yes	*	0.0218			
Concentration 0.5 vs. Concentration 2.0	11.00	4.633 to 17.37	Yes	***	0.0007			
Concentration 1.0 vs. Concentration 2.0	3.667	-2.700 to 10.03	No	ns	0.3379			
T4								
Concentration 0.5 vs. Concentration 1.0	6.667	0.2998 to 13.03	Yes	*	0.0389			
Concentration 0.5 vs. Concentration 2.0	5.333	-1.034 to 11.70	No	ns	0.1128			
Concentration 1.0 vs. Concentration 2.0	-1.333	-7.700 to 5.034	No	ns	0.8809			
Test details	Mean 1	Mean 2	Mean Diff.	SE of diff.	N1	N2	q	DF
T1								
Concentration 0.5 vs. Concentration 1.0	27.33	24.67	2.667	2.550	3	3	1.479	24.00
Concentration 0.5 vs. Concentration 2.0	27.33	22.00	5.333	2.550	3	3	2.958	24.00

图 6-86　比较结果（部分）

　　当然，也可以一步到位，直接选择交叉比较，即将参数设置为 Compare cell means regardless of rows and columns。

3．生成图表

步骤 01 在左侧导航浏览器中，单击 Graphs 选项组中的 Tumor volume 选项，弹出 Change Graph Type 对话框。

步骤 02 根据需要在对话框中选择满足要求的图表类型，如图 6-87 所示。单击 OK 按钮完成设置，此时生成的图表如图 6-88 所示。

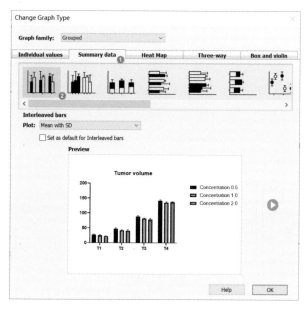

图 6-87　Change Graph Type 对话框

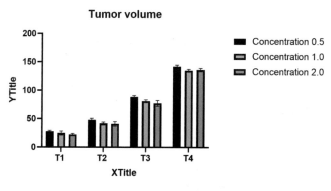

图 6-88　生成的图表

步骤 03 单击 Change 选项卡下的 ⬤▾ （改变颜色）按钮，在弹出的配色方案快捷菜单中执行 Colors 命令，此时图形区颜色发生了变化，如图 6-89 所示。

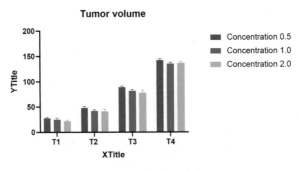

图 6-89　图形配色

步骤 04 在图上添加差异性标记符号。单击 Draw 选项卡下的 ⌐̇ 按钮，即可自动添加差异性标记符号，如图 6-90 所示。

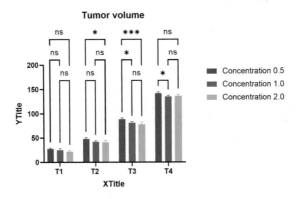

图 6-90　添加差异性标记符号

步骤 05 删掉无差异的标记，同时修改坐标轴标题，最终结果如图 6-91 所示。读者可根据自己的喜好调整出满意的图表。

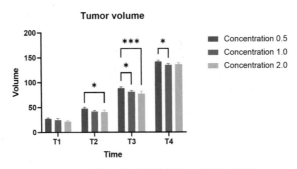

图 6-91　删掉无差异性的符号并修改轴标题

图 6-91 中，横坐标为时间，纵坐标为肿瘤体积，不同颜色的柱状图代表给药方式，并且根据每行比较的结果在图上标注差异性符号。

由图可知在 T2 时，给药浓度 0.5 和给药浓度 2.0 这两种给药方式之间存在明显差异；在 T3 时，给药浓度 0.5 和给药浓度 1.0、2.0 之间存在明显差异；在 T4 时，给药浓度 0.5 和给药浓度 1.0 这两种给药方式之间存在明显差异。

6.3.2 三因素方差分析

三因素方差分析是检验在三种因素影响下，三个以上总体的均值彼此是否相等的一种统计方法，它是双因素方差分析的拓展。三因素方差分析要求数据资料服从正态分布，方差齐性，三个因素的不同水平组合样本资料独立，三个因素的不同水平组合情况的样本量相同。

在分组表中，通过行与列完成两个分组因素的安排，三因素方差分析则需要在列的方向上安排两个分组因素。

【例 6-5】运动耐量主要是指通过计算代谢当量（简写为 METs）的方式，评估运动过程当中能量的消耗。下面通过性别、脂肪摄入、吸烟三组数据和三个双向相互作用研究它们对运动耐量（Y 值）的影响。

> 说明 Prism 不使用分组变量定义组，组是通过将值放置到特定的行和列中来定义的。因此，该例将值放入四个数据集列中，以编码其中两个变量（低脂肪 / 高脂肪，男性 / 女性）。

1．导入 / 输入数据

步骤 01 启动 GraphPad Prism，或执行菜单栏中的 File → New → New Project File 命令，在出现的 Welcome to GraphPad Prism 欢迎窗口左侧单击 Grouped 选项。

步骤 02 在欢迎窗口右侧的 Data table 选项组中单击 Enter or import data into a new table 单选按钮，在 Options 选项组中单击 Enter n replicate values in side-by-side subcolumns 单选按钮，并输入 3，如图 6-92 所示。

步骤 03 设置完成后，单击欢迎窗口中的 Create 按钮进入工作界面，输入数据并更改数据表的名称，如图 6-93 所示。

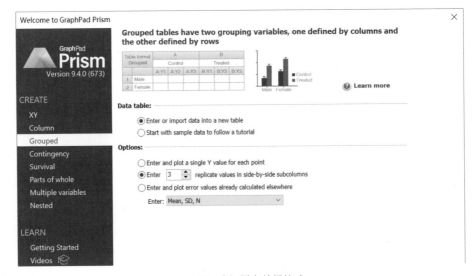

图 6-92 选择样本数据格式

Table format: Grouped		Group A Low fat Male			Group B Low fat Female			Group C High fat Male			Group D High fat Female		
		A:1	A:2	A:3	B:1	B:2	B:3	C:1	C:2	C:3	D:1	D:2	D:3
1	Light smoker	24.1	29.2	24.6	20.0	21.9	17.6	14.6	15.3	12.3	16.1	9.3	10.8
2	Heavy smoker	17.6	18.8	23.2	14.8	10.3	11.3	14.9	20.4	12.8	10.1	14.4	6.1
3	Title												
4	Title												
5	Title												

图 6-93 数据表

2. 数据分析

步骤 01 单击 Analysis 选项卡下的 ▤Analyze（分析）按钮，在弹出的 Analyze Data 对话框左侧的分析类型中选择 Grouped analyses 下的 Three-way ANOVA(or mixed model) 选项，在右侧数据集中默认勾选所有数据，如图 6-94 所示。

步骤 02 单击 OK 按钮，即可进入 Parameters: Three-Way ANOVA(or Mixed Model) 对话框，在 RM Design 选项卡下的 Matching by which factor(s) 选项组中勾选 Values stacked in subcolumns represent a set of matched or repeated values 复选框，如图 6-95 所示。

因为这里要比较的是行与行之间的差异，也就是说要比较 Light smoker 和 Heavy smoker 之间 Low fat Male、Low fat Female、High fat Male、High fat Female 的差异情况。如果勾选 Values on the same row in columns A and C (and B and D) represent a set of matched or repeated values. 复选框，表示对比 A 和 C、B 和 D 之间的差异。如果勾选 Values on the same row in columns A and B (and C and D) represent a set of matched or repeated values. 复选框，表示对比 A 和 B、C 和 D 之间的差异。

图 6-94　Analyze Data 对话框

步骤03 在 Factor names 选项卡下设置参数，如图 6-96 所示，分别输入 Fat intake（即 AB vs CD）、Gender（即 AC vs BD）、Smoking（即行）。

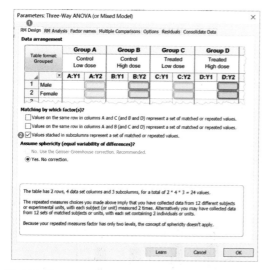

图 6-95　Parameters:Three-Way ANOVA(or Mixed Model) 对话框

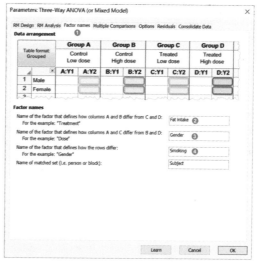

图 6-96　Factor names 选项卡

步骤04 其他选项卡选项采用默认设置，单击 OK 按钮退出对话框，完成参数设置，此时弹出如图 6-97 所示的分析结果。由分析结果可知吸烟程度（第 8 行）、脂肪摄入量（第 9 行）以及性别（第 10 行）都影响着运动耐量，且吸烟程度和脂肪摄入量之间存在着交互作用（第 11 行）。

	3way ANOVA					
1	Table Analyzed	Exercise tolerance				
2						
3	**Three-way ANOVA**	Matching by factor: Smoking				
4	Assume sphericity?	Yes				
5	Alpha	0.05				
6						
7	**Source of Variation**	**% of total variation**	**P value**	**P value summary**	**Significant?**	
8	Smoking	9.538	0.0264	*	Yes	
9	Fat intake	32.87	0.0009	***	Yes	
10	Gender	23.93	0.0023	**	Yes	
11	Smoking x Fat intake	9.818	0.0248	*	Yes	
12	Smoking x Gender	1.500	0.3127	ns	No	
13	Fat intake x Gender	1.850	0.2564	ns	No	
14	Smoking x Fat intake x Gender	0.2535	0.6696	ns	No	
15	Subject	9.904				
16						
17	**ANOVA table**	**SS**	**DF**	**MS**	**F (DFn, DFd)**	**P value**
18	Smoking	70.38	1	70.38	F (1, 8) = 7.382	P=0.0264
19	Fat intake	242.6	1	242.6	F (1, 8) = 26.55	P=0.0009
20	Gender	176.6	1	176.6	F (1, 8) = 19.33	P=0.0023
21	Smoking x Fat intake	72.45	1	72.45	F (1, 8) = 7.599	P=0.0248
22	Smoking x Gender	11.07	1	11.07	F (1, 8) = 1.161	P=0.3127
23	Fat intake x Gender	13.65	1	13.65	F (1, 8) = 1.494	P=0.2564
24	Smoking x Fat intake x Gender	1.870	1	1.870	F (1, 8) = 0.1962	P=0.6696
25	Subject	73.09	8	9.136		
26	Residual	76.28	8	9.535		
27						
28	**Data summary**					
29	Number of columns	2 x 2				
30	Number of rows (Smoking)	2				
31	Number of subjects (Subject)	12				
32	Number of missing values	0				

图 6-97 分析结果

3．生成图表

步骤 01 在左侧导航浏览器中，单击 Graphs 选项组中的 Exercise tolerance 选项，弹出 Change Graph Type 对话框。

步骤 02 根据需要在对话框中选择满足要求的图表类型，如图 6-98 所示。单击 OK 按钮完成设置，此时生成的图表如图 6-99 所示。

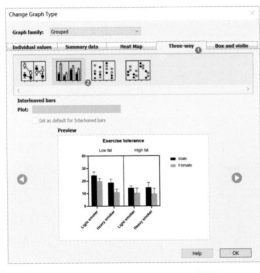

图 6-98 Change Graph Type 对话框

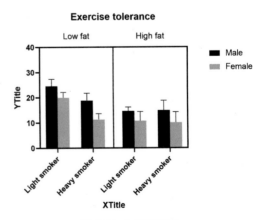

图 6-99 生成的图表

步骤03 单击 Change 选项卡下的 🎨▾（改变颜色）按钮，在弹出的配色方案快捷菜单中执行 Colors 命令，此时图形区颜色发生了变化。

步骤04 修改坐标轴标题，最终结果如图 6-100 所示。图中左边方框表示在 Low fat 下，不同吸烟程度、不同性别所对应的运动耐量情况；右边方框表示的 High fat 下，不同吸烟程度、不同性别所对应的运动耐量情况。读者可根据自己的喜好调整出满意的图形。

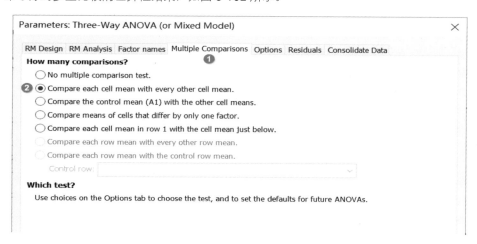

图 6-100　最终结果

步骤05 如果想在图中添加差异性符号标记，则在 Multiple Comparisons 选项卡下单击 Compare each cell mean with every other cell mean 单选按钮，如图 6-101 所示。然后单击 OK 按钮，即可得到多重比较的差异性结果，如图 6-102 所示。

Parameters: Three-Way ANOVA (or Mixed Model)　　　　　　　　✕

RM Design　RM Analysis　Factor names　Multiple Comparisons　Options　Residuals　Consolidate Data
　　　　　　　　　　　　　　　　　　　❶
How many comparisons?
　◯ No multiple comparison test.
❷◉ Compare each cell mean with every other cell mean.
　◯ Compare the control mean (A1) with the other cell means.
　◯ Compare means of cells that differ by only one factor.
　◯ Compare each cell mean in row 1 with the cell mean just below.
　◯ Compare each row mean with every other row mean.
　◯ Compare each row mean with the control row mean.
　　Control row:　[　　　　　　　　　　　　　　　　⌄]

Which test?
Use choices on the Options tab to choose the test, and to set the defaults for future ANOVAs.

图 6-101　Multiple Comparisons 选项卡

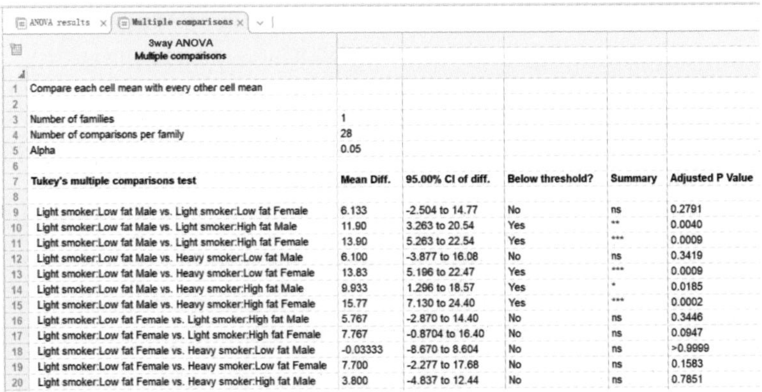

ANOVA results | Multiple comparisons

	3way ANOVA Multiple comparisons					
1	Compare each cell mean with every other cell mean					
2						
3	Number of families	1				
4	Number of comparisons per family	28				
5	Alpha	0.05				
6						
7	**Tukey's multiple comparisons test**	**Mean Diff.**	**95.00% CI of diff.**	**Below threshold?**	**Summary**	**Adjusted P Value**
8						
9	Light smoker:Low fat Male vs. Light smoker:Low fat Female	6.133	-2.504 to 14.77	No	ns	0.2791
10	Light smoker:Low fat Male vs. Light smoker:High fat Male	11.90	3.263 to 20.54	Yes	**	0.0040
11	Light smoker:Low fat Male vs. Light smoker:High fat Female	13.90	5.263 to 22.54	Yes	***	0.0009
12	Light smoker:Low fat Male vs. Heavy smoker:Low fat Male	6.100	-3.877 to 16.08	No	ns	0.3419
13	Light smoker:Low fat Male vs. Heavy smoker:Low fat Female	13.83	5.196 to 22.47	Yes	***	0.0009
14	Light smoker:Low fat Male vs. Heavy smoker:High fat Male	9.933	1.296 to 18.57	Yes	*	0.0185
15	Light smoker:Low fat Male vs. Heavy smoker:High fat Female	15.77	7.130 to 24.40	Yes	***	0.0002
16	Light smoker:Low fat Female vs. Light smoker:High fat Male	5.767	-2.870 to 14.40	No	ns	0.3446
17	Light smoker:Low fat Female vs. Light smoker:High fat Female	7.767	-0.8704 to 16.40	No	ns	0.0947
18	Light smoker:Low fat Female vs. Heavy smoker:Low fat Male	-0.03333	-8.670 to 8.604	No	ns	>0.9999
19	Light smoker:Low fat Female vs. Heavy smoker:Low fat Female	7.700	-2.277 to 17.68	No	ns	0.1583
20	Light smoker:Low fat Female vs. Heavy smoker:High fat Male	3.800	-4.837 to 12.44	No	ns	0.7851

图 6-102 分析结果

对应图 6-100，只需要看下面四条结果即可：

① Light smoker:Low fat Male vs. Light smoker:Low fat Female。

② Light smoker:High fat Male vs. Light smoker:High fat Female。

③ Heavy smoker:Low fat Male vs. Heavy smoker:Low fat Female。

④ Heavy smoker:High fat Male vs. Heavy smoker:High fat Female。

从多重比较结果中看，上面四条结果对应的差异性符号均为 ns，因此无须在图上添加差异性符号。

6.3.3 多重 t 检验

多重 t 检验和单个 t 检验的区别在于：单个 t 检验分析仅执行一项检验，从而比较两列数据；而多重 t 检验分析可一次性执行多项 t 检验，每项检验比较两组数据。

【例 6-6】针对多个不同的实验（每行代表一个实验），获得治疗前后患者体内 X 因子的测量值，然后分别经过对照组和治疗组处理，对比对照组和治疗组之间的实验差异。

1. 导入 / 输入数据

步骤 01 启动 GraphPad Prism，或执行菜单栏中的 File → New → New Project File 命令，在出现的 Welcome to GraphPad Prism 欢迎窗口左侧单击 Grouped 选项。

步骤 02 在欢迎窗口右侧的 Data table 选项组中单击 Enter or import data into a new table 单选按钮，在 Options 选项组中单击 Enter n replicate values in side-by-side subcolumns 单选按钮，并输入 3，如图 6-103 所示。

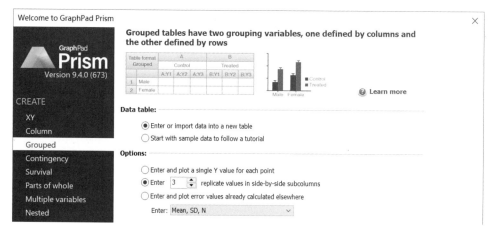

图 6-103　选择样本数据格式

步骤 03 设置完成后，单击欢迎窗口中的 Create 按钮进入工作界面，输入数据并更改数据表的名称，如图 6-104 所示。

Table format: Grouped		Group A Control			Group B Treated		
		A:1	A:2	A:3	B:1	B:2	B:3
1	1	49.48	56.76	61.11	49.67	51.71	57.11
2	2	52.71	48.43	56.17	48.87	56.25	46.40
3	3	53.48	54.14	46.95	59.59	56.13	59.66
4	4	49.74	57.14	55.37	48.90	51.73	55.47
5	5	52.83	48.98	54.51	76.87	81.87	67.12
6	6	64.88	55.70	47.01	46.21	65.12	51.51
7	7	51.36	63.42	53.19	54.76	64.56	69.54
8	8	38.47	52.78	51.27	55.86	58.31	59.66
9	9	49.68	61.32	62.41	51.75	48.64	63.37
10	10	53.10	54.75	55.13	47.12	50.91	49.11
11	11	59.25	61.20	64.35	58.40	56.56	53.76
12	12	56.16	52.36	59.86	60.52	59.96	55.32
13	13	51.81	57.92	53.07	57.05	49.71	49.19
14	14	51.88	51.27	57.94	52.61	50.53	47.20
15	15	52.44	53.83	59.44	74.98	78.43	87.90
16	16	53.40	60.60	55.49	56.74	52.00	56.48
17	17	53.58	58.13	49.76	54.66	63.03	48.54
18	18	54.31	53.44	60.05	59.34	57.78	61.23
19	19	48.35	59.28	58.34	59.94	57.04	58.13
20	20	59.63	57.55	61.16	58.68	56.49	54.77
21	21	53.85	52.62	48.02	53.35	50.93	52.94
22	22	69.02	52.69	54.81	59.68	56.25	48.63
23	23	53.53	53.28	56.19	43.79	52.48	62.25
24	24	55.05	56.38	60.55	64.35	50.06	46.93

图 6-104　数据表

2．数据分析

步骤 01 单击 Analysis 选项卡下的 Analyze（分析）按钮，在弹出的 Analyze Data 对话框左侧的分析类型中选择 Grouped analyses 下的 Multiple t tests（and nonparametric tests）选项，在右侧数据集中默认勾选所有数据，如图 6-105 所示。

图 6-105 Analyze Data 对话框

步骤02 单击 OK 按钮，即可进入 Parameters: Multiple t tests(and nonparametric tests) 对话框，在 Experimental Design 选项卡下保持默认设置，如图 6-106 所示。

步骤03 在 Multiple Comparisons 选项卡下设置 Desired FDR(Q)＝1%，即将错误发现率（FDR）控制在 1% 以内，如图 6-107 所示。

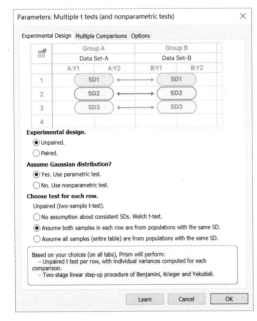

图 6-106 Parameters:Multiple t tests(and nonparametric tests) 对话框

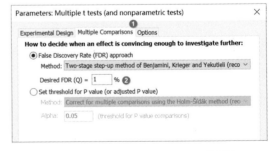

图 6-107 Multiple Comparisons 选项卡

> 🔧说明 GraphPad Prism 提供了两种方法来确定双尾 P 值何时足够小，使得该比较值得以在进行多次 t 检验（和非参数）分析之后进行进一步研究。这两种方法是基于统计学显著性的概念和基于关于错误发现率（FDR）的建议，多采用第二种。

- 如果采用 FDR 方法，则在所有标记为"发现"的数据行中，不超过 Q% 的数据行将是错误发现（由于数据随机散布），而至少 100%~Q% 的发现是总体均值之间的真实差异。

- 如果选择使用具有统计学显著性的方法，则需对多重比较做出其他决定，建议采用 Correct for multiple comparisons using the Holm-Šídák method (recommended)。指定想要用于整个 P 值比较系列的阈值水平 α，该方法应设计为如果零假设实际上对于每个行的比较而言是正确的，则指定的 α 值表示获得一项或多项比较的"显著"P 值的概率。

步骤 04 在 Options 选项卡下勾选 -log2(q value). Surprise value. 及 Graph volcano plot 复选框，如图 6-108 所示。

图 6-108　Options 选项卡

步骤 05 其他选项卡选项采用默认设置。单击 OK 按钮退出对话框，完成参数设置，此时弹出如图 6-109 所示的分析结果。由分析结果可知，没有可以被用来当作"发现"（存在差异）的 P 值。

		Discovery?	P value	Mean of Control	Mean of Treated	Difference	SE of difference	t ratio	df	q value
1	1	No	0.508684	55.78	52.83	2.953	4.054	0.7285	4.000	0.763105
2	2	No	0.630400	52.44	50.51	1.930	3.710	0.5202	4.000	0.763105
3	3	No	0.054350	51.52	58.46	-6.937	2.573	2.695	4.000	0.270288
4	4	No	0.522975	54.08	52.03	2.050	2.932	0.6992	4.000	0.763105
5	5	No	0.007456	52.11	75.29	-23.18	4.630	5.007	4.000	0.090364
6	6	No	0.845899	55.86	54.28	1.583	7.638	0.2073	4.000	0.854358
7	7	No	0.291708	55.99	62.95	-6.963	5.738	1.213	4.000	0.707100
8	8	No	0.089301	47.51	57.94	-10.44	4.674	2.233	4.000	0.360775
9	9	No	0.623500	57.80	54.59	3.217	6.057	0.5311	4.000	0.763105
10	10	No	0.013781	54.33	49.05	5.280	1.259	4.192	4.000	0.111351
11	11	No	0.055752	61.60	56.24	5.360	2.007	2.671	4.000	0.270288
12	12	No	0.414767	56.13	58.60	-2.473	2.721	0.9090	4.000	0.763105
13	13	No	0.508399	54.27	51.98	2.283	3.148	0.7253	4.000	0.763105
14	14	No	0.247491	53.70	50.11	3.583	2.649	1.353	4.000	0.666577
15	15	No	0.004660	55.24	80.44	-25.20	4.415	5.707	4.000	0.090364
16	16	No	0.617682	56.50	55.07	1.423	2.634	0.5403	4.000	0.763105
17	17	No	0.759803	53.82	55.41	-1.587	4.847	0.3274	4.000	0.837164
18	18	No	0.201161	55.93	59.45	-3.517	2.301	1.528	4.000	0.609517
19	19	No	0.444815	55.32	58.37	-3.047	3.598	0.8468	4.000	0.763105
20	20	No	0.143368	59.45	56.85	2.800	1.541	1.817	4.000	0.496462
21	21	No	0.661106	51.50	52.41	-0.9100	1.925	0.4726	4.000	0.763105
22	22	No	0.547707	58.84	54.85	3.987	6.078	0.6559	4.000	0.763105
23	23	No	0.796295	54.33	52.84	1.493	5.413	0.2759	4.000	0.839226
24	24	No	0.561708	57.33	53.78	3.547	5.612	0.6320	4.000	0.763105

图 6-109　分析结果

> 说明 多重 t 检验不以得到的 P 值为准，因为之前设置了 FDR(Q) 值为 1%，所以最终出来的结果要以倒数第二列 q 值为准，而倒数第二列 q 值的结果对应着第一列 Discovery：Discovery 显示 No，那就说明没有差异；Discovery 显示 Yes，则证明两者对比有差异，也就是说可以被当作是有差异的。

3．生成图表

在左侧导航浏览器中，单击 Graphs 选项组中的 Volcano Plot: Multiple unpaired t tests of X level in body 选项，此时会直接生成如图 6-110 所示的火山图。

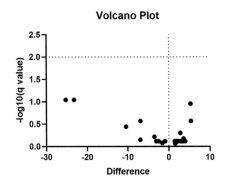

图 6-110 生成的火山图

图 6-110 中每个点代表数据表中的一行，X 轴代表平均值之间的差值。在 X=0 处显示一条点网格线，没有差值。因为选择的是 FDR 方法，所以 Y 轴代表 q 值的负对数。

从火山图中可以看出两组之间的差异情况，在 X=0 这条直线的附近，两组差异较小，越偏离 X=0 这条直线，差异越大。

6.4 本章小结

本章详细介绍了分组表的样式，对分组表可以绘制的图表及可以完成的统计分析进行了探讨；本章还结合分组表的特点对常见的图表绘制方法进行了详细的讲解，同时结合示例讲解了如何在 GraphPad Prism 中进行多重 t 检验、双因素 / 多因素方差分析等。通过本章的学习读者基本能够掌握利用分组表数据进行图表绘制及统计分析的方法。

第 7 章
列联表及其图表描述

列联表是一种特殊的频数统计表，是将观测数据按照两个或多个变量分类时所列出的频数表。列联表可以总结比较两组或多组结果，结果为分类变量（如疾病与无疾病、通过与失败、动脉通畅与动脉阻塞等），同时列联表总是以柱状图展示，适合用于卡方检验、Fisher 精确检验及占总数的比例等。

学习目标：

★ 掌握列联表数据的输入方法。

★ 掌握列联表数据的图表绘制流程。

★ 掌握利用列联表的进行数据统计分析的方法。

7.1 列联表数据的输入

列联表大都由两行（两组）和两列（两种可能的结果）组成，但 GraphPad Prism 也允许输入任意数量的行和列的数据。

7.1.1 输入界面

列联表的输入比较简单，启动 GraphPad Prism 后，在弹出的 Welcome to GraphPad Prism 欢迎窗口中选择 Contingency（列联）表。

1. 在新表中输入或导入数据

步骤 01 在欢迎窗口中选择 Contingency 表后，在右侧 Data tables 选项组中单击 Enter or import data into a new table 单选按钮，表示在新表中输入或导入数据，其下方 Options 选项组中不出现任何选项，如图 7-1 所示。

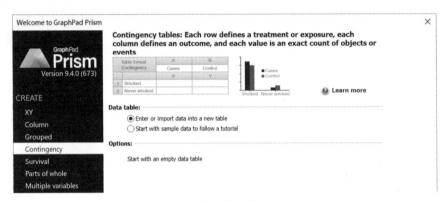

图 7-1 选择样本数据格式

步骤 02 单击欢迎窗口右下角的 Create 按钮，即可创建一个空的列联表，如图 7-2 所示，在该表下可以导入或输入数据。

Table format: Contingency	Outcome A	Outcome B	Outcome C	Outcome D	Outcome E	Outcome F
	Title	Title	Title	Title	Title	Title
1 Title						
2 Title						
3 Title						
4 Title						
5 Title						
6 Title						

图 7-2 列联表数据表结构

2. 按照教程从示例数据开始

在欢迎窗口右侧 Data table 选项组中单击 Start with sample data to follow a tutorial 单选按钮，表示将按照教程从示例数据开始，如图 7-3 所示。

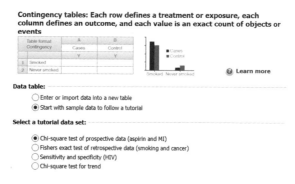

图 7-3　按照教程从示例数据开始

7.1.2　列联表可绘制的图表

在 Contingency 表数据表下单击导航浏览器中的 Graphs 选项组中的 New Graph 选项，在弹出的如图 7-4 所示的 Create New Graph 对话框中查看可以绘制的图表，排除坐标变换产生的重复类型外，列联表可以绘制的图表类型有 3 种：

（1）交错柱状图（Interleaved bars）。

（2）分割柱状图（Separated bar graph）。

（3）堆积柱状图（Stacked bars）。

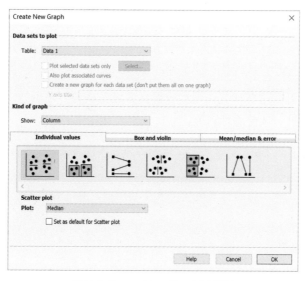

图 7-4　Create New Graph 对话框

7.1.3 列联表可完成的统计分析

在 GraphPad Prism 中，列联表可以进行的分析有：

（1）Chi-square and Fisher's exact test：卡方检验和 Fisher 精确检验。

（2）Computes odds ratios and relative risk：计算优势比和相对风险。

（3）Fraction of total：局部占总体的比例。

7.1.4 列联表应用场景

列联表用于将实际的受试者（或观察）数量制成表格，这些受试者分属于由表格的行和列定义的类别。基于实验设计，用户可以使用不同的方式定义行和列。下面介绍的 5 种研究数据可以通过列联表展示。

1）现况研究

针对一组受试者，根据两个标准（行和列）进行分类。例如，对电磁场（EMF）与白血病之间的联系进行一项现况研究，需要从普通群体中选取大量样本进行研究：

- 评估各受试者是否暴露于高水平的 EMF，这定义了研究中的两行。
- 检查受试者，确定他是否患有白血病，这定义了两列。

> **注意** 如果根据 EMF 暴露水平或白血病的患病情况来选择受试者，则不属于现况研究。

2）前瞻性研究

从潜在风险因素开始进行研究，并期待看到各组受试者会发生的情况。例如对 EMF 与白血病之间的联系开展一项前瞻性研究：

- 选择一组具有低 EMF 暴露的受试者和另一组具有高 EMF 暴露的受试者，这两个组定义了表格的两行。
- 跟踪所有受试者，将受试者定义为表格的两列，患有白血病的受试者为一列，其余为另一列。

3）回顾性对照研究

从所研究的病情开始进行研究，并回顾潜在原因。对 EMF 与白血病之间的联系开展一项回顾性研究：

- 招募一组患有白血病的受试者和一个未患有白血病但在其他方面类似的对照组，这些组定义了两列。

- 评估所有受试者的 EMF 暴露水平，在一行输入具有低暴露的数量，在另一行输入具有高暴露的数量。

这种设计又称"病例对照研究"。

4）试验变量操控研究

从单组受试者开始进行研究，一半受试者接受一种治疗，另一半受试者接受另一种治疗（或不接受治疗），这就定义了研究中的两行，受试者将其结果列成表格。例如，对 EMF/ 白血病与动物之间的联系开展一项研究：

- 一半受试者暴露于 EMF，而另一半受试者不暴露于 EMF，这是两行。

- 经过一段合适的时间后，评估每只动物是否患有白血病，在一栏中输入患有白血病的数量，在另一栏中输入未患有白血病的数量，这就是两列。

此外，列联表还可以将一些基础科学实验的结果列成表格，行表示替代治疗，列表示替代结果。

5）评估诊断试验的准确性

选择两名受试者样本，一个样本具有所检验的疾病或病情，而另一个没有。

- 在行中输入各个组。

- 在一栏中列出阳性试验结果，在另一栏中列出阴性试验结果，这就是两列。

> **说明** 对于来自前瞻性和实验性研究的数据，前行通常表示暴露于风险因素或治疗，而后行表示对照；左列通常列出患病人数，右列列出未患病人数。在病例对照回顾性研究中，左列是病例，右列是对照；顶行列出暴露于风险因素中的人数，而底行列出未暴露的人数。

7.2　统计分析及图表绘制

利用 GraphPad Prism 的列联表数据可以实现卡方检验、优势分析、敏感性分析等统计分析。下面通过示例来讲解如何利用列联表进行统计分析操作。

7.2.1 卡方检验

卡方检验是统计样本的实际观测值与理论推断值之间的偏离程度，如果卡方值越大，则二者偏离程度越大；反之，二者偏离程度越小；若两个值完全相等时，则卡方值为 0，表明理论值完全符合实际。

【例 7-1】某实验中，观察组中具有吸烟史的有 31 人，无吸烟史的有 45 人，对照组中有吸烟史的有 17 人，无吸烟史的有 72 人，试对比观察组和对照组的吸烟史差异。

1．导入 / 输入数据

步骤 01 启动 GraphPad Prism，或执行菜单栏中的 File → New → New Project File 命令，在出现的 Welcome to GraphPad Prism 欢迎窗口左侧单击 Contingency 选项。

步骤 02 在欢迎窗口右侧的 Data table 选项组中单击 Enter or import data into a new table 单选按钮，如图 7-5 所示。

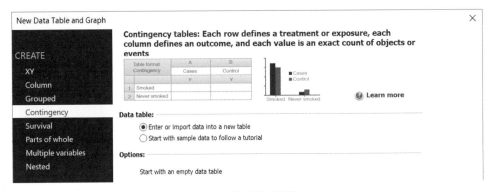

图 7-5 选择样本数据

步骤 03 设置完成后，单击欢迎窗口中的 Create 按钮进入工作界面，输入数据并更改数据表的名称，如图 7-6 所示。

Table format: Contingency	Outcome A Control	Outcome B Treated
1 Smoked	17	31
2 Never smoked	72	45
3 Title		
4 Title		

图 7-6 数据表

2．数据分析

步骤 01 单击 Analysis 选项卡下的 ▤Analyze（分析）按钮，在弹出的 Analyze Data 对话框左侧的分析类型中选择 Contingency table analyses 下的 Chi-square(and Fisher's exact)test 选项，在右侧数据集中默认勾选所有数据，如图 7-7 所示。

步骤 02 单击 OK 按钮，即可进入 Parameters: Chi-square(and Fisher's exact)test 参数设置对话框，在 Main Calculations 选项卡下的 Method to compute the P value 选项组中单击 Chi-square test 单选按钮，如图 7-8 所示。

图 7-7　Analyze Data 对话框

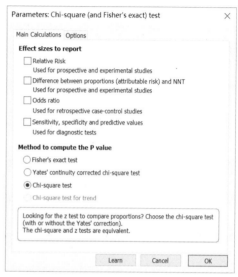

图 7-8　Parameters：Chi-square(and Fisher's exact)
test 对话框

- Effect sizes to report 选项：用于根据实验设计方法选择对应的效应值。其中 Relative Risk 根据前瞻性和实验研究计算危险度，Difference between proportions(attributable risk) and NNT 同样根据前瞻性和实验研究计算比例之差（归因危险度），Odds ratio 根据回顾病例－对照数据计算优势比，Sensitivity, specificity and predictive values 根据诊断性实验研究计算灵敏度。这些效应值的计算仅适用于 2×2 的数据，对于其他 R×C 的数据并不适用。

- Method to compute the P value 选项：用于提供计算 P 值的方法。

- Fisher's exact test（Fisher 精确检验）：适用于总例数 n ≥ 40 且所有理论频数 T ≥ 5 的情况。Fisher's 精确检验可以提供精确的 P 值，同时可以在小样本量下正常工作，所以大多数情况下可以用它替代卡方检验。

适用于总例数 n ≥ 40 且所有理论频数 1 ≤ T ≤ 5 的情况。

- Chi-square test（卡方检验）：适用于总例数 n<40 或理论频数 T<1 的情况。
- Chi-square test for trend（趋势卡方检验）：适用于分组有序多分类和结局二分类的数据，执行的是 Cochran-Armitage 趋势检验方法。

其中，Fisher's exact test、Yates' continuity corrected chi-square test 和 Chi-square test 方法可以用于 2×2 数据。

步骤 03 其他选项卡的选项采用默认设置。单击 OK 按钮退出对话框，完成参数设置，此时弹出如图 7-9 所示的分析结果。由分析结果可知，卡方值 =9.348，P=0.0022<0.05，证明两组吸烟史情况对比具有明显差异。

	Contingency	A	B	C
1	Table Analyzed	Chi-square test		
2				
3	P value and statistical significance			
4	Test	Chi-square		
5	Chi-square, df	9.348, 1		
6	z	3.057		
7	P value	0.0022		
8	P value summary	**		
9	One- or two-sided	Two-sided		
10	Statistically significant (P < 0.05)?	Yes		
11				
12	Data analyzed	Control	Treated	Total
13	Smoked	17	31	48
14	Never smoked	72	45	117
15	Total	89	76	165
16				
17	Percentage of row total	Control	Treated	
18	Smoked	35.42%	64.58%	
19	Never smoked	61.54%	38.46%	
20				
21	Percentage of column total	Control	Treated	
22	Smoked	19.10%	40.79%	
23	Never smoked	80.90%	59.21%	
24				
25	Percentage of grand total	Control	Treated	
26	Smoked	10.30%	18.79%	
27	Never smoked	43.64%	27.27%	

图 7-9 分析结果

3. 生成图表 A（柱状图）

列联表的卡方检验一般不用于绘制图表。利用列联表的原始数据可以绘制柱状图与堆积柱状图。下面先来介绍柱状图的绘制。

步骤 01 在左侧导航浏览器中，单击 Graphs 选项组中的 Chi-square test 选项，弹出 Change Graph Type 对话框。

步骤 02 根据需要在对话框中选择满足要求的图表类型，如图 7-10 所示。单击 OK 按钮完成设置，此时生成的图表如图 7-11 所示。

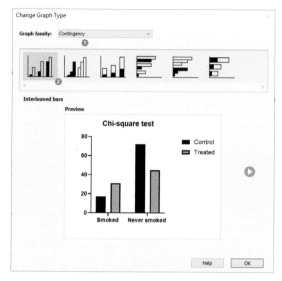

图 7-10 Change Graph Type 对话框

图 7-11 生成的图表

步骤 03 单击 Change 选项卡下的 （改变颜色）按钮，在弹出的配色方案快捷菜单中执行 Colors 命令，此时图形区颜色发生了变化。

步骤 04 修改坐标轴标题，最终结果如图 7-12 所示。读者可根据自己的喜好调整出满意的图表。

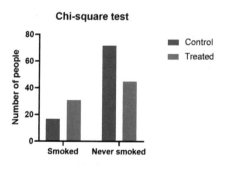

图 7-12 最终结果

步骤 05 根据前面的分析结果可知，两组对比存在差异，在图上的表示符号为 **。单击 Draw 选项卡下的 按钮下拉菜单中的 按钮，如图 7-13 所示，然后在需要添加差异性标记符号的位置处单击即可，随后调节符号位置。

步骤 06 此时显示的线条较粗，需要调节线条的粗细。双击差异性标记线条，在弹出的 Format Object 对话框中设置 Thickness 为 1pt，如图 7-14 所示，此时的图表如图 7-15 所示。

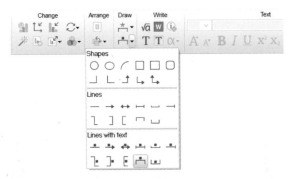

图 7-13 添加差异性标记符号

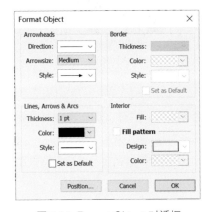

图 7-14 Format Object 对话框

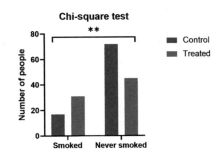

图 7-15 修改线宽后的效果

卡方检验分析的是各组的频数，因此对应的图相当于频数分布图，柱状图的高低体现了对应的人数，同时两组对比直接存在差异。

4．生成图表 B（堆积柱状图）

（1）绘制堆积柱状图时首先需要进行局部占总体的比例分析。

步骤 01 单击 Analysis 选项卡下的 ☰Analyze（分析）按钮，在弹出的 Analyze Data 对话框左侧的分析类型中选择 Contingency table analyses 下的 Fraction of total 选项，在右侧数据集中默认勾选所有数据，如图 7-16 所示。

步骤 02 单击 OK 按钮，即可进入 Parameters: Fraction of Total 对话框，在 Divide each value by its 选项组中单击 Row total 单选按钮，在 Display results as 组中单击 Percentages（百分比）单选按钮，如图 7-17 所示。

图 7-16　Analyze Data 对话框

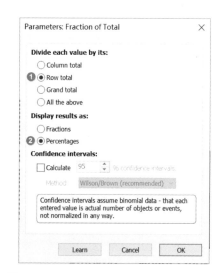

图 7-17　Parameters: Fraction of Total 对话框

步骤03 其他选项卡的选项采用默认设置。单击 OK 按钮退出对话框，完成参数设置，此时弹出如图 7-18 所示的分析结果。由分析结果可知各部分所占的百分比。

	A Control	B Treated
1　Smoked	35.417	64.583
2　Never smoked	61.538	38.462
3		

图 7-18　分析结果

（2）接下来生成堆积柱状图。

步骤01 在左侧导航浏览器中，单击 Graphs 选项组中的 Exercise tolerance 选项，弹出 Change Graph Type 对话框。

步骤02 根据需要在对话框中选择满足要求的图表类型，如图 7-19 所示。单击 OK 按钮完成设置，此时的生成的图表如图 7-20 所示。

步骤03 单击 Change 选项卡下的 （改变颜色）按钮，在弹出的配色方案快捷菜单中执行 Colors 命令，此时图形区颜色发生了变化。

步骤04 根据坐标轴含义修改坐标轴标题。

步骤05 双击 Y 轴，弹出 Format Axes 对话框，在该对话框中取消勾选 Automatically determine the range and interval 复选框，即可进入手动编辑状态。

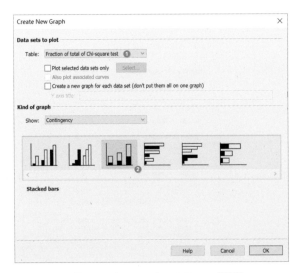

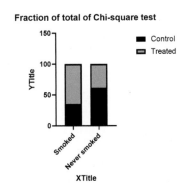

图 7-19　Change Graph Type 对话框　　　　　图 7-20　生成的图表

步骤 06 在 Range 选项组中调整 Maximum 为 100，将 Regularly spaced ticks（均匀间隔刻度）选项组中的 Major ticks interval（主刻度间隔）调整为 20，如图 7-21 所示。单击 Apply 按钮完成 Y 轴的设置，此时的图表效果如图 7-22 所示。

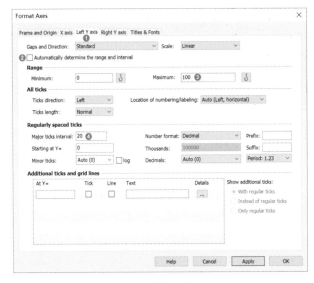

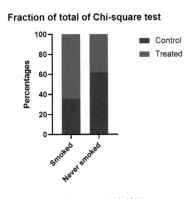

图 7-21　修改 Y 轴　　　　　图 7-22　图表效果

步骤 07 在 Format Axes 对话框中的 Frame and Origin 选项卡下按照图 7-23 所示进行设置，设置完成后单击 OK 按钮，退出对话框。此时的图表效果如图 7-24 所示。

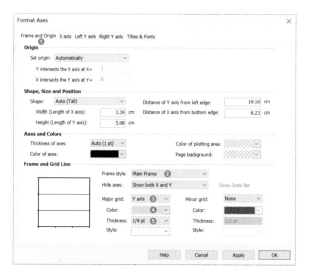

图 7-23 Frame and Origin 选项卡

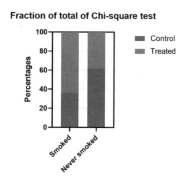

图 7-24 添加其他元素后的效果

7.2.2 敏感性与特异性分析

敏感性分析又称为灵敏度分析，被定义在数理统计中，在临床研究的系统综述中被广泛使用。敏感性分析是 Meta 分析中用来评估合并结果的稳健性和可靠性的重要方法。

数理统计中敏感性分析被定义为：一种定量描述模型输入变量对输出变量重要性程度的方法。假设模型表示为 $y = f(x_1, x_2, \cdots, x_n)$（$x_i$ 为模型的第 i 个属性值），令每个属性在可能的取值范围内变动，研究和预测这些属性的变动对模型输出值的影响程度。

统计中将影响程度的大小称为该属性的敏感性系数，敏感性系数越大，说明该属性对模型输出的影响越大。

在临床研究中，敏感性分析是指：针对同一估计目标，在偏离基本建模假设和数据局限性时，基于不同的假设来探索主要估计量推断结果的稳健性而进行的一系列分析。

特异性分析用于描述检测程序在样本中有其他物质存在时只测量被测量物的能力。通常用一个被评估的潜在干扰物清单来描述，并给出在特定医学相关浓度值水平的分析干扰程度。

【例 7-2】对具有 HIV 感染症状的患者是否存在 HIV 抗原进行分析。其中 48 例 p24 antigen+（p24 抗原阳性）患者样本中均存在 HIV 抗原，390 例 p24 antigen-（p24 抗原阴性）患者样本中有 8 例存在 HIV 抗原，剩下 382 例不含 HIV 抗原。试通过置信区间量化敏感性（通过测试确定的患病人群比例）和特异性（检测结果为阴性的健康人群比例）。

1．导入 / 输入数据

步骤 01 启动 GraphPad Prism，或执行菜单栏中的 File → New → New Project File 命令，在出现的 Welcome to GraphPad Prism 欢迎窗口左侧单击 Contingency 选项。

步骤 02 在欢迎窗口右侧的 Data table 选项组中单击 Enter or import data into a new table 单选按钮，如图 7-25 所示。

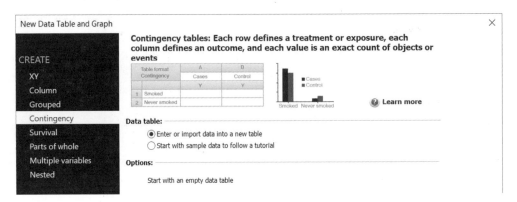

图 7-25 选择样本数据

步骤 03 设置完成后，单击欢迎窗口中的 Create 按钮进入工作界面，输入数据并更改数据表的名称，如图 7-26 所示。

Table format: Contingency		Outcome A	Outcome B
		HIV antigen	No HIV
1	p24 antigen +	48	0
2	p24 antigen -	8	382

图 7-26 数据表

2．数据分析

步骤 01 单击 Analysis 选项卡下的 Analyze（分析）按钮，在弹出的 Analyze Data 对话框左侧的分析类型中选择 Contingency table analyses 下的 Chi-square(and Fisher's exact)test 选项，在右侧数据集中默认勾选所有数据，如图 7-27 所示。

步骤 02 单击 OK按钮，即可进入 Parameters: Chi-square(and Fisher's exact)test 对话框，在 Effect sizes to report 选项组中勾选 Sensitivity, specificity and predictive values 复选框，在 Method to compute the P value 选项组中单击 Fisher's exact test 单选按钮，如图 7-28 所示。

图 7-27　Analyze Data 对话框

图 7-28　Parameters:Chi-square(and Fisher's exact)test 对话框

步骤 03 其他选项卡的选项采用默认设置。单击 OK 按钮退出对话框，完成参数设置，此时弹出如图 7-29 所示的分析结果。由分析结果可知敏感性（Sensitivity）为 0.8571，特异性（Specificity）为 1.000。

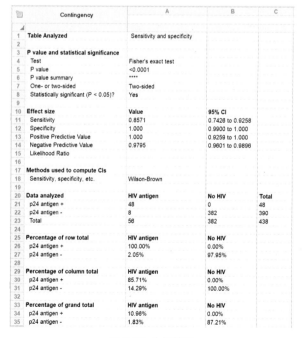

图 7-29　分析结果

3. 生成图表

（步骤01）在左侧导航浏览器中，单击 Graphs 选项组中的 Sensitivity and specificity 选项，弹出 Change Graph Type 对话框。

（步骤02）根据需要在对话框中选择满足要求的图表类型，如图 7-30 所示。单击 OK 按钮完成设置，此时生成的图表如图 7-31 所示。

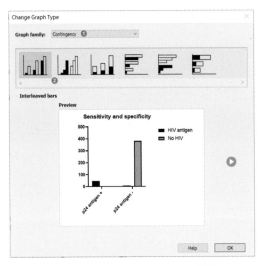

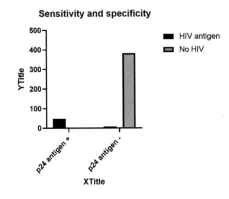

图 7-30 Change Graph Type 对话框　　　　图 7-31 生成的图表

（步骤03）单击 Change 选项卡下的 （改变颜色）按钮，在弹出的配色方案快捷菜单中执行 Colors 命令，此时图形区颜色发生了变化。

（步骤04）修改坐标轴标题，最终结果如图 7-32 所示。读者可根据自己的喜好调整出满意的图表。

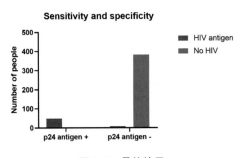

图 7-32 最终效果

（步骤05）根据前面的分析结果可知两组对比存在差异，在图上的表示符号为 ****。单击 Draw 选项卡下的 按钮下拉菜单中的 按钮，如图 7-33 所示，然后在需要添加差异性标记符号的位置处单击即可，随后调节符号的位置。

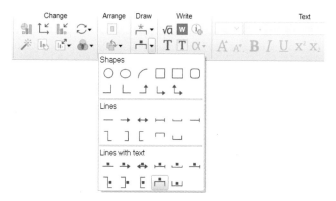

图 7-33　添加差异性标记符号操作

步骤 06 此时显示的线条较粗，需要调节线条的粗细。双击差异性标记线条，在弹出的 Format Object 对话框中设置 Thickness 为 1pt，如图 7-34 所示。此时的图表如图 7-35 所示。

图 7-34　Format Object 对话框

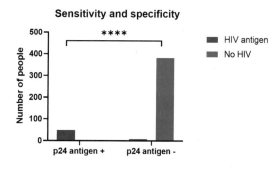

图 7-35　修改线宽后的效果

步骤 07 单击 Change 选项卡下的 ↳ （格式化轴）按钮，在弹出的 Format Axes 对话框中对坐标轴进行精细修改，如图 7-36 所示。最终效果如图 7-37 所示。

图 7-37 中横坐标对应的是 p24 抗原阳性和阴性，纵坐标对应的是患者存在 HIV 抗原的例数，不同颜色柱状图代表是否存在 HIV 抗原。

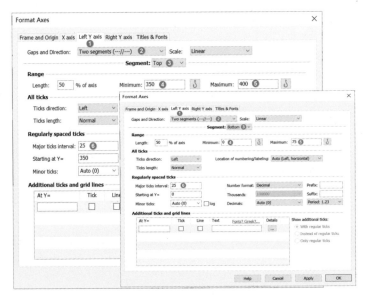

图 7-36　Format Axes 对话框

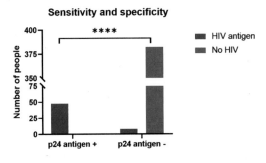

图 7-37　最终效果

7.2.3　趋势卡方检验

趋势卡方检验是统计样本的实际观测值与理论推断值之间的偏离程度，主要用来检验在两组等级资料内部构成之间的差别是否有显著性，以及两组变量之间有无相关关系等。

趋势检验是对医学研究中反应生物学阶梯或等级关系等计数资料进行假设检验的有效方法，简便、实用，多应用在医学研究中。

【例 7-3】分别考察治疗前、治疗 1d、治疗 3d、治疗 7d 这四个时间点的实验成功与失败的差异性。

1. 导入 / 输入数据

步骤 01 启动 GraphPad Prism，或执行菜单栏中的 File → New → New Project File 命令，在出现的 Welcome to GraphPad Prism 欢迎窗口左侧单击 Contingency 选项。

步骤 02 在欢迎窗口右侧的 Data table 选项组中单击 Enter or import data into a new table 单选按钮，如图 7-38 所示。

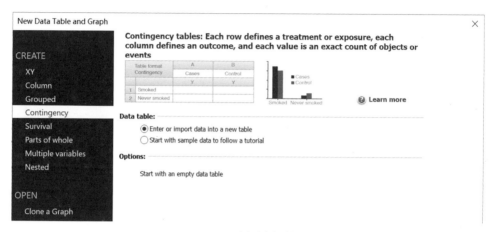

图 7-38 选择样本数据

步骤 03 设置完成后，单击欢迎窗口中的 Create 按钮进入工作界面，输入数据并更改数据表的名称，如图 7-39 所示。

图 7-39 数据表

2. 数据分析

步骤 01 单击 Analysis 选项卡下的 Analyze（分析）按钮，在弹出的 Analyze Data 对话框左侧的分析类型中选择 Contingency table analyses 下的 Chi-square(and Fisher's exact)test 选项，在右侧数据集中默认勾选所有数据，如图 7-40 所示。

步骤 02 单击 OK 按钮，即可进入 Parameters: Chi-square(and Fisher's exact)test 对话框在 Main Calculations 选项卡下的 Method to compute the P value 选择 Chi-square test 选项，如图 7-41 所示。

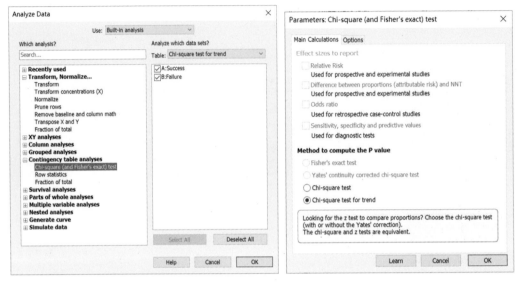

图 7-40 Analyze Data 对话框　　图 7-41 Parameters: Chi-square(and Fisher's exact) test 对话框

步骤 03 其他选项卡的选项采用默认设置。单击 OK 按钮退出对话框，完成参数设置，此时弹出如图 7-42 所示的分析结果。由分析结果可知卡方值 =15.27，P<0.0001。

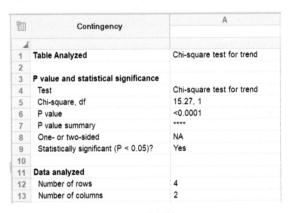

图 7-42 分析结果

3. 生成图表（略）

生成图表与 7.2.2 节中的操作相同，这里不再赘述。

7.2.4 Fisher's 精确检验

Fisher's 精确检验用来检验一次随机实验的结果是否支持对于某个随机实验的假设，当测试结果出现小概率事件则认定原有假设不被支持。Fisher's 精确检验理论源于超几何分布，以 P 值作为检测值，P 值越小表示越远离零假设。在实际计算中 Fisher's 精确检验又分为单边检验和双边检测，不同的方法其结果存在差异。

Fisher 精确检验总是可以给出一个精确 P 值，适用于样本量 n＜40 或者理论频数 T＜1 的情况，当期望频数其中之一大于 5 则考虑使用卡方检验作为假设验证的统计方法。

【例 7-4】观察组中有 10 人吸烟，有 5 人不吸烟，对照组中有 7 人吸烟，15 人不吸烟，试对比观察组和对照组的吸烟差异。

由于 10+5+7+15=37＜40，因此需要采用 Fisher 精确检验。

1．导入／输入数据

步骤01 启动 GraphPad Prism，或执行菜单栏中的 File → New → New Project File 命令，在出现的 Welcome to GraphPad Prism 欢迎窗口左侧单击 Contingency 选项。

步骤02 在欢迎窗口右侧的 Data table 选项组中单击 Enter or import data into a new table 单选按钮，如图 7-43 所示。

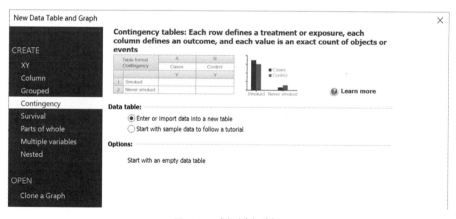

图 7-43　选择样本数据

步骤03 设置完成后，单击欢迎窗口中的 Create 按钮进入工作界面，输入数据并更改数据表的名称，如图 7-44 所示。

图 7-44 数据表

2．数据分析

步骤 01 单击 Analysis 选项卡下的 ▤**Analyze**（分析）按钮，在弹出的 Analyze Data 对话框左侧的分析类型中选择 Contingency table analyses 下的 Chi-square(and Fisher's exact)test 选项，在右侧数据集中默认勾选所有数据，如图 7-45 所示。

步骤 02 单击 OK 按钮，即可进入 Parameters: Chi-square(and Fisher's exact)test 参数设置对话框，在 Main Calculations 选项卡下的 Method to compute the P value 选项组中单击 Fisher's exact test 单选按钮，如图 7-46 所示。

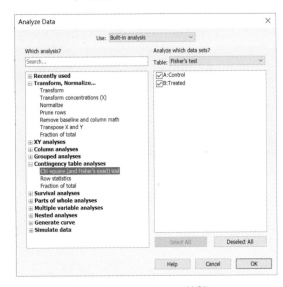

图 7-45 Analyze Data 对话框

图 7-46 Parameters: Chi-square(and Fisher's exact)test 对话框

步骤 03 其他选项卡的选项采用默认设置。单击 OK 按钮退出对话框，完成参数设置，此时弹出如图 7-47 所示的分析结果。由分析结果可知，Fisher's 精确检验的 P=0.0498<0.05，证明两组吸烟情况对比具有差异。

Contingency	A	B	C
1　**Table Analyzed**	Fisher test		
2			
3　**P value and statistical significance**			
4　Test	Fisher's exact test		
5　P value	0.0498		
6　P value summary	*		
7　One- or two-sided	Two-sided		
8　Statistically significant (P < 0.05)?	Yes		
9			
10　**Data analyzed**	Control	Treated	Total
11　Smoked	7	10	17
12　Never smoked	15	5	20
13　Total	22	15	37
14			
15　**Percentage of row total**	Control	Treated	
16　Smoked	41.18%	58.82%	
17　Never smoked	75.00%	25.00%	
18			
19　**Percentage of column total**	Control	Treated	
20　Smoked	31.82%	66.67%	
21　Never smoked	68.18%	33.33%	
22			
23　**Percentage of grand total**	Control	Treated	
24　Smoked	18.92%	27.03%	
25　Never smoked	40.54%	13.51%	

图 7-47　分析结果

3. 生成图表

列联表的 Fisher's 精确检验一般不用于绘制图表。利用列联表的原始数据可绘制柱状图。

步骤 01 在左侧导航浏览器中，单击 Graphs 选项组中的 Fisher test 选项，弹出 Change Graph Type 对话框。

步骤 02 根据需要在对话框中选择满足要求的图表类型，如图 7-48 所示。单击 OK 按钮完成设置，此时生成的图表如图 7-49 所示。

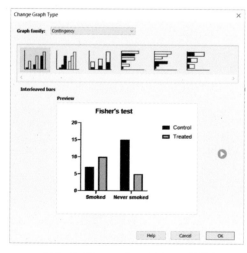

图 7-48　Change Graph Type 对话框

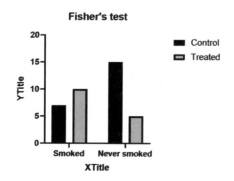

图 7-49　生成的图表

步骤 03 单击 Change 选项卡下的 🔵▾（改变颜色）按钮，在弹出的配色方案快捷菜单中执行 Colors 命令，此时图形区颜色发生了变化，结果如图 7-50 所示。

步骤 04 修改坐标轴标题，最终效果如图 7-51 所示。读者可根据自己的喜好调整出满意的图表，这里就不再介绍。

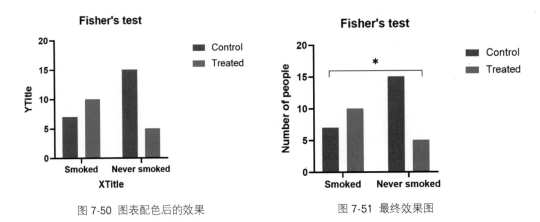

图 7-50 图表配色后的效果　　　　图 7-51 最终效果图

7.3 本章小结

本章详细介绍了列联表样式，对列联表可绘制的图表进行了介绍；结合列联表的特点通过示例讲解了如何在 GraphPad Prism 中绘制柱状图等。通过本章的学习读者基本能够掌握利用列联表数据进行卡方检验与 Fisher's 精确检验等统计分析的方法。

第8章
生存表及其图表描述

　　生存分析是将生存时间和生存结果综合起来对数据进行分析的一种统计分析方法，主要用于对涉及一定时间发生的持续长度的时间数据的分析。例如在许多临床试验和动物研究中，需要测定治疗是否会改变动物的生存率（生存时间），以比较和评价临床疗效等。GraphPad Prism 使用 Kaplan 和 Meier 的乘积极限法创建生存曲线，并使用对数秩检验和 Gehan-Wilcoxon 检验比较生存曲线。

　　学习目标：

★ 掌握生存表数据的输入方法。

★ 掌握生存表数据的图表绘制流程。

★ 掌握生存表曲线的绘制方法。

8.1 生存表数据的输入

　　生存分析是一种用于了解给定事件发生概率如何随时间变化的工具。感兴趣事件通常是死亡，因此，事件发生前的时间量即代表个体的生存期（该分析的名称由此而来）。下面先介绍生存分析中生成表的数据输入。

8.1.1　输入界面

生存表的输入界面也比较简单，启动 GraphPad Prism 后，在弹出的 Welcome to GraphPad Prism 欢迎窗口中选择 Survival（生存）表。

1．在新表中输入或导入数据

在欢迎窗口中选择 Survival 后，在欢迎窗口右侧 Data table 选项组中单击 Enter or import data into a new table 单选按钮，表示在新表中输入或导入数据。此时其下方会出现 Options（选项）选项组，如图 8-1 所示。

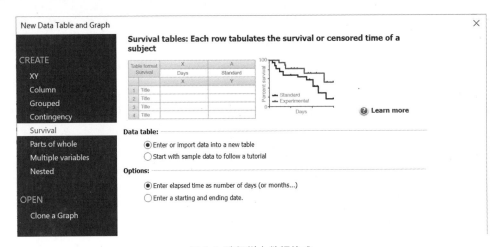

图 8-1　选择样本数据格式

步骤 01　Enter elapsed time as number of days (or months...)：在已确定生存时间的情况下使用该选项。此时的生存表结构如图 8-2 所示。

	X	Group A	Group B	Group C	Group D	Group E	Group F
	X Title	Title	Title	Title	Title	Title	Title
	X	Y	Y	Y	Y	Y	Y
1 Title							
2 Title							
3 Title							
4 Title							
5 Title							
6 Title							

图 8-2　生存表结构（已确定生存时间）

步骤 02 Enter a starting and ending date：当数据是生存资料的原始记录（随访开始与结束时间）时使用该选项，在数据表中需要输入起止时间，系统会自动计算生存时间。此时的生存表结构如图 8-3 所示。

		X		Group A	Group B	Group C	Group D
		X Title		Title	Title	Title	Title
	✕	**Starting Date**	**Ending Date**	Y	Y	Y	Y
1	Title	Date	Date				
2	Title	Date	Date				
3	Title	Date	Date				
4	Title	Date	Date				
5	Title	Date	Date				
6	Title	Date	Date				

图 8-3　生存表结构（已确定起止时间）

2. 按照教程从示例数据开始

在欢迎窗口右侧 Data table 选项组中单击 Start with sample data to follow a tutorial 单选按钮，表示将按照教程从示例数据开始，如图 8-4 所示。

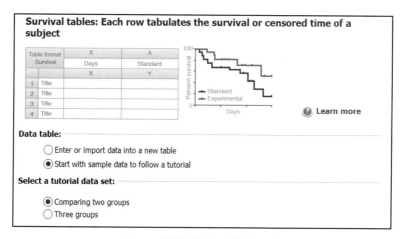

图 8-4　按照教程从示例数据开始

8.1.2　生存表可绘制的图表

在 Survival 数据表下选择导航浏览器的 Graphs 选项组中的 New Graph 选项，在弹出的如图 8-5 所示的 Create New Graph 对话框中查看可以绘制的图表。利用 Survival 输入的数据可以绘制的图表样式有 8 种，排除 Y 轴变换（生存率改为死亡率）产生的重复图表外，共 4 种图表类型：

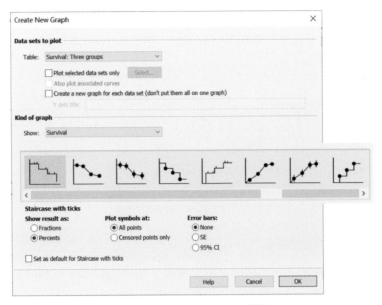

图 8-5 Create New Graph 对话框

（1）带误差线和删失标记的阶梯图（Staircase with ticks），最常用的生存曲线图。

（2）不带误差线的线连接点图（Point to point, no error bars）。

（3）带误差线的线连接点图（Point to point, error bars）。

（4）不带误差线但带删失标记的阶梯图（Staircase, points, no error bars）。

> 说明 在生存曲线显示中，参数 Show result as 用于设置生存率是以 Fractions（小数）还是以 Percents（百分比）显示；参数 Plot symbols at 用于设置符号显示在 All points（所有点）还是 Censored points only（删失点）上；Error bars 用于设置误差线显示为 None（无）、SE（标准误）还是 95%CI（置信区间）。

8.1.3 生存表可完成的统计分析

在临床研究中，生存曲线（又称 Kaplan-Meier 曲线）是最常用的曲线之一，旨在描述各组患者的生存状况。生存曲线是一种以时间为横轴，以生存率为纵轴，并将各个时间点对应的生存率连接起来的曲线。

生存率是观察对象的生成时间大于某时刻时的概率，其估计方法有非参数法和参数法两种，其中非参数法又包括寿命表法与 Kaplan-Meier 法。Kaplan-Meier 法只能用于研究单因素对生存时间的影响。

生存率的假设检验方法也有非参数法和参数法两种，其中 GraphPad Prism 支持非参数法中的 Log-rank 检验（也称为 Mantel-Cox 检验）与 Wilcoxon-Gehan 检验（也称为 Breslow 检验）。

在 GraphPad Prism 中，利用生存表可进行的分析有：

（1）Kaplan-Meier：K-M 法（乘积极限法），单因素估计。

（2）Log-rank test：对数秩检验。

（3）Wilcoxon-Gehan test：Wilcoxon-Gehan 检验。

8.2　统计分析及图表绘制

利用 GraphPad Prism 的生存表数据可以进行生存分析并实现生存曲线的绘制，下面通过示例来讲解生存表数据的分析方法及图表绘制方法。

8.2.1　根据生存时间绘制生存曲线

【例 8-1】利用 GraphPad Prism 自带数据进行生存分析并绘制生存曲线，生存时间表如表 8-1 所示。

表8-1　生存时间表

| 控制组 | 46 | 46^+ | 64^+ | 78 | 124 | 130^+ | 150^+ | 150^+ | |
| 治疗组 | 9 | 26 | 43^+ | 46 | 64 | 75 | 100 | 130^+ | 15^0+ |

1. 导入 / 输入数据

（步骤 01）启动 GraphPad Prism，或执行菜单栏中的 File → New → New Project File 命令，在出现的 Welcome to GraphPad Prism 欢迎窗口左侧选择 Survival 选项。

（步骤 02）在欢迎窗口右侧的 Data table 选项组中单击 Start with sample data to follow a tutorial 单选按钮，在 Select a tutorial data set 选项组中单击 Comparing two groups 单选按钮，如图 8-6 所示。

（步骤 03）设置完成后，单击欢迎窗口中的 Create 按钮进入工作界面，显示的数据表如图 8-7 所示。其中 X 列是生存时间，Y 列为对应的组别，Y 值为 1 表示受试者死亡，Y 值为 0 表示受试者存活（删失数据）；Control 组共有 8 例患者，死亡 3 例；Treated 组共有 9 例患者，死亡 6 例。

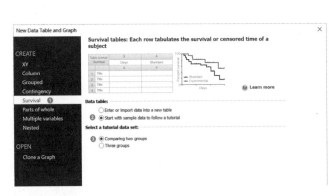

		X	Group A	Group B
		Days elapsed	Control	Treated
	✕	X	Y	Y
1	Title	46	1	
2	Title	46	0	
3	Title	64	0	
4	Title	78	1	
5	Title	124	1	
6	Title	130	0	
7	Title	150	0	
8	Title	150	0	
9	Title	9		1
10	Title	26		1
11	Title	43		0
12	Title	46		1
13	Title	64		1
14	Title	75		1
15	Title	100		1
16	Title	130		0
17	Title	150		0

图 8-6 选择样本数据　　　　　　　　　　　图 8-7 数据表

2．数据分析

GraphPad Prism 会自动分析生存数据而无须执行分析命令，只需查看链接的结果表和图表即可。

步骤 01 在左侧导航浏览器中，选择 Results 选项组中的 Survival of Survival: Two groups 选项，会弹出生存曲线分析结果。

> 💬说明 当采用旧版本时，GraphPad Prism 不能直接进行生存分析，此时就要将数据表置前，然后单击 Analysis 选项卡下的 📊 Analyze（分析）按钮，弹出如图 8-8 所示的 Analyze Data 对话框。选择分析数据后单击 OK 按钮，即可弹出一个提示框，然后继续单击 OK 按钮弹出如图 8-9 所示的 Parameters：Simple Survival Analysis (Kaplan-Meier) 对话框。

图 8-8 Analyze Data 对话框

图 8-9 Parameters：Simple Survival Analysis(Kaplan-Meier) 对话框

步骤 02 单击分析结果左上角的 ▦ （参数设置）按钮，同样会弹出如图 8-9 所示的 Parameters：Simple Survival Analysis (Kaplan-Meier) 对话框。

- Input 选项组中的 Deat/Event 默认设置为 1，表示死亡；Censored subject 为 0，表示存活（删失数据）。

- Curve comparison 选项组用于设置生存率比较方法，即对两条或多条生存曲线的比较，默认情况下使用 Log-rank（Mantel-Cox test）及 Gehan-Breslow-Wilcoxon test 两种非参数检验方法。

- Style 选项组用于设置生存曲线样式，默认采用 Survival（Percent）百分比存活率，当然也可以选择 Death（Percent）百分比死亡率、Survival（Fraction）小数存活率、Death（Fraction）小数死亡率显示样式。生存曲线上的误差线默认选用为 None，也可以设置为 SE 或 95%CI 的形式。

步骤 03 通过上述方法获得的生存曲线分析结果如图 8-10 所示。其中：

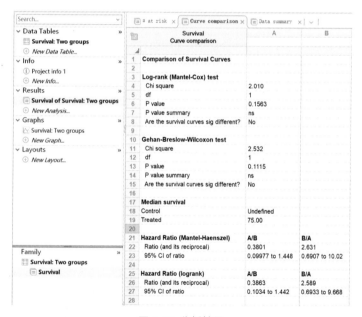

图 8-10　分析结果

① 由 Log-rank(Mantel-Cox) text 检验结果可知，卡方值为 2.010，P 值为 0.156>0.05，说明 Control 组和 Treated 组之间生存情况对比无明显差异。

② 由 Gehan-Breslow-Wilcoxon test 检验得到 P 值为 0.1115，也大于 0.05，同样表明两组生存情况对比无明显差异。

③ Hazard Ratio 为分别通过 Mantel-Haenszel 检验和 Log-rank 检验后的风险比以及 95% 置信区间，A/B 在本示例中指的是 Control/Treated，即 Control 组相对于 Treated 组的风险比；B/A 同理。

> 说明　在早期删失很大一部分研究参与者时，Gehan-Breslow-Wilcoxon 检验的结果可能会产生误导。而对数秩检验（Log-rank），给所有时间点的观察结果赋予相同的权重，检验更标准。

3．生成图表

步骤 01　在左侧导航浏览器中，单击 Graphs 选项组中的 Survival: Two groups 选项，弹出 Change Graph Type 对话框。

步骤 02　根据需要在对话框中选择满足要求的图表类型，此处默认选择带误差线和删失标记的阶梯图，并保持其余参数为默认设置，如图 8-11 所示。

步骤 03　单击 OK 按钮完成设置，此时生成的图表如图 8-12 所示，此图为黑白显示。

> 说明　在生存曲线中，采用竖线符号（|）表示删失数据，在默认生成的图中，粗短线条展示的即为删失数据。

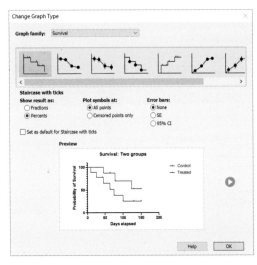

图 8-11　Change Graph Type 对话框

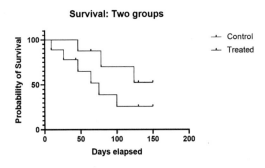

图 8-12　生成的图表

生存曲线不仅可以用于生存率的比较，还可以用于绘制其他结果为二分类变量的分析，包括但不限于是否转移、是否再生等。

4．图表修饰

步骤 01 单击 Change 选项卡下的 ⬤▾（改变颜色）按钮，在弹出的配色方案快捷菜单中执行 Colors 命令，此时图形区颜色发生了变化，如图 8-13 所示。

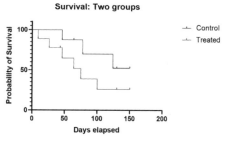

图 8-13 更改配色方案

步骤 02 双击坐标轴，在弹出的 Format Axes 对话框中对坐标轴进行精细修改；也可以对坐标轴标题、图表题、图例等进行修改；还可以在图形中添加内容，这里就不再介绍。效果如图 8-14 所示。

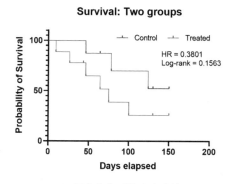

（a）调整美化后的生存曲线

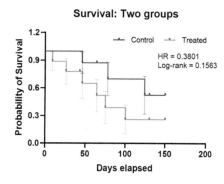

（b）Y 轴小数显示及带 SE 的效果

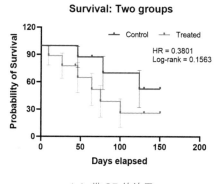

（c）带 SE 的效果

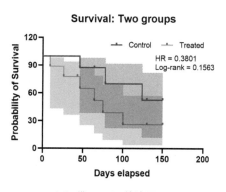

（d）带 95%CI 的效果

图 8-14 生存曲线效果

8.2.2 根据起止时间绘制生存曲线

【例 8-2】针对受试者的实际记录情况进行生存分析并绘制生存曲线，其中，Group A 列对应的 Control 组共有 10 例患者，死亡 8 例；Group B 列对应的 Treatment A 组共有 10 例患者，死亡 8 例；Group C 列对应的 Treatment B 组共有 7 例患者，死亡 6 例。Y 值为 1 表示受试者死亡，Y 值为 0 表示受试者存活（删失数据）。生存实验数据表如表 8-2 所示。

表8-2 生存实验数据表

代号	发现时间	结束时间	对照组	治疗组A	治疗组B
CO	2020/3/6	2020/5/6	1		
NT	2020/3/12	2020/4/30	1		
RO	2020/2/2	2020/6/4	0		
LT	2020/4/12	2020/5/29	1		
RE	2020/1/8	2020/9/2	1		
AT	2020/2/18	2021/1/26	1		
ME	2020/8/22	2020/12/26	1		
NT	2020/3/6	2020/10/11	1		
WO	2020/1/5	2020/12/22	1		
RK	2020/2/3	2021/2/17	0		
PL	2020/4/15	2020/7/8		1	
AC	2020/2/12	2020/12/29		1	
EB	2020/4/28	2020/12/3		1	
OT	2020/3/26	2020/7/16		0	
RE	2020/3/13	2020/8/26		0	
AT	2020/3/1	2020/8/25		1	
ME	2020/1/16	2020/9/4		1	
NT	2020/3/27	2020/10/13		1	
XX	2020/2/28	2020/10/5		1	
XY	2020/2/7	2020/9/26		1	
BO	2020/1/24	2020/10/10			1
OW	2020/3/16	2021/2/5			1
HO	2020/3/12	2021/2/19			1
TO	2020/1/6	2021/1/8			1
YO	2020/4/10	2020/12/14			0
UT	2020/2/7	2020/11/29			1
OO	2020/3/28	2021/3/16			1

1. 导入 / 输入数据

步骤 01 启动 GraphPad Prism，或执行菜单栏中的 File → New → New Project File 命令，在出现的 Welcome to GraphPad Prism 欢迎窗口左侧选择 Survival 选项。

步骤 02 在欢迎窗口右侧的 Data table 选项组中单击 Enter or import data into a new table 单选按钮，在 Options 选项组中单击 Enter a starting and ending data 单选按钮，如图 8-15 所示。

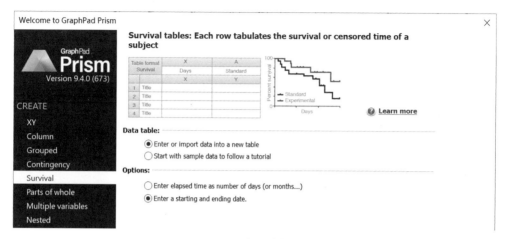

图 8-15　选择样本数据

步骤 03 设置完成后，单击欢迎窗口中的 Create 按钮进入工作界面，显示的数据表如图 8-16 所示。

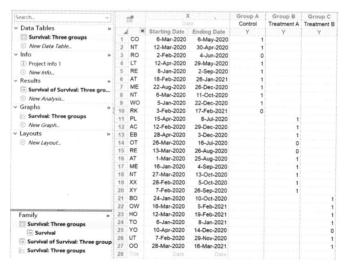

图 8-16　数据表

2．数据分析

步骤 01 在左侧导航浏览器中，选择 GraphPad Results 选项组中的 Survival of Survival: Three groups 选项，会弹出生存曲线分析结果。

说明 当采用旧版本时，GraphPad Prism 不能直接进行生存分析，此时就要将数据表置前，然后单击 Analysis 选项卡下的 ▣Analyze（分析）按钮，弹出如图 8-17 所示的 Analyze Data 对话框。选择分析数据后单击 OK 按钮，即可弹出一个提示框，然后继续单击 OK 按钮弹出如图 8-18 所示的 Parameters：Simple Survival Analysis (Kaplan-Meier) 对话框。

图 8-17 Analyze Data 对话框

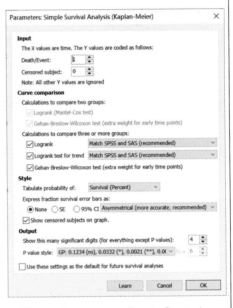

图 8-18 Parameters：Simple Survival Analysis(Kaplan-Meier) 对话框

步骤 02 单击分析结果左上角的 （参数设置）按钮，同样会弹出如图 8-18 所示的 Parameters：Simple Survival Analysis (Kaplan-Meier) 对话框。其中 Input 选项组中的 Deat/Event 默认设置为 1，表示死亡；Censored subject 为 0，表示存活（删失数据）。

步骤 03 通过上述方法获得的生存曲线分析结果如图 8-19 所示。其中：

① 由 Log-rank(Mantel-Cox) text 检验结果可知，卡方值为 5.552，P Value（P 值）为 0.0623>0.05，说明各组之间生存情况对比无明显差异。

② 由 Gehan-Breslow-Wilcoxon test 检验得到 P 值为 0.0471 小于 0.05，表明各组生存情况对比有明显差异。

上述不同的检验方法得到的检验结果并不一致，实际工作中通常推荐采用 Log-rank(Mantel-Cox) text 的检验结果。

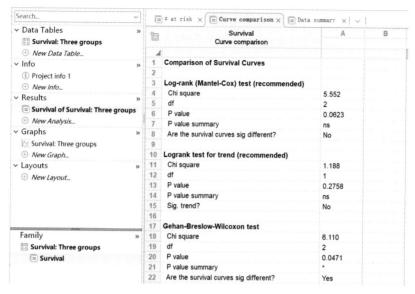

图 8-19　分析结果

3. 生成图表

步骤 01 在左侧导航浏览器中，单击 Graphs 选项组中的 Survival: Three groups 选项，弹出 Change Graph Type 对话框。

步骤 02 根据需要在对话框中选择满足要求的图表类型，此处默认选择带误差线和删失标记的阶梯图，并保持其余参数为默认设置，如图 8-20 所示。

步骤 03 单击 OK 按钮完成设置，此时生成的图表如图 8-21 所示，此图为黑白显示。

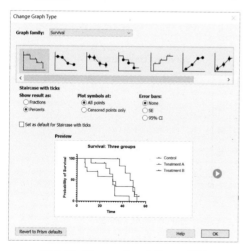

图 8-20　Change Graph Type 对话框

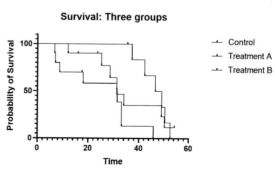

图 8-21　生成的图表

4．图表修饰

步骤 01 单击 Change 选项卡下的 🌑▾（改变颜色）按钮，在弹出的配色方案快捷菜单中执行 Colors 命令，此时图形区颜色发生了变化，如图 8-22 所示。

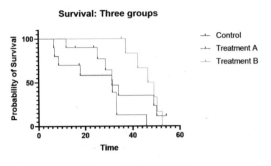

图 8-22　更改配色方案

步骤 02 双击坐标轴，在弹出的 Format Axes 对话框中对坐标轴进行精细修改；也可以对坐标轴标题、图表题、图例等进行修改；还可以在图形中添加内容，这里就不再介绍，效果如图 8-23 所示。

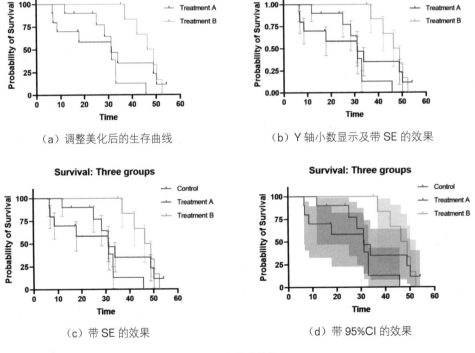

（a）调整美化后的生存曲线　　　　　　（b）Y 轴小数显示及带 SE 的效果

（c）带 SE 的效果　　　　　　（d）带 95%CI 的效果

图 8-23　生存曲线效果

8.3　本章小结

　　本章详细讲解了生存表的样式，对生存表可绘制的图表进行了介绍；结合生存表的特点通过示例讲解了如何在 GraphPad Prism 中绘制生存曲线图等。通过本章的学习读者基本能够利用生存表数据进行生存曲线图表的绘制及研究单因素对生存时间的影响。

第9章
局部整体表及其图表描述

当需要了解每个数值占总数的比例时，可以使用局部整体表（Parts of whole），该表格数据适用于制作饼图、切片图。通常使用 GraphPad Prism 进行的统计分析包括统计部分占总体的比例、拟合优度卡方检验等。

学习目标：

- ★ 掌握局部整体表数据的输入方法。
- ★ 掌握局部整体表数据的图表绘制流程。
- ★ 掌握拟合优度卡方检验方法。

9.1 局部整体表数据的输入

整体部分表是 GraphPad Prism 中使用频率较低的一种数据表格类型，当需要分析部分占总体的比例或比较所观察的分布与理论分布有无差别时使用。

9.1.1 输入界面

整体部分表的输入界面比较简单，启动 GraphPad Prism 后，在弹出的 Welcome to GraphPad Prism 欢迎窗口中选择 Parts of whole（整体部分表）。

1. 在新表中输入或导入数据

在欢迎窗口中选择 Parts of whole 后，在右侧 Data table 选项组中单击 Enter or import data into a new table 单选按钮，表示在新表中输入或导入数据。局部整体表下方 Options 选项组中不出现任何选项，如图 9-1 所示。

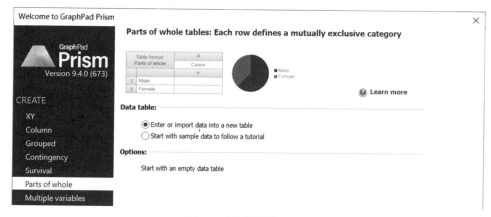

图 9-1　选择样本数据格式

单击欢迎窗口右下角的 Create 按钮，即可创建一个空的局部整体表，生成该表时会出现一个提示框，如图 9-2 所示。在该表下可以导入或输入数据。

图 9-2　局部整体表格式

2. 按照教程从示例数据开始

在欢迎窗口右侧 Data table 选项组中单击 Start with sample data to follow a tutorial 单选按钮，表示将按照教程从示例数据开始，如图 9-3 所示。

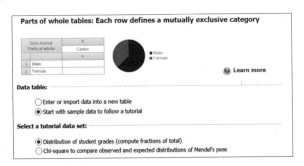

图 9-3 按照教程从示例数据开始

9.1.2 整体部分表可绘制的图表

在 Parts of whole 数据表下选择导航浏览器中的 Graphs 选项组中的 New Graph 选项，弹出如图 9-4 所示的 Create New Graph 对话框，在该对话框中查看可以绘制的图表，包括 Pie（饼图）、Donut（圆环图）、Horizontal Slices（水平切片图）、Vertical slices（垂直切片图）及 10×10 dot plot（百分比点图）5 种。其中：

图 9-4 Create New Graph 对话框

（1）Pie（饼图）的每个切片代表整体的一部分，通常切片大小用于显示百分比，扇区的总和为 100%，要求数据没有零或负值。

（2）Donut（圆环图）与饼图的差别在于圆环图是在饼图的基础上扣掉中间区域部分。

（3）Horizontal slices（水平切片图）与 Vertical slices（垂直切片图）是将圆环图沿着某条分界线拉直展开，与圆环图相比，切片图表现得更为直观。

（4）10×10 dot plot（百分比点图）是以 10×10 的原形点矩阵展示各分类数据的占比，利用该图可以直观地读出百分比。

9.1.3　整体部分表可完成的统计分析

在 GraphPad Prism 中，整体部分表可以进行的分析有：

（1）Fraction of total：局部占总体的比例，计算行、列和总数的百分比，通常用饼图表示。

（2）Chi-square goodness of fit (compare observed distribution with theoretical distribution)：拟合优度卡方检验（比较所观察的分布与理论分布），用来推断两个总体率和构成比之间有无差异。

9.2　统计分析及图表绘制

利用 GraphPad Prism 的局部整体表数据可以实现饼图、圆环图、切片图、百分比点图的绘制，下面通过示例来讲解如何利用局部整体表进行图表绘制。

9.2.1　局部占总体的比例

【例 9-1】某小学四年级语文成绩摸底，成绩共分为优、良、中、差四个级别，试根据各个成绩段的人数确定学生数占总人数的百分比，并通过不同的图表形式进行展示。

1. 导入 / 输入数据

步骤 01　启动 GraphPad Prism，或执行菜单栏中的 File → New → New Project File 命令，在出现的 Welcome to GraphPad Prism 欢迎窗口左侧选择 Parts of whole 选项。

步骤 02　在欢迎窗口右侧的 Data table 选项组中单击 Enter or import data into a new table 单选按钮，如图 9-5 所示。

步骤 03　设置完成后，单击欢迎窗口中的 Create 按钮进入工作界面，输入数据并更改数据表的名称，如图 9-6 所示。

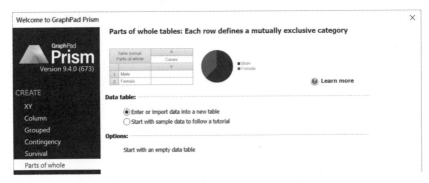

图 9-5 选择样本数据格式

图 9-6 数据表

2．数据分析

步骤 01 单击 Analysis 选项卡下的 ☰Analyze（分析）按钮，在弹出的 Analyze Data 对话框左侧的分析类型中选择 Parts of whole analyses 下的 Fraction of total 选项，在右侧数据集中默认勾选所有数据，如图 9-7 所示。

步骤 02 单击 OK 按钮，即可进入 Parameters: Fraction of total 对话框，参数设置如图 9-8 所示。

图 9-7 Analyze Data 对话框

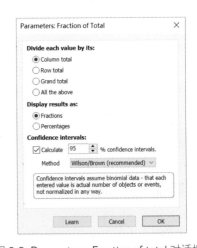

图 9-8 Parameters: Fraction of total 对话框

步骤 03 单击 OK 按钮退出对话框，完成参数设置，此时弹出如图 9-9 所示的分析结果，结果给出了每个分数段学生占总数的比例。利用该结果即可进行图表绘制。

	A Number of students		
	Mean	Upper Limit	Lower Limit
1 Excellent	0.355	0.434	0.284
2 Good	0.382	0.461	0.308
3 Average	0.211	0.282	0.153
4 Poor	0.053	0.100	0.027
5			

图 9-9 分析结果

3. 生成饼图

步骤 01 在左侧导航浏览器中，选择 Graphs 选项组中的 Number of students 选项，弹出 Change Graph Type 对话框。

步骤 02 根据需要在对话框中选择饼图进行显示，如图 9-10 所示。单击 OK 按钮完成设置，此时生成的图表如图 9-11 所示。

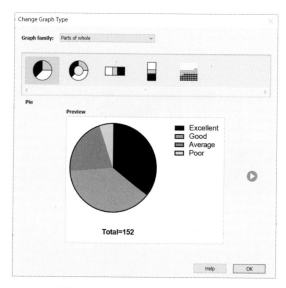

图 9-10 Change Graph Type 对话框

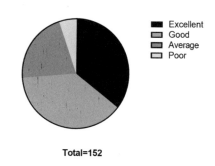

图 9-11 生成的图表

步骤 03 单击 Change 选项卡下的 （改变颜色）按钮，在弹出的配色方案快捷菜单中执行 Colors 命令，此时图形区颜色发生了变化，如图 9-12 所示。

步骤 04 单击 Change 选项卡下的 （格式化图）按钮，在弹出的 Format Graph 对话框中进行如图 9-13 所示的设置，中间过程可单击 Apply 按钮实时观察设置效果，设置完成后单击 OK 按钮。

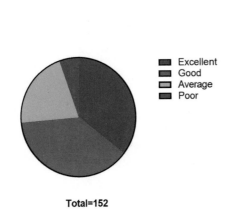

图 9-12 图表配色

图 9-13 Format Graph 对话框

如图 9-14 所示是勾选 Value 复选框，取消勾选 Outer 复选框后的效果，如图 9-15 所示为在前面的基础上将 Slice 修改为 Explode 后的效果。

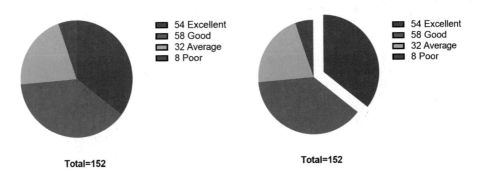

图 9-14 添加数量显示　　　　　　　　　　图 9-15 展开效果

前面的图表采用原始数据进行展示，下面采用占比的方式进行图表展示。

步骤01 在左侧导航浏览器中，选择 Graphs 选项组中的 New Graph 选项，弹出 Create New Graph 对话框。

步骤02 根据需要在对话框中选择饼图进行显示，如图 9-16 所示。单击 OK 按钮完成设置，此时生成的图表如图 9-17 所示。

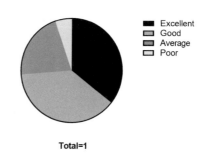

图 9-16　Create New Graph 对话框　　　　　　图 9-17　生成的图表

步骤 03 单击 Change 选项卡下的 🎨▾（改变颜色）按钮，在弹出的配色方案快捷菜单中执行 Waves 命令，此时图形区颜色发生了变化，如图 9-18（a）所示。

步骤 04 同上面的操作，单击 Change 选项卡下的 📊（格式化图）按钮，在弹出的 Format Graph 对话框中进行设置，中间过程可单击 Apply 按钮实时观察设置效果。设置完成后单击 OK 按钮，不同设置得到的效果如图 9-18（b）、（c）、（d）所示。

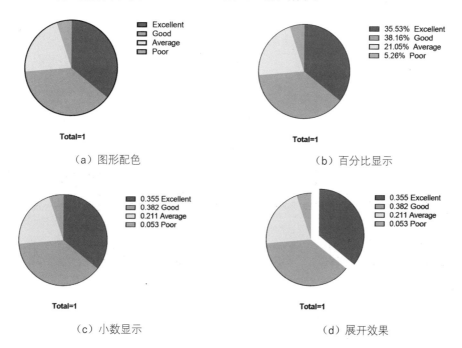

（a）图形配色　　　　　　　　　　　　　　（b）百分比显示

（c）小数显示　　　　　　　　　　　　　　（d）展开效果

图 9-18　使用占比方式进行图表展示

4．生成圆环图、切片图、百分比点图

要生成圆环图，只需在 Change Graph Type 对话框中选择圆环图，其余操作同生成饼图的操作一样，具体操作步骤不再描述，图表的展示效果如图 9-19 所示。

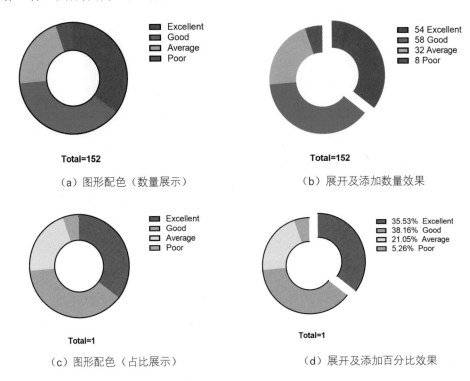

（a）图形配色（数量展示）　　　　　　（b）展开及添加数量效果

（c）图形配色（占比展示）　　　　　　（d）展开及添加百分比效果

图 9-19 圆环图展示

同样地，利用生成饼图的方法还可以生成切片图、百分比点图，具体操作步骤不再描述，图表的展示效果如图 9-20 所示。

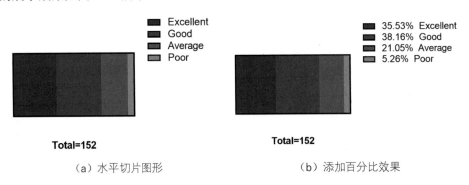

（a）水平切片图形　　　　　　（b）添加百分比效果

图 9-20 图表展示

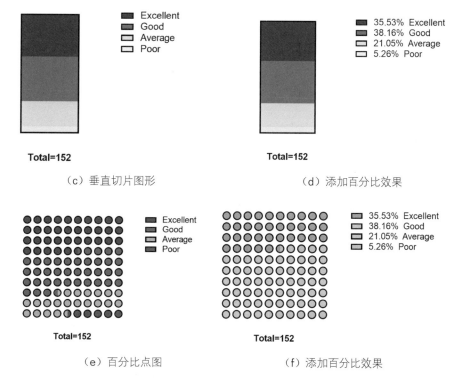

（c）垂直切片图形　　　　　　　　　　（d）添加百分比效果

（e）百分比点图　　　　　　　　　　（f）添加百分比效果

图 9-20　图表展示（续）

9.2.2　拟合优度卡方检验

拟合优度卡方检验是用卡方统计量进行统计显著性检验的重要内容之一。它是依据总体分布状况，计算出分类变量中各类别的期望频数，与分布的观察频数进行对比，判断期望频数与观察频数是否有显著差异，从而达到从分类变量中进行分析的目的。

拟合优度卡方检验是用来检验观测数与依照某种假设或分布模型计算得到的理论数之间的一致性的一种统计假设检验，以便判断该假设或模型是否与实际观测数相吻合。

【例 9-2】根据孟德尔著名实验之一豌豆杂交实验的实际数据（实际收获的黄色圆粒、绿色圆粒、黄色皱粒、绿色皱粒的豌豆数分别为 315、108、101、32，理论上的期望值分别为 312.75、104.25、104.25、34.75），试对实际收获值与基于现在所知的孟德尔遗传学的理论期望值进行比较。

> 🎮➕说明　孟德尔在做两对相对性状的杂交实验时发现基因分离比为 9:3:3:1，即黄色圆粒 : 绿色圆粒 : 黄色皱粒 : 绿色皱粒 =9:3:3:1。

1. 导入 / 输入数据

步骤 01 启动 GraphPad Prism，或执行菜单栏中的 File → New → New Project File 命令，在出现的 Welcome to GraphPad Prism 欢迎窗口左侧选择 Parts of whole 选项。

步骤 02 在欢迎窗口右侧的 Data table 选项组中单击 Enter or import data into a new table 单选按钮，如图 9-21 所示。

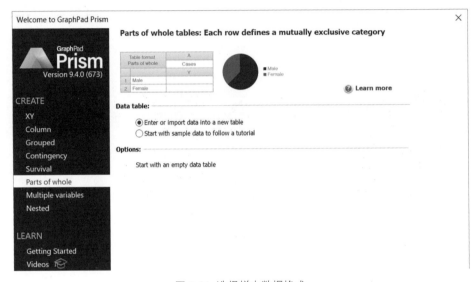

图 9-21 选择样本数据格式

步骤 03 设置完成后，单击欢迎窗口中的 Create 按钮进入工作界面，输入数据并更改数据表的名称，如图 9-22 所示。

图 9-22 数据表

2. 数据分析

步骤 01 单击 Analysis 选项卡下的 ⊟Analyze（分析）按钮，在弹出的 Analyze Data 对话框左侧的分析类型中选择 Parts of whole analyses 下的 Compare observed distribution with expected 选项，在右侧数据集中默认勾选所有数据，如图 9-23 所示。

步骤 02 单击 OK 按钮，即可进入 Parameters: Compare observed distribution with expected 对话框，在 Enter expected values as：选项组中单击 Actual numbers of objects or events 单选按钮，同时在 Expected distribution 选项组中输入期望值 312.75、104.25、104.25、34.75，如图 9-24 所示。

图 9-23 Analyze Data 对话框

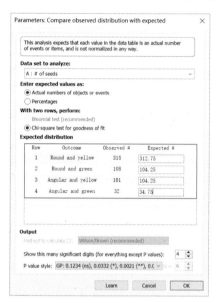

图 9-24 Parameters：Compare observed distribution with expected 对话框

步骤 03 单击 OK 按钮退出对话框，完成参数设置，此时弹出如图 9-25 所示的分析结果。结果表明观察值与理论值之间没有显著差异（P=0.9254＞0.05）。

	O vs. E	A	B	C	D
1	Table analyzed	Pea cross experiment			
2	Column analyzed	Column A			
3					
4	**Chi-square test**				
5	Chi-square	0.4700			
6	DF	3			
7	P value (two-tailed)	0.9254			
8	P value summary	ns			
9	Is discrepancy significant (P < 0.05)?	No			
10					
11	**Outcome**	**Expected #**	**Observed #**	**Expected %**	**Observed %**
12	Round and yellow	312.8	315	56.25	56.65
13	Round and green	104.3	108	18.75	19.42
14	Angular and yellow	104.3	101	18.75	18.17
15	Angular and green	34.75	32	6.250	5.755
16	TOTAL	556.0	556.0	100.0	100.00

图 9-25 分析结果

3. 生成百分比点图

步骤 01 在左侧导航浏览器中，选择 Graphs 选项组中的 Pea cross experiment 选项，弹出 Change Graph Type 对话框。

步骤 02 根据需要在对话框中选择百分比点图进行显示,如图 9-26 所示。单击 OK 按钮完成设置,此时生成的图表如图 9-27 所示。

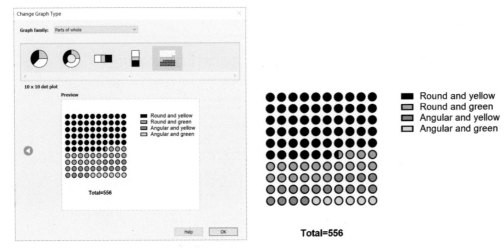

图 9-26 Change Graph Type 对话框   图 9-27 生成的图表

步骤 03 单击 Change 选项卡下的 🔵▾(改变颜色)按钮,在弹出的配色方案快捷菜单中执行 Floral 命令,此时图形区颜色发生了变化,如图 9-28 所示。

步骤 04 单击 Change 选项卡下的 📈(格式化图)按钮,在弹出的 Format Graph 对话框中进行设置,如图 9-29 所示勾选 Percentage 复选框,取消勾选 Outer 复选框,中间过程可单击 Apply 按钮实时观察设置效果,设置完成后单击 OK 按钮。最终效果如图 9-30 所示。

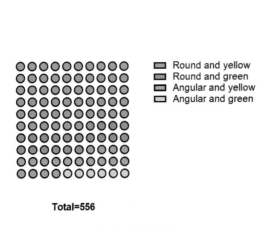

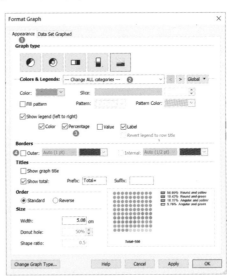

图 9-28 图表配色   图 9-29 Format Graph 对话框

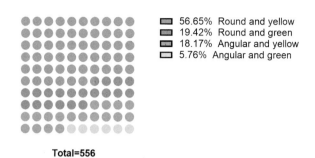

Total=556

图 9-30　图表最终效果

> 说明　本例中只给出了百分比点图的绘制，同例 9-1 一样，也可以绘制饼图、切片图等，读者可以根据例 9-1 的方法自行绘制，这里就不再赘述。

9.3　本章小结

　　本章详细讲解了局部整体表的样式，对局部整体表可绘制的图表进行了讲解；结合局部整体表的特点通过示例讲解了如何在 GraphPad Prism 中绘制饼图、切片图、百分比点图等。通过本章的学习读者基本能够利用局部整体表数据进行相关图表的绘制及拟合优度卡方检验分析。

第 10 章
多变量表及其图表描述

多变量表的排列方式与大多数统计学软件组织数据相同。每行代表一个"观察"（实验、动物等），每列代表一个不同的变量，多变量表格中无子列。多变量表多用于高级统计分析绘图，包括相关矩阵计算、多元线性回归分析、多元逻辑回归分析、主成分（PCA）分析等。

学习目标：

★ 掌握多变量表数据的输入方法。

★ 掌握多变量表数据的图表绘制流程。

★ 掌握多变量表数据的统计分析方法。

10.1 多变量表数据的输入

多变量表不同于 GraphPad Prism 以其他方式创建的数据表，其每一列代表一个单独的变量，每一行代表一个单独的观测值，数据表允许直接输入文本（非数字）。

10.1.1 输入界面

多变量表的输入界面比较简单，启动 GraphPad Prism 后，在弹出的 Welcome to GraphPad Prism 欢迎窗口中选择 Multiple variables（多变量表）。

1. 在新表中输入或导入数据

在欢迎窗口中选择 Multiple variables 后，在右侧 Data table 选项组中单击 Enter or import data into a new table 单选按钮，表示在新表中输入或导入数据。多变量表下方的 Options 选项组中不出现任何选项，如图 10-1 所示。

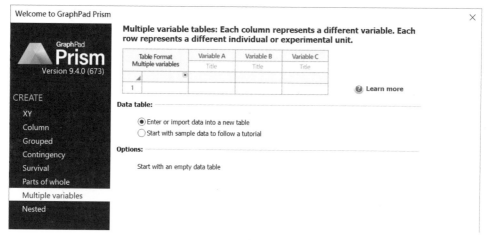

图 10-1 欢迎窗口

单击欢迎窗口右下角的 Create 按钮，即可创建一个空的多变量表，生成该表时会出现一个提示框，如图 10-2 所示。在该表下可以导入或输入数据。

	Variable A	Variable B	Variable C	Variable D	Variable E	Variable F	Variable G
	Title	Title	Title	Title	Title	Title	Title
1							
2							
3							
4							
5							
6							

图 10-2 多变量表数据格式

2. 按照教程从示例数据开始

在欢迎窗口右侧 Data table 选项组中单击 Start with sample data to follow a tutorial 单选按钮，表示将按照教程从示例数据开始，如图 10-3 所示。

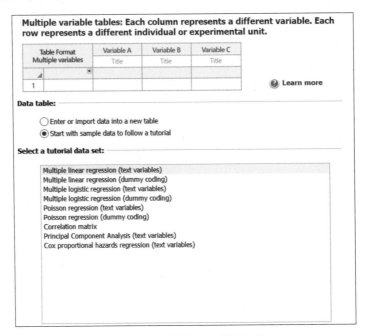

图 10-3　按照教程从示例数据开始

10.1.2　多变量表可绘制的图表

在 Multiple variables 数据表下单击导航浏览器中的 Graphs 选项组中的 New Graph 选项，弹出如图 10-4 所示的 Create New Graph 对话框，在该对话框中查看可以绘制的图表样式。可以绘制的图表样式为 Bubble Plot（气泡图）。气泡图与散点图相似，不同之处在于气泡图允许在图表中额外用不同大小的圆圈和填充的颜色表示变量，这就像以二维方式绘制包含三个或四个变量的图表一样。气泡图的 X 轴变量、Y 轴变量、颜色、尺寸等可以在 Create New Graph 对话框下面的选项中进行设置。

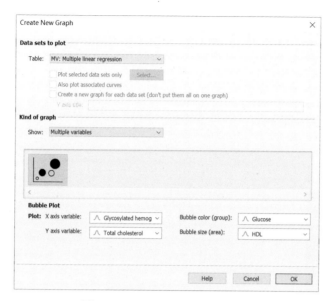

图 10-4　Create New Graph 对话框

10.1.3　多变量表可完成的统计分析

在 GraphPad Prism 中，多变量表可进行的分析有：

（1）Correlation matrix：相关矩阵计算。

（2）Multiple linear regression：多元线性回归。

（3）Multiple logistic regression：多元逻辑回归分析。

（4）Principle Components Analysis (PCA)：主成分分析。

（5）Extract and rearrange portions of the data onto a new table：提取部分数据并重新排列到新表格中。

（6）Transform and select：变换和选择。

（7）Identify outliers：识别异常值。

（8）Descriptive statistics：描述性统计。

（9）Poisson regression：泊松回归分析。

10.1.4　多变量表数据变换与选择

在多变量表中可以实现变量数据的变换与选择，下面通过一个示例来展示其实现方法。

【例 10-1】对数据进行转换操作。

1. 导入 / 输入数据

步骤 01 启动 GraphPad Prism，或执行菜单栏中的 File → New → New Project File 命令，在出现的 Welcome to GraphPad Prism 欢迎窗口左侧选择 Multiple variables 选项。

步骤 02 在欢迎窗口右侧的 Data table 选项组中单击 Enter or import data into a new table，如图 10-5 所示。

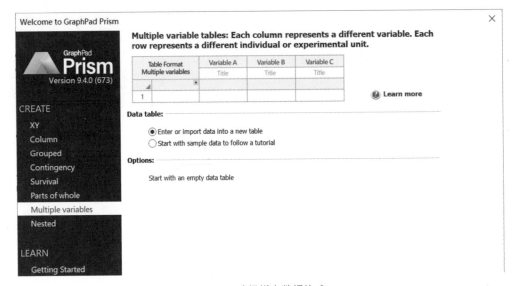

图 10-5 选择样本数据格式

步骤 03 设置完成后，单击欢迎窗口中的 Create 按钮进入工作界面，输入数据并更改数据表的名称，如图 10-6 所示。

		Variable A	Variable B	Variable C	Variable D
		Data Set-A	Data Set-B	Data Set-C	Title
1		1	1	28	
2		5	5	29	
3		8	8	19	
4		37	37	37	
5		28	28	28	
6		32	32	32	
7		234	234	34	
8		533	533	33	
9		138	138	38	
10		600	600	600	

图 10-6 数据表

2. 数据变换

步骤 01 单击 Analysis 选项卡下的 ≡Analyze（分析）按钮，在弹出的 Analyze Data 对话框左侧的分析类型中选择 Multiple variables analyses 下的 Select and transform 选项，在右侧数据集中默认勾选所有数据，如图 10-7 所示。

步骤 02 单击 OK 按钮，即可进入 Parameters: Select and Transform 对话框，参数设置如图 10-8 所示。在这里我们假设对变量 A 取平方根，对变量 B 取以 2 为底的对数，对变量 C 取正弦（弧度单位）。在 GraphPad Prism 中用于定义方程的函数如表 10-1 所示。

图 10-7 Analyze Data 对话框

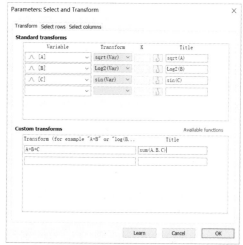

图 10-8 Parameters: Select and Transform 对话框

表10-1 定义方程的函数

函数	等效Excel	解释
abs(k)	abs(k)	绝对值
arccos(k)	acos(k)	余弦，结果以弧度表示
arccosh(k)	acosh(k)	双曲线反余弦
arcsin(k)	asin(k)	Arcsine，结果以弧度表示
arcsinh(k)	asinh(k)	双曲线反正弦，结果以弧度表示
arctan(k)	atan(k)	反正切，结果以弧度表示
arctanh(k)	atanh(k)	双曲线正切，K以弧度表示
arctan2(x,y)	atan2(x,y)	y/x的反正切，结果以弧度表示
besselj(n,x)	besselj(x，n)	整数阶J Bessel，N=0,±1,±2···
bessely(n,x)	bessely(x,n)	整数阶Y Bessel，N=0,±1,±2···
besseli(n,x)	besseli(x,n)	整数阶I修改Bessel，N=0,±1,±2···

（续表）

函数	等效Excel	解释
besselk(n,x)	besselk(x,n)	整数阶K修改Bessel，N=0，±1，±2…
beta(j,k)	exp(gammaln(j)+gammaln(k)-gammaln(j+k))	β函数
binomial(k,n,p)	1-binomdist(k,n,p,true)+binomdist(k,n,p,false)	Binomial.n次试验中k次或以上"成功"的概率，每次试验均有"成功"的概率p
chidist(x2,v)	chidist(x2,v)	卡方P值=v自由度x2
chiinv(p,v)	chiinv(p,v)	具有v自由度的指定P值的卡方值
ceil(k)	（无等效值）	不小于k的最近整数。ceil(2.5)=3.0，ceil(-2.5)=-2.0
cos(k)	cos(k)	余弦，K以弧度表示
cosh(k)	cosh(k)	双曲余弦，K以弧度表示
deg(k)	degrees(k)	将k弧度转换为角度
erf(k)	2*normsdist(k*sqrt(2))-1	误差函数
erfc(k)	2-2*normsdist(k*sqrt(2))	误差函数，补数
exp(k)	exp(k)	e的k次幂
floor(k)	（无等效值）	k以下的下一个整数，如floor(2.5)=2.0，floor(-2.5)=-3.0
fdist(f,v1,v2)	fdist(f,v1,v2)	分子为v1自由度，分母为v2的F分布的P值
finv(p,v1,v2)	finv(p,v1,v2)	F比率对应于具有v1和v2自由度的P值
gamma(k)	exp(gammaln(k))	γ函数
gammaln(k)	gammaln(k)	γ函数的自然对数
hypgeometricm(a,b,x)	（无等效值）	超几何M
hypgeometricu(a,b,x)	（无等效值）	超几何U
hypgeometricf(a,b,c,x)	（无等效值）	超几何F
ibeta(j,k,m)	（无等效值）	不完整β
if(condition,j,k)	（类似于excel）	如果条件为真，则结果为j，否则结果为k
igamma(j,k)	gammadist(k,j,1,TRUE)	不完整γ
igammac(j,k)	1-gammadist(k,j,1,TRUE)	不完整γ，补数
int(k)	trunc()	截断分数，如int(3.5)=3，int(-2.3)=-2
ln(k)	ln(k)	自然对数
log(k)	log10(k)	以10为底的对数
max(j,k)	max(j,k)	最多两个值
min(j,k)	min(j,k)	至少两个值
j mod k	mod(j,k)	j除以k后的余数（模数）
psi(k)	（无等效值）	Psi(Ψ)函数。γ函数的导数
rad(k)	radians(k)	将k度转换为弧度

（续表）

函数	等效Excel	解释
round(k,j)	round(k,j)	将数字k四舍五入，在小数点后显示j位数字
sgn(k)	sign(k)	k符号：k>0，sgn(k)=1；k<0，sgn(k)=-1；k=0，sgn(k)=0
sin(k)	sin(k)	正弦，K以弧度表示
sinh(k)	sinh(k)	双曲正弦，K以弧度表示
sqr(k)	k*k	平方
sqrt(k)	sqrt(k)	平方根
tan(k)	tan(k)	正切，K以弧度表示
tanh(k)	tanh(k)	双曲线正切，K表示弧度
tdist(t,v)	tdist(t,v,1)，t.dist(t,v,true)	T分布。P值（单尾）对应于具有v自由度的t的特异性值
tinv(p,v)	tinv(p,v)	t比率对应于具有v个自由度的双尾P值
zdist(z)	normsdist(z)、norm.s.dist(z, true)	高斯分布。P值（单尾）对应于z的特异性值
zinv(p)	normsinv	z比率对应于单尾P值

步骤 03 在 Select rows 选项卡中，勾选 Rows 复选框，设置 Form 为 1，to 为 6，如图 10-9 所示，意为选择 1～6 行数据并对其进行变换。在 Select columns 选项卡中确定需要变换的列，如图 10-10 所示，采用默认即可。

图 10-9 Select rows 选项卡

图 10-10 Select columns 选项卡

步骤 04 单击 OK 按钮退出对话框，完成参数设置，此时弹出如图 10-11 所示的选择变量及其变换后的结果。结果中给出了前 6 行的原始数据及变换数据。

	A	B	C	sqrt(A)	sum(A.B.C)	Log2(B)	sin(C)
	×						
1	1.000	1.000	28.000	1.000	30.000	0.000	0.271
2	5.000	5.000	29.000	2.236	39.000	2.322	-0.664
3	8.000	8.000	19.000	2.828	35.000	3.000	0.150
4	37.000	37.000	37.000	6.083	111.000	5.209	-0.644
5	28.000	28.000	28.000	5.292	84.000	4.807	0.271
6	32.000	32.000	32.000	5.657	96.000	5.000	0.551

图 10-11 分析结果

10.1.5 多变量表提取数据并重新排列

在多变量表中可以实现对部分数据进行提取并将提取的数据重新排列到新表格中，下面通过一个示例来展示其实现方法。

【例 10-2】对部分数据进行提取并重新排列到新表格中。

继续例 10-1，并将 Data Tables 中的 Transform and select 置前，执行下面的操作。

步骤 01 单击 Analysis 选项卡下的 ⊟Analyze（分析）按钮，在弹出的 Analyze Data 对话框左侧的分析类型中选择 Multiple variables analyses 下的 Extract and rearrange 选项，在右侧数据集中默认勾选所有数据，如图 10-12 所示。

图 10-12 Analyze Data 对话框

步骤 **02** 单击 OK 按钮，即可进入 Parameters: Extract and Rearrange 对话框，参数设置如图 10-13 所示。在 Format of results table 选项卡下的 Extract data into a table of this type 选项组中可以设置生成的新表为 XY 表、Column 表、Grouped 表和 Contingency 表，实际情况中根据自己的数据和目标选择合适的选项即可。本例中，选择 XY 表，用于线性和非线性回归。在 Data arrangement 选项卡中确定自变量和响应变量，如图 10-14 所示。

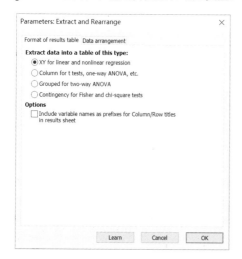

图 10-13　Parameters: Extract and Rearrange 对话框

图 10-14　Data arrangement 选项卡

步骤 **03** 单击 OK 按钮退出对话框，完成参数设置，此时弹出如图 10-15 所示的结果。结果中给出了可以用于线性或者非线性回归的数据格式（XY 表），利用该数据表即可进行线性回归等分析，具体可参阅 XY 表部分内容，这里不再赘述。

图 10-15　生成新格式的数据表（在 Results 中）

10.2 统计分析及图表绘制

利用 GraphPad Prism 的多变量表数据可以实现气泡图的绘制，以及相关矩阵分析、多元线性回归分析、多元逻辑回归分析、主成分分析等统计分析，下面通过示例来讲解如何利用多变量表进行这些操作。

10.2.1 气泡图

气泡图是多变量表数据可以绘制的图表，下面通过四变量数据讲解如何绘制气泡图。

【例 10-3】绘制气泡图。

1. 导入 / 输入数据

步骤01 启动 GraphPad Prism，或执行菜单栏中的 File → New → New Project File 命令，在出现的 Welcome to GraphPad Prism 欢迎窗口左侧单击 Multiple variables 选项。

步骤02 在欢迎窗口右侧的 Data table 选项组中单击 Enter or import data into a new table 单选按钮，如图 10-16 所示。

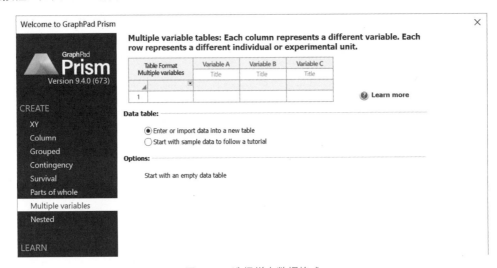

图 10-16 选择样本数据格式

步骤03 设置完成后，单击欢迎窗口中的 Create 按钮进入工作界面，输入数据并更改数据表的名称，如图 10-17 所示。

图 10-17　数据表

2．生成图表

步骤 01 在左侧导航浏览器中，选择 Graphs 选项组中的 New Graph 选项，弹出 Creat New Graph 对话框。

步骤 02 根据需要可以在对话框中设置气泡图显示参数，如图 10-18 所示。其中将 Hemoglobin 指定为 X 轴，将 Cholesterol 指定为 Y 轴，将 Glucose 指定为气泡颜色，将 HDL 指定为气泡大小。单击 OK 按钮完成设置，此时生成的图表如图 10-19 所示。

图 10-18　Creat New Graph 对话框

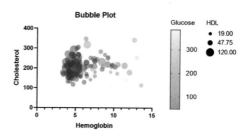

图 10-19　生成的图表

3．图表修饰

气泡图生成后即为彩色显示，但是图例部分的显示并不协调，因此我们需要进行适当的调整。

步骤 01 单击 Change 选项卡下的 ![图标] （格式化图）按钮，在弹出的 Format Graph 对话框中进行显示参数的设置，中间过程可单击 Apply 按钮实时观察设置效果。

- Axis Variables 选项组：用于设置坐标轴的变量，在生成图表时已设置过 X 轴、Y 轴的变量，当显示不满足自己要求时可再次进行修改，如图 10-20 所示。

- Symbols 选项组：用于修改符号（气泡），包括 Fill Color（填充颜色）、Size（大小）、Border（边缘）三个方面，如图 10-21 所示。

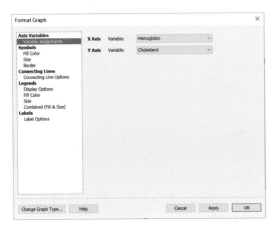

图 10-20 Axis Variables 选项组　　　　　图 10-21 Symbols 选项组

- Connecting Lines 选项组：用于主成分分析的载荷图，这里不进行讲解。

- Legends 选项组：用于设置图例的展示方式，包括 Display Options（展示选项）、Size（大小）、Border（边缘）及 Combined(Fill & Size)（组合）4 个选项。

- Labels 选项组：用于设置气泡图上的数据标签。

步骤 02 设置完成后单击 OK 按钮即可。在图中调节标签的位置及大小，最终效果如图 10-22 所示。

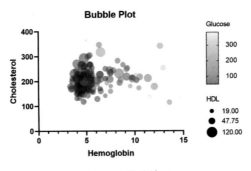

图 10-22 最终效果

步骤 03 尝试将 Hemoglobin 指定为 X 轴，将 Glucose 指定为 Y 轴，将 Cholesterol 指定为气泡颜色，将 HDL 指定为气泡大小，对图表进行修饰后显示效果如图 10-23 所示。

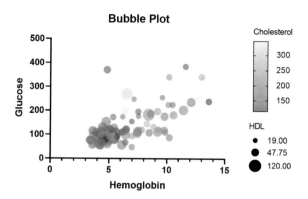

图 10-23　调整变量的参数后的效果

> 说明　在实际使用过程中，读者可以适当地调整参数以找到具有鲜明代表意义的图形用于显示。本示例仅仅用于气泡图绘制的讲解，无须过度理解图形参数的含义。

10.2.2　相关矩阵分析

相关矩阵也叫相关系数矩阵，是由矩阵各列间的相关系数构成的。也就是说，相关矩阵第 i 行第 j 列的元素是原矩阵第 i 列和第 j 列的相关系数。

在 GraphPad Prism 中，相关矩阵分析用于计算每一列与其他列之间的相关性，而不是比较一对变量或者将每个变量与对照值进行比较，结果将获得一份相关矩阵。相关矩阵分析的结果会出现在多项结果的表单上。

从多变量数据表中进行相关性分析时，可以计算每个变量与其他每个变量的相关性，以形成相关性矩阵。从 XY 表中选择相关性时，将计算每个 Y 列与 X 列的相关性，而不是 Y 列与其他列的相关性。

【例 10-4】针对不同的汽车（每行代表一辆），给出了成本、里程、功率和重量 4 个变量的数据（列表示），试通过这些数据分析这 4 个变量是如何相互关联的，并绘制一个变量与另一个变量的对比图。

1. 导入 / 输入数据

步骤 01　启动 GraphPad Prism，或执行菜单栏中的 File → New → New Project File 命令，在出现的 Welcome to GraphPad Prism 欢迎窗口左侧单击 Multiple variables 选项。

步骤 02　在欢迎窗口右侧的 Data table 选项组中单击 Enter or import data into a new table 单选按钮，如图 10-24 所示。

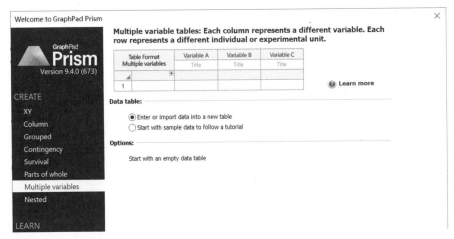

图 10-24 选择样本数据格式

步骤 03 设置完成后，单击欢迎窗口中的 **Create** 按钮进入工作界面，输入数据并更改数据表的名称，如图 10-25 所示。

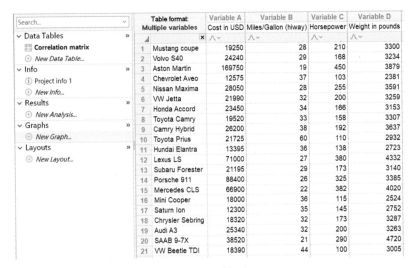

图 10-25 数据表

2．数据分析

步骤 01 单击 Analysis 选项卡下的 ▤**Analyze**（分析）按钮，在弹出的 Analyze Data 对话框左侧的分析类型中选择 Multiple variables analyses 下的 Correlation matrix 选项，在右侧数据集中默认勾选所有数据，如图 10-26 所示。

步骤 02 单击 OK 按钮，即可进入 Parameters: Correlation 对话框，保持默认参数设置，如图 10-27 所示。

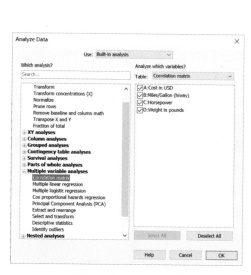

图 10-26　Analyze Data 对话框

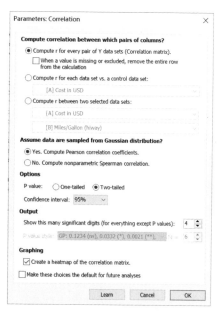

图 10-27　Parameters: Correlation 对话框

说明 单击 Analysis 选项卡下的 ▨（相关矩阵）按钮，即可直接弹出 Parameters: Correlation 对话框。

步骤 03 单击 OK 按钮退出对话框，完成参数设置，此时弹出如图 10-28 所示的分析结果。分析结果中给出了相关系数矩阵，其中结果表格中 Pearson r 表对应相关系数、P values 表对应 P 值、Sample size 表对应样本数、Confidence interval of r 表对应相关系数 r 的置信区间。

Correlation Pearson r	A Cost in USD	B Miles/Gallon (hiway)	C Horsepower	D Weight in pounds
1　Cost in USD	1.000	-0.535	0.864	0.515
2　Miles/Gallon (hiway)	-0.535	1.000	-0.742	-0.606
3　Horsepower	0.864	-0.742	1.000	0.794
4　Weight in pounds	0.515	-0.606	0.794	1.000

图 10-28　分析结果

由于在 Parameters: Correlation 对话框中勾选了 Create a heatmap of the correlation matrix. 复选框，因此分析结果还自动生成了热图。

3. 生成热图

在左侧导航浏览器中，单击 Graphs 选项中的 Pearson r: Correlation of Correlation matrix 选项，即可自动弹出如图 10-29 所示的热图。这里不再对热图进行修饰。

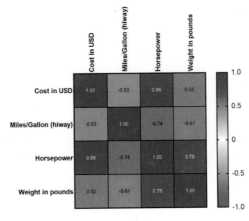

图 10-29 生成热图

10.2.3 多元线性回归分析

在回归分析中，如果有两个或两个以上的自变量，该回归就称为多元回归。事实上，一种现象常常是与多个因素相联系的，由多个自变量的最优组合来共同预测或估计因变量，比只用一个自变量进行预测或估计更有效，更符合实际。因此多元线性回归比一元线性回归更具有实用意义。

【例 10-5】根据糖尿病数据集（部分）中针对每个人（行）进行不同指标（列）的测量获得的数据，使用多元回归分析方法从其他变量中找到预测糖化血红蛋白的模型。

1. 导入 / 输入数据

步骤 01 启动 GraphPad Prism，或执行菜单栏中的 File → New → New Project File 命令，在出现的 Welcome to GraphPad Prism 欢迎窗口左侧单击 Multiple variables 选项。

步骤 02 在欢迎窗口右侧的 Data table 选项组中单击 Enter or import data into a new table 单选按钮，如图 10-30 所示。

步骤 03 设置完成后，单击欢迎窗口中的 Create 按钮进入工作界面，输入数据并更改数据表的名称，如图 10-31 所示。

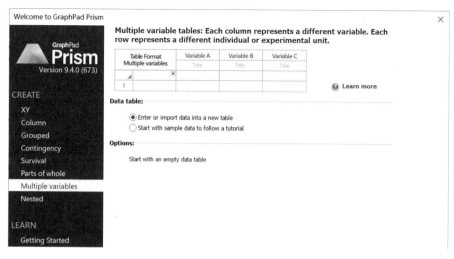

图 10-30　选择样本数据格式

	Variable A Glycosylated hemoglobin %	Variable B Total cholesterol	Variable C Glucose	Variable D HDL	Variable E Age in years	Variable F Sex	Variable G Height in inches	Variable H Weight in pounds	Variable I Waist in inches	Variable J Hip in inches
1	4.309999943	203	82	56	46	Female	62	121	29	38
2	4.440000057	165	97	24	29	Female	64	218	46	48
3	4.639999866	228	92	37	58	Female	61	256	49	57
4	4.630000114	78	93	12	67	Male	67	119	33	38
5	7.719999790	249	90	28	64	Male	68	183	44	41
6	4.809999943	248	94	69	34	Male	71	190	36	42
7	4.840000153	195	92	41	30	Male	69	191	46	49
8	3.940000057	227	75	44	37	Male	59	170	34	39
9	4.840000153	177	87	49	45	Male	69	166	34	40
10	5.780000210	263	89	40	55	Female	63	202	45	50
11	4.769999981	242	82	54	60	Female	65	156	39	45
12	4.969999790	215	128	34	38	Female	58	195	42	50
13	4.469999790	238	75	36	27	Female	60	170	35	41
14	4.590000153	183	79	46	40	Female	59	165	37	43
15	4.670000076	191	76	30	36	Male	69	183	36	40

图 10-31　数据表（部分）

2. 数据分析

步骤 01　单击 Analysis 选项卡下的 ☰ Analyze（分析）按钮，在弹出的 Analyze Data 对话框左侧的分析类型中选择 Multiple variables analyses 下的 Multiple linear regression 选项，在右侧数据集中默认勾选所有数据，如图 10-32 所示。

步骤 02　单击 OK 按钮，即可进入 Parameters: Multiple Linear Regression 对话框，保持默认参数设置，如图 10-33 所示。其中 Choose dependent (or outcome) variable(Y) 默认选择 Glycosylated hemoglobin %，即因变量为糖化血红蛋白。

> 说明　单击 Analysis 选项卡下的 ✐（多元线性回归）按钮，即可直接弹出 Parameters: Multiple Linear Regression 对话框。

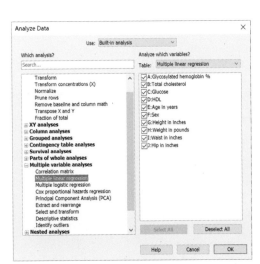

图 10-32 Analyze Data 对话框

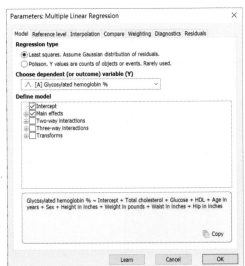

图 10-33 Parameters: Multiple Linear Regression 对话框

步骤 03 单击 OK 按钮退出对话框，完成参数设置，此时弹出如图 10-34 所示的分析结果。

	Multiple lin. reg. Tabular results						
1	Table Analyzed	Multiple linear regression					
2	Dependent variable	Glycosylated hemoglobin %					
3	Regression type	Least squares					
4							
5	**Model**						
6	**Analysis of Variance**	**SS**	**DF**	**MS**	**F (DFn, DFd)**	**P value**	
7	Regression	1092	9	121.3	F (9, 371) = 59.25	P<0.0001	
8	Total cholesterol	29.84	1	29.84	F (1, 371) = 14.58	P<0.0002	
9	Glucose	701.5	1	701.5	F (1, 371) = 342.7	P<0.0001	
10	HDL	6.815	1	6.815	F (1, 371) = 3.330	P=0.0688	
11	Age in years	13.88	1	13.88	F (1, 371) = 6.781	P=0.0096	
12	Sex	3.006	1	3.006	F (1, 371) = 1.469	P=0.2263	
13	Height in inches	2.478	1	2.478	F (1, 371) = 1.211	P=0.2719	
14	Weight in pounds	0.5931	1	0.5931	F (1, 371) = 0.2898	P=0.5907	
15	Waist in inches	2.431	1	2.431	F (1, 371) = 1.187	P=0.2766	
16	Hip in inches	0.06799	1	0.06799	F (1, 371) = 0.03322	P=0.8555	
17	Residual	759.4	371	2.047			
18	Total	1851	380				
19							
20	**Parameter estimates**	**Variable**	**Estimate**	**Standard error**	**95% CI (asymptotic)**	**|t|**	**P value**	**P value summary**
21	β0	Intercept	-1.381	2.098	-5.508 to 2.745	0.6583	0.5107	ns
22	β1	Total cholesterol	0.006784	0.001777	0.003290 to 0.01028	3.818	0.0002	***
23	β2	Glucose	0.02756	0.001489	0.02463 to 0.03048	18.51	<0.0001	****
24	β3	HDL	-0.008466	0.004640	-0.01759 to 0.0006573	1.825	0.0688	ns
25	β4	Age in years	0.01365	0.005242	0.003342 to 0.02396	2.604	0.0096	**
26	β5	Sex[Male]	-0.2768	0.2284	-0.7258 to 0.1723	1.212	0.2263	ns
27	β6	Height in inches	0.03052	0.02774	-0.02403 to 0.08507	1.100	0.2719	ns
28	β7	Weight in pounds	-0.002701	0.005018	-0.01257 to 0.007166	0.5383	0.5907	ns
29	β8	Waist in inches	0.03229	0.02983	-0.02598 to 0.09057	1.090	0.2766	ns
30	β9	Hip in inches	-0.006054	0.03322	-0.07137 to 0.05926	0.1823	0.8555	ns

图 10-34 分析结果

32	Goodness of Fit			
33	Degrees of Freedom	371		
34	R squared	0.5897		
35				
36	Multicollinearity	Variable	VIF	R2 with other var
37	β0	Intercept		
38	β1	Total cholesterol	1.158	0.1363
39	β2	Glucose	1.187	0.1578
40	β3	HDL	1.204	0.1692
41	β4	Age in years	1.401	0.2861
42	β5	Sex[Male]	2.360	0.5764
43	β6	Height in inches	2.213	0.5482
44	β7	Weight in pounds	7.620	0.8688
45	β8	Waist in inches	5.406	0.8150
46	β9	Hip in inches	6.472	0.8455
47				
48	Normality of Residuals	Statistics	P value	Passed normality P value summary
49	D'Agostino-Pearson om	154.4	<0.0001	No　　　　****
50	Anderson-Darling (A2*)	11.96	<0.0001	No　　　　****
51	Shapiro-Wilk (W)	0.8540	<0.0001	No　　　　****
52	Kolmogorov-Smirnov (d	0.1312	<0.0001	No　　　　****
53				
54	Data summary			
55	Rows in table	403		
56	Rows skipped (missing	22		
57	Rows analyzed (# case	381		
58	Number of parameter e	10		
59	#cases/#parameters	38.1		

图 10-34 分析结果（续）

由分析结果可知：

① Total cholesterol、Glucose 及 Age in years 指标对糖化血红蛋白有着显著的影响关系。

②根据回归分析结果可确定 β_1、β_2、β_4 是影响糖化血红蛋白的因素。

③其对应的模型预测方程为：

$$Y=-1.381+0.007\beta_1+0.028\beta_2-0.008\beta_3+0.014\beta_4-0.277\beta_5+0.031\beta_6-0.003\beta_7+0.032\beta_8-0.006\beta_9$$

> 🎮➕说明　针对表格中的 VIF 值，如果 VIF 值全部小于 10，则代表模型没有多重共线性问题，模型构建良好；反之若 VIF 大于 10 说明模型构建较差。

步骤 04 第二个 Parameter covariance 表给出了相关系数矩阵；第三个 Interpolation 表给出了补充缺失值之后的结果，这里不再做过多说明。

3. 生成图表

步骤 01 在左侧导航浏览器中，单击 Graphs 选项组中的 Actual vs Predicted plot: Multiple lin. reg. of Multiple linear regression 选项，即可自动弹出如图 10-35 所示的实际与预测图。

步骤 02 在左侧导航浏览器中，单击 Graphs 选项组中的 Residual plot: Multiple lin. reg. of Multiple linear regression 选项，即可自动弹出如图 10-36 所示的残差图。

残差图的 X、Y 轴分别是因变量预测值的标准化值和残差的标准化值（一般 X 轴是预测值的标准化值）。图 10-36 中标准化残差图分布在 0 值周围，基本是上下对称分布，分布特征不随预测值的增加而发生改变，意味着数据符合方差齐性、独立性条件。

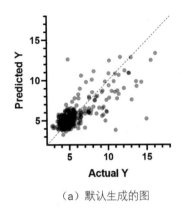

（a）默认生成的图

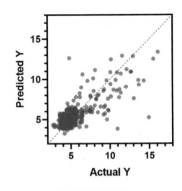

（b）简单美化后的图

图 10-35 实际与预测图

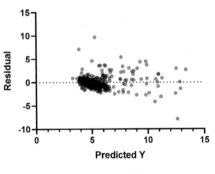

（a）默认生成的图

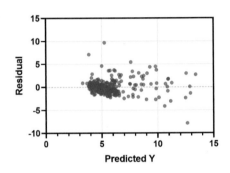

（b）简单美化后的图

图 10-36 残差图

步骤 03 在左侧导航浏览器中，单击 Graphs 选项组中的 Parameter covariance: Multiple lin. reg. of Multiple linear regression 选项，即可自动弹出如图 10-37 所示的相关矩阵图（热图）。

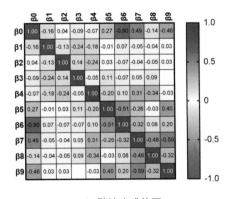

（a）默认生成的图

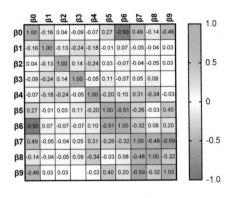

（b）调整配色后的图

图 10-37 相关矩阵图

10.2.4　多元逻辑回归分析

逻辑回归分析根据因变量取值类别不同，可以分为二元逻辑回归分析和多元逻辑回归分析。二元逻辑回归模型中因变量只能取两个值，即 1 和 0（虚拟因变量），而多元逻辑回归模型中因变量可以取多个值。

【例 10-6】本例数据是 1912 年 4 月在北大西洋上撞上冰山后沉没的泰坦尼克号上每位乘客的数据。其中每一行代表一个乘客，每一列代表一个描述该乘客的不同变量：乘客是否存活、年龄、性别以及所持有的船票类别。每列中的数据只包含 1 和 0，用于回答每列的问题：1 表示"是"，0 表示"否"。

试使用多元逻辑回归找到一个模型，该模型根据票类、性别和年龄等变量来预测给定个体的生存概率。

1. 导入 / 输入数据

步骤 01 启动 GraphPad Prism，或执行菜单栏中的 File → New → New Project File 命令，在出现的 Welcome to GraphPad Prism 欢迎窗口左侧单击 Multiple variables 选项。

步骤 02 在欢迎窗口右侧的 Data table 选项组中单击 Enter or import data into a new table 单选按钮，如图 10-38 所示。

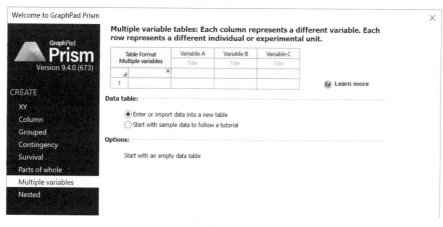

图 10-38　选择样本数据格式

步骤 03 设置完成后，单击欢迎窗口中的 Create 按钮进入工作界面，输入数据并更改数据表的名称，如图 10-39 所示。

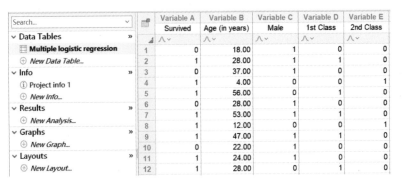

图 10-39 数据表（部分）

2．数据分析

步骤 01 单击 Analysis 选项卡下的 ⊟Analyze（分析）按钮，在弹出的 Analyze Data 对话框左侧的分析类型中选择 Multiple variables analyses 下的 Multiple logistic regression 选项，在右侧数据集中默认勾选所有数据，如图 10-40 所示。

步骤 02 单击 OK 按钮，即可进入 Parameters: Multiple Logistic Regression 对话框，保持默认参数设置，如图 10-41 所示。其中 Choose dependent (or outcome) variable(Y) 默认选择 Survived，即是否存活。

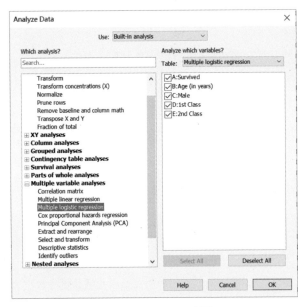

图 10-40 Analyze Data 对话框

图 10-41 Parameters: Multiple Logistic Regression 对话框

> 说明　单击 Analysis 选项卡下的 ⌇（多元逻辑回归）按钮，即可直接弹出 Parameters: Multiple Logistic Regression 对话框。

步骤 03 单击 OK 按钮退出对话框，完成参数设置，此时弹出如图 10-42 所示的分析结果。

	Multiple logistic regression Tabular results				
1	Table Analyzed	Multiple logistic regression			
2	Dependent variable	Survived			
3	Regression type	Logistic regression			
4					
5	**Model**				
6	**Parameter estimates**	Variable	Estimate	Standard error	95% CI (profile likelihood)
7	β0	Intercept	1.195	0.1899	0.8282 to 1.573
8	β1	Age (in years)	-0.03427	0.005951	-0.04609 to -0.02274
9	β2	Male	-2.511	0.1495	-2.808 to -2.222
10	β3	1st Class	2.268	0.2029	1.876 to 2.672
11	β4	2nd Class	1.019	0.1827	0.6618 to 1.378
12					
13	**Odds ratios**	Variable	Estimate	95% CI (profile likelihood)	
14	β0	Intercept	3.305	2.289 to 4.822	
15	β1	Age (in years)	0.9663	0.9550 to 0.9775	
16	β2	Male	0.08121	0.06030 to 0.1084	
17	β3	1st Class	9.656	6.527 to 14.47	
18	β4	2nd Class	2.769	1.938 to 3.969	
19					
20	**Model diagnostics**	Degrees of Freedom	AICc		
21	Intercept-only model	1312	1746		
22	Selected model	1308	1235		
23					
24	**Area under the ROC curve**				
25	Area	0.8341			
26	Std. Error	0.01232			
27	95% confidence interval	0.8100 to 0.8583			
28	P value	<0.0001			
29					
30	**Classification table**	Predicted 0	Predicted 1	Total	% Correctly classified
31	Observed 0	697	117	814	85.63
32	Observed 1	155	344	499	68.94
33	Total	852	461	1313	79.28
34					
35	Negative predictive power (%)	81.81			
36	Positive predictive power (%)	74.62			
37					
38	Classification cutoff	0.5			
39					
40	**Pseudo R squared**				
41	Tjur's R squared	0.3657			
42					
43	**Hypothesis tests**	Statistic	P value	Null hypothesis	Reject Null Hypothesis?	P value summary
44	Hosmer-Lemeshow	32.62	<0.0001	Selected model is correct	Yes	****
45					
46	**Data summary**				
47	Rows in table	1314			
48	Rows skipped (missing data)	1			
49	Rows analyzed (#observations)	1313			
50	Number of 1	499			
51	Number of 0	814			
52	Number of parameter estimates	5			
53	#observations/#parameters	262.6			
54	# of 1/#parameters	99.8			
55	# of 0/#parameters	162.8			

图 10-42　分析结果

由分析结果可知：

① 由 Model 数据组可知截距（β_0）和 4 个主要效应的参数估计值。其中 Male 的估计值为 -2.511，这意味着如果乘客为男性，那么他的生存对数优势降低 2.511；而如果乘客所持机票

类型为 1st Class 或者是 2nd Class，则他的生存对数优势分别增加 2.268、1.019。

② Odds ratios 为优势比。比如年龄的优势比为 0.9663，这意味着乘客每增长一岁，他的生存优势就会变为 0.9663 倍，由于该优势比小于 1，这也意味着随着乘客年龄的增加，其生存优势实际上是下降了。

③ Model diagnostics 为模型的诊断，主要观察 AICc 值，一个较小的 AICc 值表示更优的模型拟合。截距 AICc 值为 1746，所选模型的 AICc 值为 1235，由此可以确定所选模型在描述观察数据方面做得更好。

④ Areo under the ROC curve（ROC 曲线下面积，AUC）用于衡量拟合模型为成功／失败的结果进行正确分类的能力。AUC 值始终在 0 到 1 之间，面积越大，意味着模型分类潜力越好。本案例中 AUC=0.8341，说明模型分类潜力较好。

⑤ 由 Calssification table 数据组观察到的死亡总数为 814、生存总数为 499，预测的死亡总数为 852、生存总数为 461。

此外，该表提供了模型预测每个观察到的生存和死亡的细目，以及正确分类的观察到的生存和死亡的百分比。伪 R 平方值为 0~1，较高的值表示模型对数据的更好拟合，本案例为 0.3657。Hosmer-Lemeshow 检验检验出所选模型是正确的零假设。

第二个 Row prediction 表给出了每个个体的预测概率，这里不再做过多说明。

3. 生成图表

步骤 01 在左侧导航浏览器中，单击 Graphs 选项组中的 ROC curve: Multiple logistic regression of Multiple logistic regression 选项，即可自动弹出如图 10-43 所示的 ROC（受试者工作特征曲线）图，ROC 图主要看曲线下面积，面积越大，证明模型分类潜力越好。

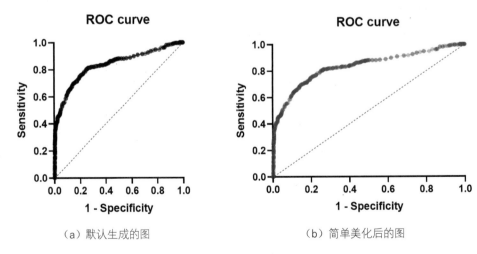

（a）默认生成的图　　　　　　　（b）简单美化后的图

图 10-43 ROC 图

⊕ 说明 ROC 曲线图是反映敏感性与特异性之间关系的曲线。横坐标 X 轴为 1- 特异性，也称为假阳性率（误报率），X 轴值越接近零代表准确率越高；纵坐标 Y 轴称为敏感度，也称为真阳性率（敏感度），Y 轴值越大代表准确率越好。

根据曲线位置，把整个图划分成了两部分，曲线下方部分的面积被称为 AUC（Area Under Curve），用来表示预测准确性，AUC 值越高，也就是曲线下方面积越大，说明预测准确率越高。曲线越接近左上角（X 越小，Y 越大），预测准确率越高。

步骤 02 在左侧导航浏览器中，单击 Graphs 选项组中的 Predicted vs Observed: Multiple logistic regression of Multiple logistic regress 选项，即可自动弹出如图 10-44 所示的小提琴图。

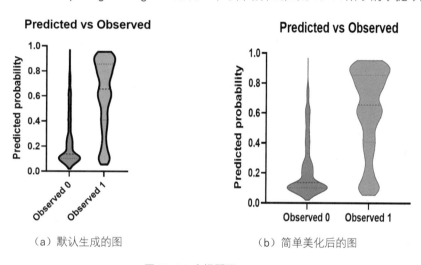

（a）默认生成的图　　　　　　　（b）简单美化后的图

图 10-44　小提琴图

从图 10-44 中可以看到存在两个组（一个是生存的个体组，另一个是无生存的个体组），还可以看到这两个组的预测概率分布。观察死亡个体组的小提琴图表，可以看到他们中的大多数人的预测生存概率远低于 0.5（中值为 0.1383 且平均值为 0.2411）。观察生存个体组的小提琴图表，对于该组，我们看到预测概率分布更加均匀（中值为 0.6564 且平均值为 0.6068）。

10.2.5　主成分分析

主成分分析（Principal Component Analysis，PCA），是考察多个变量之间的相关性的一种多元统计方法，研究如何通过少数几个主成分来揭示多个变量之间的内部结构，即从原始变量中导出少数几个主成分，使它们尽可能多地保留原始变量的信息，且彼此间互不相关。

简而言之，主成分分析就是设法将原来众多具有一定相关性的指标重新组合成一组新的互相无关的综合指标来代替原来的指标。数学上的处理通常就是将原来 P 个指标做线性组合，作为新的综合指标。

> 🎮➕ 说明 通过正交变换将一组可能存在相关性的变量转换为一组线性不相关的变量，
> 转换后的这组变量叫作主成分。

主成分分析是一种多元技术，用于降低数据集的维数，同时尽可能多地保留数据中的信息。

【例 10-7】示例数据来自乳腺癌组织活检的细胞图像，每个样本图像共记录了 12 个变量，包括：患者 ID 号、诊断（恶性或良性）、细胞半径、细胞纹理、细胞周长、细胞面积、细胞平滑度、单元紧密度、单元凹度、凹点、单元对称性和单元分形维数。

每行代表一个不同的个体，从中收集活检细胞。每列代表一个不同的变量，描述每个人收集的细胞的平均细胞半径、面积、凹度等是多少。这里有 10 个预测因子，很难将这些预测因子可视化，在此情况下，PCA 可以减少预测因子的数量。我们的目的就是找出主成分。

1. 导入 / 输入数据

步骤 01 启动 GraphPad Prism，或执行菜单栏中的 File → New → New Project File 命令，在出现的 Welcome to GraphPad Prism 欢迎窗口左侧单击 Multiple variables 选项。

步骤 02 在欢迎窗口右侧的 Data table 中单击 Enter or import data into a new table 单选按钮，如图 10-45 所示。

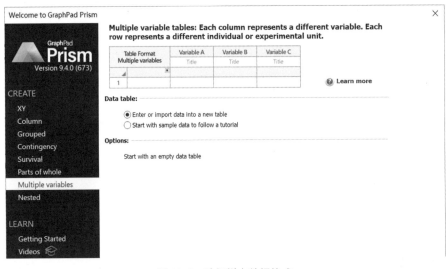

图 10-45 选择样本数据格式

步骤 03 设置完成后，单击欢迎窗口中的 **Create** 按钮进入工作界面，输入数据并更改数据表的名称，如图 10-46 所示。

		Variable A ID Number	Variable B Diagnosis	Variable C Radius	Variable D Texture	Variable E Perimeter	Variable F Area	Variable G Smoothness	Variable H Compactness	Variable I Concavity	Variable J Concave Points	Variable K Symmetry	Variable L Fractal dimension
1	842302	Malignant	17.990	10.38	122.800	1001.00	0.12	0.3	0.30010	0.14710	0.2419000	0.078710
2	842517	Malignant	20.570	17.77	132.900	1326.00	0.08	0.1	0.08690	0.07017	0.1812000	0.056670
3	84300903	Malignant	19.690	21.25	130.000	1203.00	0.11	0.2	0.19740	0.12790	0.2069000	0.059990
4	84348301	Malignant	11.420	20.38	77.580	386.10	0.14	0.3	0.24140	0.10520	0.2597000	0.097440
5	84358402	Malignant	20.290	14.34	135.100	1297.00	0.10	0.1	0.19800	0.10430	0.1809000	0.058830
6	843786	Malignant	12.450	15.70	82.570	477.10	0.13	0.2	0.15780	0.08089	0.2087000	0.076130
7	844359	Malignant	18.250	19.98	119.600	1040.00	0.09	0.1	0.11270	0.07400	0.1794000	0.057420
8	84458202	Malignant	13.710	20.83	90.200	577.90	0.12	0.2	0.09366	0.05985	0.2196000	0.074510
9	844981	Malignant	13.000	21.82	87.500	519.80	0.13	0.2	0.18590	0.09353	0.2350000	0.073890
10	84501001	Malignant	12.460	24.04	83.970	475.90	0.12	0.2	0.22730	0.08543	0.2030000	0.082430
11	845636	Malignant	16.020	23.24	102.700	797.80	0.08	0.1	0.03299	0.03323	0.1528000	0.056970
12	84610002	Malignant	15.780	17.89	103.600	781.00	0.10	0.1	0.09954	0.06606	0.1842000	0.060820

图 10-46　数据表（部分）

2. 数据分析

步骤 01 单击 Analysis 选项卡下的 **Analyze**（分析）按钮，在弹出的 Analyze Data 对话框左侧的分析类型中选择 Multiple variables analyses 下的 Principal Component Analysis(PCA) 选项，在右侧数据集中默认勾选所有数据，如图 10-47 所示。

步骤 02 单击 OK 按钮，即可进入 Parameters: Principal Component Analysis(PCA) 对话框，保持默认参数设置，如图 10-48 所示。

图 10-47　Analyze Data 对话框

图 10-48　Parameters: Principal Component Analysis(PCA) 对话框

> **说明** 单击 Analysis 选项卡下的 （主成分分析）按钮，即可直接弹出 Parameters: Principal Component Analysis(PCA) 对话框。

① **Data** 选项卡主要用于选择主成分分析变量。

- 在 Variables for analysis 选项组中选择要进行主成分分析的变量，至少需要选择两个。本例共保留 10 个待分析的成分。
- 利用 Perform Principal Component Regression(PCR) 可以进行主成分回归分析，即以主成分为自变量进行回归分析，它是分析多元共线性问题的一种方法。至少取消勾选一个 PCA 变量才能执行 PCR 分析。

②在 Options 选项卡设置数据的预处理方法及主成分选择方法，本例采用默认设置，如图 10-49 所示。

- 在 Method（预处理方法）选项组中包括两种方法：
  - ➢ Standardize(scale data to have a mean of 0 and SD of 1) 为标准化方法，即将数据缩放到平方值为 0、标准差为 1，又称对相关矩阵执行 PCA。该方法与相关矩阵分析类似，适用于变量的标准差差异较大的情况，多在测量不同的事物或使用不同的测量尺度时使用。
  - ➢ Center(scale data to have a mean of 0, SD unchanged) 为中心化法，即将数据缩放到平均值为 0、标准偏差不变，又称对协方差矩阵执行 PCA。该方法与协方差矩阵分析类似，适用于变量的标准差差异很小（接近）的情况，多在测量相似的事物或使用相同的测量尺度时使用。
- Method for selecting principal components(PCs) 选项组用于定义主成分选择方法，包括根据平行分析选择（默认）、根据特征值选择、根据总解释方差的百分比选择、选择所有主成分（多在数据探索时采用）4 种。

③ Output 选项卡用于指定即将输出的分析图表以及参与绘图的变量，其中 Additional variables for graphing(PC scores table) 选项组用于指定用于绘图的变量，此处指定 Symbol fill color 表示不同的 Diagnosis，如图 10-50 所示。

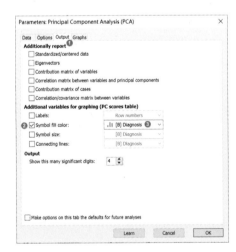

　　　　　图 10-49 Options 选项卡　　　　　　　　　　　图 10-50 Output 选项卡

④在 Graph 选项卡下根据需求指定绘制的图表，本例中选择全部图表，如图 10-51 所示。

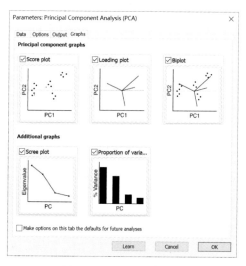

图 10-51　Graphs 选项卡

步骤 03　单击 OK 按钮退出对话框，完成参数设置，此时弹出如图 10-52 所示的分析结果。

	A	B	C	D	E	F	G	H	I	J
PCA **Tabular results**										
1　Table Analyzed	Principal Component Analysis									
2										
3　PC summary	PC1	PC2	PC3	PC4	PC5	PC6	PC7	PC8	PC9	PC10
4　Eigenvalue	5.479	2.519	0.8806	0.4990	0.3725	0.1241	0.08009	0.03489	0.01114	0.0002823
5　Proportion of variance	54.79%	25.19%	8.81%	4.99%	3.73%	1.24%	0.80%	0.35%	0.11%	2.82e-003%
6　Cumulative proportion of variance	54.79%	79.97%	88.78%	93.77%	97.49%	98.74%	99.54%	99.89%	100.00%	100.00%
7　Component selection	Selected	Selected								
8										
9　**Data summary**										
10　Total number of variables	10									
11　Total number of components	10									
12　Component selection method	Parallel analysis									
13　Random seed	564555843									
14　Number of simulations	1000									
15　Number of selected components	2									
16　Rows in table	569									
17　Rows skipped (missing data)	0									
18　Rows analyzed (# cases)	569									

图 10-52　分析结果

①分析结果表 Tabular results 中列出 PCA 分析的主要结果，包括特征值、解释方差比例、选择的主成分等，即使只选择部分成分，所有成分也都包含在此表格中。本例分析最终选择了 PC1 和 PC2 作为两个主成分。

②分析结果表 Eigenvalues 中列出了各个成分的特征值，分别罗列出来自数据的特征值和来自平行分析的特征值，如图 10-53 所示。其中：

- A 列特征值将每个主成分解释的方差量进行了量化。作为参考，它们是定标因子的主成分平方。它们按降序排列，因此 PC1 可解释最大方差，PC2 可解释第二大方差，以此类推。所有特征值之和等于成分数，成分数也等于变量数（只要数据的观测值多于变量）。该列显示所有成分的特征值，而不仅仅是选择的成分。

- B 列是在选择平行分析时给出的特征值。此列给出了每个 PC 的平均（所有模拟）特征值，以及所有模拟的百分位数上限值和下百分位数（默认为第 95 个和第 5 个百分位数）。

PCA Eigenvalues	Eigenvalue (from data)			Eigenvalue (from Parallel Analysis)					
	Mean	Upper Limit	Lower Limit	Mean	Upper Limit	Lower Limit	Mean	Upper Limit	Lower Limit
1 PC1	5.479			1.209	1.267	1.162			
2 PC2	2.519			1.145	1.187	1.109			
3 PC3	0.881			1.097	1.135	1.064			
4 PC4	0.499			1.055	1.086	1.026			
5 PC5	0.373			1.015	1.043	0.986			
6 PC6	0.124			0.978	1.006	0.949			
7 PC7	0.080			0.939	0.968	0.909			
8 PC8	0.035			0.900	0.930	0.866			
9 PC9	0.011			0.857	0.892	0.819			
10 PC10	2.823e-004			0.804	0.844	0.758			

图 10-53　Eigenvalues 结果表

③分析结果表 Loadings（载荷）根据数据是属于标准化数据还是中心化数据给出了数据列和特征向量之间的相关系数或协方差。例如，PC1 定义为 –0.852 倍的 Radius，–0.362 倍的 Texture 等，如图 10-54 所示。

	Var	PC1	PC2	D	E	F
1	Radius	-0.852	0.498			
2	Texture	-0.362	0.234			
3	Perimeter	-0.880	0.452			
4	Area	-0.852	0.484			
5	Smoothness	-0.544	-0.638			
6	Compactnes:	-0.853	-0.422			
7	Concavity	-0.926	-0.166			
8	Concave Poi	-0.978	-0.011			
9	Symmetry	-0.504	-0.585			
10	Fractal dimer	-0.168	-0.907			

图 10-54　Loadings 结果表

当选择分析标准化数据时，每个载荷值对应一个变量和一个单一成分，两者均仅为一组值。载荷代表变量值与成分计算值之间的相关性。由于载荷表示相关性，因此它们的值总为 –1~1。例如，半径与 PC1 之间的 –0.852 载荷表明 PC1 与半径密切相关，并且随着半径的增加，PC1 会减小。

当选择分析中心化（而非标准化）数据时，则载荷不限于 –1~1。在此情况下，仍然可以使用载荷来解释变量与特征向量之间关系的强度，但只能相对于其他载荷。

④分析结果表 PC scores（主成分评分）如图 10-55 所示，其中包括任何要求进一步分析的数据列，可以用于拟合多元线性回归、逻辑回归或者其他分析等。

	A PC1	B PC2	C Diagnosis	D	E	F
1	-5.220	-3.202	Malignant			
2	-1.727	2.539	Malignant			
3	-3.966	0.550	Malignant			
4	-3.594	-6.899	Malignant			
19	-2.444	2.465	Malignant			
20	0.651	0.071	Benign			
21	0.364	-1.419	Benign			
22	2.310	-1.749	Benign			
23	-2.841	-2.487	Malignant			

图 10-55　Loadings 结果表（部分）

3. 生成图表

图表通常是 PCA 最重要的分析结果，如果不继续使用 PC 评分进行进一步分析，则 PCA 生成的图表包括评分图、载荷图、双标图、碎石图、方差比例图这 5 种。

步骤 01　评分图。在左侧导航浏览器中，单击 Graphs 选项组中的 PC scores: PCA of Principal Component Analysis 选项，即可自动弹出如图 10-56 所示的评分图。

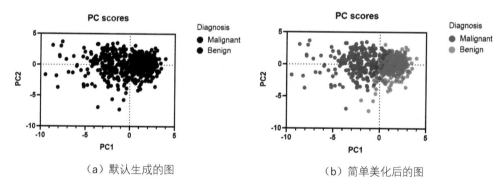

（a）默认生成的图　　　　　　　　　（b）简单美化后的图

图 10-56　评分图

PC 评分图是沿所选主成分轴绘制数据行，展示了数据的低维表示。PC 评分图主要用于根据某些点在所选择的两个成分中相对于其他点出现的位置来聚类或导出一些其他含义。评分图绘制的基础图表是气泡图。

在 GraphPad Prism 中，将光标悬停在感兴趣点上，可以获得指向数据表中相关行或列的链接。

步骤 02 载荷图。在左侧导航浏览器中，单击 Graphs 选项组中的 Loadings: PCA of Principal Component Analysis 选项，即可自动弹出如图 10-57 所示的载荷图。

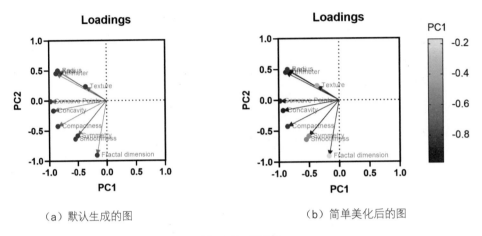

（a）默认生成的图　　　　　　　　　　（b）简单美化后的图

图 10-57　载荷图

载荷图简单地绘制了指定主要成分的载荷矩阵的数值。与 PC 评分图描绘数据行（沿 PC 旋转）有点类似，载荷图提供了关于列的信息。载荷是数据列与 PC 之间的相关性（或协方差），对于识别变量聚类非常有用。

从图 10-57 中（使用乳腺癌样本数据）可以看到所有列均出现在左侧，这意味着第一主成分对于所有载荷而言均为负值。负值并无解释，但由于所有变量均位于同一侧，这意味着每个变量均与第一个 PC 在相同方向上相关，即随着变量的上升 PC1 评分下降。

类似地，在图上看起来靠得很近的变量（如对称性和平滑度，半径和周长等）是沿着前两个 PC 进行的聚类。如果确定前两个 PC 解释了原始变量的大部分方差，则可以得出结论：聚类在该图上的变量记录了大量冗余信息。在此情况下，可能只能为未来的研究测量任一变量。

步骤 03 双标图。在左侧导航浏览器中，单击 Graphs 选项组中的 Biplot: PCA of Principal Component Analysis 选项，即可自动弹出如图 10-58 所示的双标图。

双标图通过一个乘数来缩放载荷，以便可以在相同图表上绘制 PC 评分和载荷，是 PCA 的常用图表，但在大多数情况下更习惯分别绘制 PC 评分和载荷。

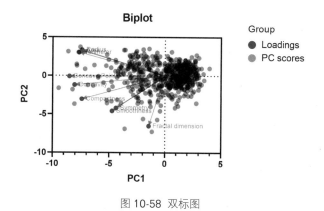

图 10-58　双标图

步骤 04　碎石图。在左侧导航浏览器中，单击 Graphs 选项组中的 Eigenvalues: PCA of Principal Component Analysis 选项，即可自动弹出如图 10-59 所示的碎石图。

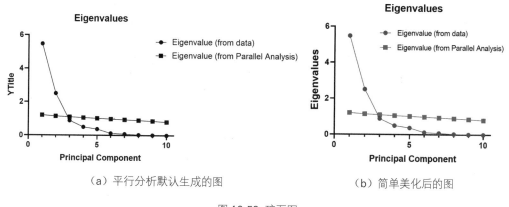

（a）平行分析默认生成的图　　　　　　（b）简单美化后的图

图 10-59　碎石图

通常，碎石图用于确定 PCA 期间要包含的主成分数量。

如需使用碎石图（不推荐）选择 PC 的数量，可直观地确定特征值结束陡降并开始变平的点。在曲线开始变平之前，保留曲线上的所有 PC，但不包括曲线从"陡峭"变为"水平"的 PC，此时，只保留前两个主成分。

在碎石图上还可以给出每个 PC 的特征值。根据在 PCA 参数设置对话框的 Options 选项卡下选择的 PC 选择方法，还可以使用附加信息修改碎石图，如图 10-60（a）所示。

如果选择使用 Kaiser 准则（不推荐）或指定自己的特征值阈值（不推荐），则 GraphPad Prism 将在碎石图上包含一条指示该阈值的水平线，如图 10-60（b）所示。

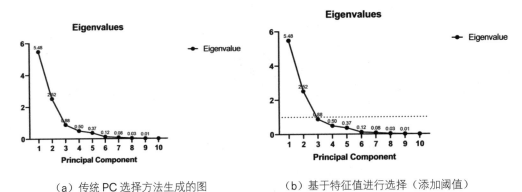

（a）传统 PC 选择方法生成的图　　　　（b）基于特征值进行选择（添加阈值）

图 10-60　碎石图

步骤 05 方差比例图。在左侧导航浏览器中，单击 Graphs 选项组中的 Proportion of variance: PCA of Principal Component Analysis 选项，即可自动弹出如图 10-61 所示的方差比例图。

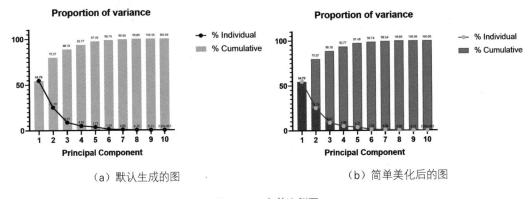

（a）默认生成的图　　　　　　　　（b）简单美化后的图

图 10-61　方差比例图

方差比例图类似于碎石图，但绘制的不是特征值，而是每个 PC 解释的方差比例。该方差比例等于该 PC 的特征值除以所有 PC 的特征值之和（报告为百分比）。此外，还包括一个累计总数的柱状图。例如，图 10-61 前两个 PC 仅解释了输入变量中约 80% 的总方差。

方差比例图还可能包括有关分析的附加信息，这取决于在 PCA 参数设置对话框的 Options 选项卡下选择的 PC 选择方法。

如果选择通过设置总解释方差的阈值（通常为总解释方差的 75% 或 80%）来选择 PC，则 GraphPad Prism 将在方差比例图上包含一条指示该阈值的水平线。图 10-62 给出了一个将阈值设置为 75% 的示例。

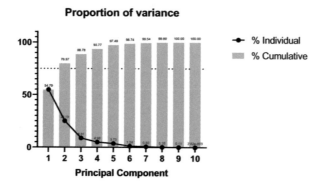

图 10-62　方差比例图（添加阈值）

10.3　本章小结

本章详细讲解了多变量表的样式，对多变量表可以完成的统计分析进行了探讨；结合多变量表的特点通过示例讲解了如何在 GraphPad Prism 中绘制气泡图，以及进行相关矩阵分析、多元线性回归分析、多元逻辑回归分析、主成分分析等统计分析。通过本章的学习读者基本能够利用 Multiple variables 表数据进行图表绘制及统计分析。

第11章

嵌套表及其图表描述

嵌套表是在水平方向上对数据进行嵌套处理，每一列代表一个分组，列中又存在子列，每个子列中堆叠的值均相关，并允许将这些值合理绘制成图表。这种结构适用于既有实验重复又有技术重复的数据。每个嵌套表至少需要有两个子列。

学习目标：

★ 掌握嵌套表的数据格式及输入方法。

★ 掌握利用嵌套表进行统计分析的方法。

11.1 嵌套表数据的输入

嵌套表也称为巢式数据表，其结构形式为：在水平方向上对数据进行嵌套处理，每一列代表一个处理或分组，列中又有子列。嵌套表适用于既有实验重复又有技术重复的数据结构。

嵌套表数据的组织结构与带子列的分组表看起来非常相似，两者均有子列无 X 列，但其使用方式却又不同。在分组表中，将重复数据并排放在子列中；而在嵌套表中，将重复数据堆叠到子列中。

（1）在分组表中，每一个子列代表一个实验重复，每一列堆叠在一起的数据代表多次测量数据。

（2）在嵌套表中，每一个行代表一个实验重复，每一行的子列数据代表一个重复技术。

11.1.1　输入界面

嵌套表的输入界面比较简单，启动 GraphPad Prism 后，在弹出的 Welcome to GraphPad Prism 欢迎窗口中选择 Nested（嵌套表）。

1. 在新表中输入或导入数据

在欢迎窗口中选择 Nested 表后，在右侧 Data tables 选项组中单击 Enter or import data into a new table 单选按钮，表示在新表中输入或导入数据。嵌套表下方的 Options 选项组中不出现任何选项，如图 11-1 所示。

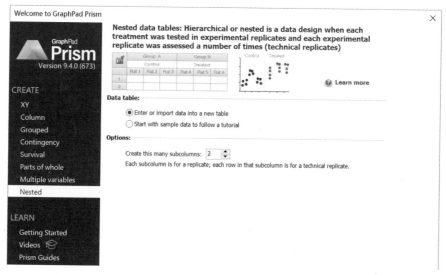

图 11-1　欢迎窗口

单击欢迎窗口右下角的 Create 按钮，即可创建一个空的嵌套表，如图 11-2 所示，在该表下可以导入或输入数据。

	Group A			Group B			
	Title			Title			
	A:1	A:2	A:3	B:1	B:2	B:3	C:1
1							
2							
3							
4							
5							
6							

图 11-2 嵌套表格式

嵌套表中，每个嵌套至少有两个子列，否则无法输入平均数据（平均值、标准偏差等），图表中的误差线由同一子列中的值计算得到，可以同时判断分组内部的单元和分组之间是否存在统计学差异。

2. 按照教程从示例数据开始

在欢迎窗口右侧 Data table 选项组中单击 Start with sample data to follow a tutorial 单选按钮，表示将按照教程从示例数据开始，如图 11-3 所示。

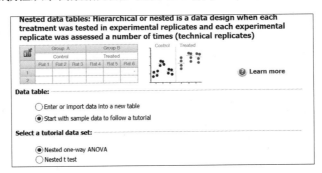

图 11-3 按照教程从示例数据开始

11.1.2 嵌套表可绘制的图表

在 Nested 数据表下单击导航浏览器的 Graphs 选项组中的 New Graph 选项，弹出如图 11-4 所示的 Create New Graph 对话框，在该对话框中查看可以绘制的图表，有以下 6 种：

（1）Scatter（散点图）：用来描述每个数据，同时可以在子列中添加统计量，有 12 种统计表现形式。

（2）Scatter with bar (bar plus points)（带柱状的散点图）：有 11 种统计表现形式。

（3）Bar（柱状图）：统计量信息与散点图类似，有 12 种统计表现形式。

（4）Low-High（高低图）：通过矩形来描述子列最大值与最小值的区间，中间可以添加平均值或中位数的水平线。

（5）Box & whiskers（箱线图）：与前文的描述一致，这里不再赘述。

（6）Violin（小提琴图）：与前文的描述一致，这里不再赘述。

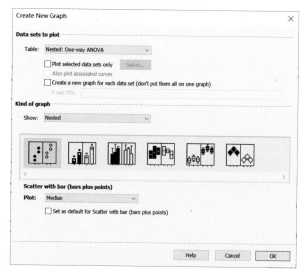

图 11-4　Create New Graph 对话框

11.1.3　嵌套表可完成的统计分析

在 GraphPad Prism 中，嵌套表可进行的统计分析如下（除前两种标有 Nested 的方法外，其余的统计都是针对子列进行的）：

（1）Nested t test：嵌套 t 检验。

（2）Nested one-way ANOVA：嵌套单因素方差分析。

（3）Descriptive statistics (separate results for each subcolumn)：描述性统计（每个子列的单独结果）。

（4）Normality (and lognormality) tests (separate results for each subcolumn)：正态性（和对数正态性）检验（每个子列的单独结果）。

（5）Outlier tests (separate results for each subcolumn)：异常值检验（每个子列的单独结果）。

（6）One-sample t test (separate results for each subcolumn)：单样本 t 检验（每个子列的单独结果）。

11.2 统计分析及图表绘制

利用 GraphPad Prism 的嵌套表数据可以实现描述性统计、嵌套 t 检验、异常值检验等统计分析，下面通过示例来讲解如何利用嵌套表进行统计分析操作。

11.2.1 描述性统计分析

【例 11-1】某学校要比较两种教学方法 A、B（数据集列）的效果，将每种方法都在三个教室（子列）中使用，并对每个教室（行）里的学生进行评价。

其中不同班即为不同的实验重复（同一班中的学生使用相同的方法授课），对每个班的每个学生进行的评价即为技术重复。

1．导入 / 输入数据

步骤 01 启动 GraphPad Prism，或执行菜单栏中的 File → New → New Project File 命令，在出现的 Welcome to GraphPad Prism 欢迎窗口左侧单击 Nested 选项。

步骤 02 在欢迎窗口右侧的 Data table 选项组中单击 Enter or import data into a new table 单选按钮，如图 11-5 所示。

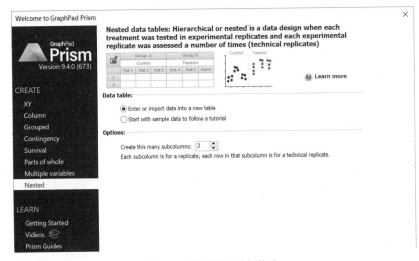

图 11-5 选择样本数据格式

步骤 03 设置完成后，单击欢迎窗口中的 Create 按钮进入工作界面，输入数据并更改数据表的名称，如图 11-6 所示。

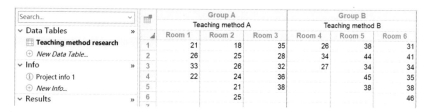

| | Group A | | | Group B | | |
| | Teaching method A | | | Teaching method B | | |
	Room 1	Room 2	Room 3	Room 4	Room 5	Room 6
1	21	18	35	26	38	31
2	26	25	28	34	44	41
3	33	26	32	27	34	34
4	22	24	36		45	35
5		21	38		38	38
6		25				46

图 11-6　数据表

2．数据分析

步骤01 单击 Analysis 选项卡下的 Analyze（分析）按钮，在弹出的 Analyze Data 对话框左侧的分析类型中选择 Nested analyses 下的 Descriptive statistics 选项，在右侧数据集中默认勾选所有数据，如图 11-7 所示。

步骤02 单击 OK 按钮，即可进入 Parameters: Descriptive Statistics 对话框，在 Basic 选项组中选择需要获得的基本统计量，在 Advanced 选项组中选择高级统计量等，参数设置如图 11-8 所示。

图 11-7　Analyze Data 对话框

图 11-8　Parameters: Descriptive Statistics 对话框

步骤03 单击 OK按钮退出对话框，完成参数设置，此时弹出如图 11-9 所示的分析结果。分析结果中给出了 **步骤02** 中选择的需要计算的统计量信息。

Descriptive statistics	A Teaching method A			B Teaching method B		
	A:1	A:2	A:3	B:1	B:2	B:3
1 Number of values	4	6	5	3	5	6
2						
3 Minimum	21.00	18.00	28.00	26.00	34.00	31.00
4 Maximum	33.00	26.00	38.00	34.00	45.00	46.00
5 Range	12.00	8.000	10.00	8.000	11.00	15.00
6						
7 Mean	25.50	23.17	33.80	29.00	39.80	37.50
8 Std. Deviation	5.447	3.061	3.899	4.359	4.604	5.394
9 Std. Error of Mean	2.723	1.249	1.744	2.517	2.059	2.202
10						
11 Lower 95% CI of mean	16.83	19.95	28.96	18.17	34.08	31.84
12 Upper 95% CI of mean	34.17	26.38	38.64	39.83	45.52	43.16
13						
14 Coefficient of variation	21.36%	13.21%	11.53%	15.03%	11.57%	14.39%

图 11-9 分析结果

3. 生成图表

步骤 01 在左侧导航浏览器中，单击 Graphs 选项组中的 Teaching method research 选项，弹出 Change Graph Type 对话框。

步骤 02 根据需要在对话框中选择满足要求的图表类型，此处默认选择带中位数的散点图，保持其余参数为默认设置，如图 11-10 所示。

步骤 03 单击 OK 按钮完成设置，此时生成的图表如图 11-11 所示，此图为黑白显示。

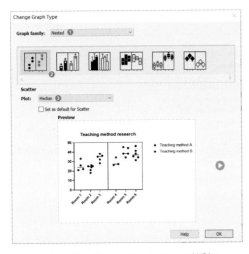

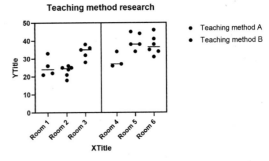

图 11-10 Change Graph Type 对话框   图 11-11 生成的图表

4. 图表修饰

步骤 01 单击 Change 选项卡下的 ⬤▾（改变颜色）按钮，在弹出的配色方案快捷菜单中执行 Colors 命令，此时图形区颜色发生了变化，如图 11-12 所示。

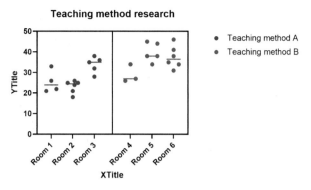

图 11-12　更改配色方案

步骤02 单击 Change 选项卡下的 ▮▟ （格式化图）按钮，在弹出的 Format Graph 对话框中进行如图 11-13 所示的设置，中间过程可单击 Apply 按钮实时观察设置效果。设置完成后单击 OK 按钮，最终效果如图 11-14 所示。

步骤03 修改轴标题，然后移动图例并修改图例字体大小，修改后的效果如图 11-15 所示。

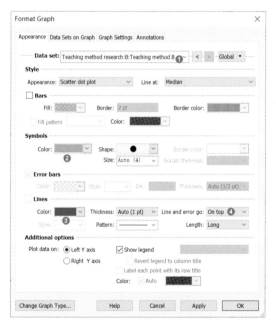

（a）Appearance 选项卡　　　　　　（b）Data Sets on Graph 选项卡

图 11-13　Format Graph 对话框

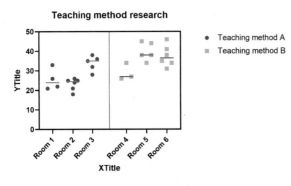

图 11-14 图表效果

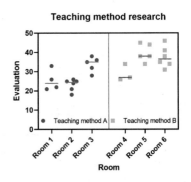

图 11-15 图表效果（调整图例位置）

步骤 04 单击 Change 选项卡下的 ⌐ （格式化轴）按钮，在弹出的 Format Axes 对话框中对坐标轴进行精细修改，如图 11-16 所示，最终效果如图 11-17所示。

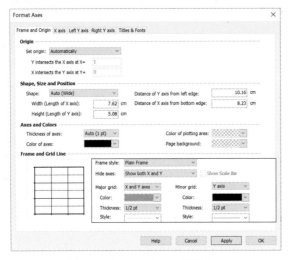

图 11-16 Format Axes 对话框

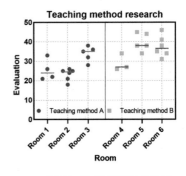

图 11-17 嵌套图最终效果

11.2.2 正态性检验

【例 11-2】继续分析示例 11-1。

步骤 01 单击 Analysis选项卡下的 ▤ Analyze （分析）按钮，在弹出的 Analyze Data 对话框左侧的分析类型中选择 Nested analyses 下的 Normality and Lognormality Tests 选项，在右侧数据集中默认勾选所有数据。

步骤 02 单击 OK 按钮，即可进入 Parameters: Normality and Lognormality Tests 对话框，参数设置如图 11-18 所示。

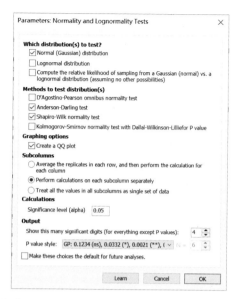

图 11-18 Parameters: Normality and Lognormality Tests 对话框

步骤 03 单击 OK 按钮退出对话框，完成参数设置，此时弹出如图 11-19 所示的分析结果。分析结果表明由于数据量较小利用 Anderson-Darling test 无法给出检测结果，而 Shapiro-Wilk test 给出的结果表明数据均通过正态性检验。

Normality and Lognormality Tests Tabular results	A Teaching method A			B Teaching method B		
	A:1	A:2	A:3	B:1	B:2	B:3
1 **Test for normal distribution**						
2 **Anderson-Darling test**						
3 A2*	N too small	N too small	N too small	N too small	N too small	N too small
4 P value						
5 Passed normality test (alpha=0.05)?						
6 P value summary						
7						
8 **Shapiro-Wilk test**						
9 W	0.8925	0.8623	0.9530	0.8421	0.9048	0.9691
10 P value	0.3948	0.1972	0.7583	0.2196	0.4367	0.8861
11 Passed normality test (alpha=0.05)?	Yes	Yes	Yes	Yes	Yes	Yes
12 P value summary	ns	ns	ns	ns	ns	ns
13						
14 **Number of values**	4	6	5	3	5	6

图 11-19 分析结果

11.2.3 异常值识别

【例 11-3】继续分析示例 11-1。

步骤 01 单击 Analysis 选项卡下的 Analyze（分析）按钮，在弹出的 Analyze Data 对话框左侧的分析类型中选择 Nested analyses 下的 Identify outliers 选项，在右侧数据集中默认勾选所有数据。

步骤 02 单击 OK 按钮，即可进入 Parameters: Identify Outliers 对话框，参数设置如图 11-20 所示。

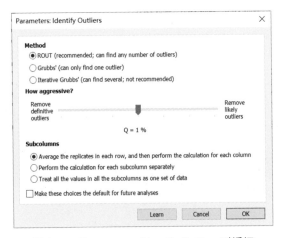

图 11-20 Parameters: Identify Outliers 对话框

步骤 03 单击 OK 按钮退出对话框，完成参数设置，此时弹出如图 11-21 所示的分析结果。分析结果表明并无异常值。

（a）Cleaned data 数据　　　　　　　　　　（b）Outliers 数据

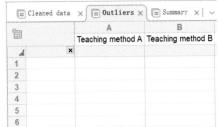

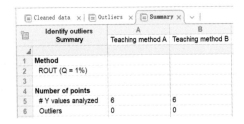

（c）Summary 数据

图 11-21 分析结果（1）

步骤 04 当在 步骤 02 中选择 Subcolumns 选项组中的第二项 Perform the calculation for each subcolumn separately 时，分析结果如图 11-22 所示，结果表明并无异常值。

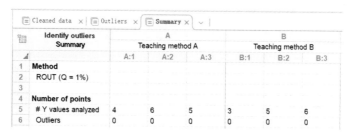

图 11-22　分析结果（2）

11.2.4　单样本 t 检验

【例 11-4】继续分析示例 11-1。

步骤 01 单击 Analysis 选项卡下的 ▤Analyze（分析）按钮，在弹出的 Analyze Data 对话框左侧的分析类型中选择 Nested analyses 下的 One sample t and Wilcoxon test 选项，在右侧数据集中默认勾选所有数据。

步骤 02 单击 OK 按钮，即可进入 Parameters: One sample t and Wilcoxon test 对话框，参数设置如图 11-23 所示，此处假设评估的均值为 30。

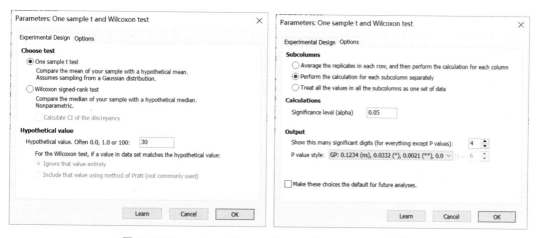

图 11-23　Parameters:One sample t and Wilcoxon test 对话框

步骤 03 单击 OK 按钮退出对话框，完成参数设置，此时弹出如图 11-24 所示的分析结果。分析结果表明在 $\alpha = 0.05$ 时，Room 1、3、4 差异不明显。

One sample t test		A Teaching method A			B Teaching method B		
		A:1	A:2	A:3	B:1	B:2	B:3
1	Theoretical mean	30.00	30.00	30.00	30.00	30.00	30.00
2	Actual mean	25.50	23.17	33.80	29.00	39.80	37.50
3	Number of values	4	6	5	3	5	6
4							
5	One sample t test						
6	t, df	t=1.652, df=3	t=5.469, df=5	t=2.179, df=4	t=0.3974, df=2	t=4.759, df=4	t=3.406, df=5
7	P value (two tailed)	0.1970	0.0028	0.0948	0.7295	0.0089	0.0191
8	P value summary	ns	**	ns	ns	**	*
9	Significant (alpha=0.05)?	No	Yes	No	No	Yes	Yes
10							
11	How big is the discrepancy?						
12	Discrepancy	-4.500	-6.833	3.800	-1.000	9.800	7.500
13	SD of discrepancy	5.447	3.061	3.899	2.517	4.604	5.394
14	SEM of discrepancy	2.723	1.249	1.744	2.517	2.059	2.202
15	95% confidence interval	-13.17 to 4.167	-10.05 to -3.622	-1.041 to 8.641	-11.83 to 9.828	4.083 to 15.52	1.839 to 13.16
16	R squared (partial eta squared)	0.4765	0.8568	0.5429	0.07317	0.8499	0.6988

图 11-24 分析结果

上面的检验结果无法检验两种教学方法之间是否存在差异，下面采用嵌套 t 检验进行差异检验。

11.2.5 嵌套 t 检验

【例 11-5】继续分析示例 11-1。

步骤01 单击 Analysis 选项卡下的 ☰Analyze（分析）按钮，在弹出的 Analyze Data 对话框左侧的分析类型中选择 Nested analyses 下的 Nested t test 选项，在右侧数据集中默认勾选所有数据。

步骤02 单击 OK 按钮，即可进入 Parameters: Nested t test 对话框，参数设置如图 11-25 所示，此处假设评估的均值为 30。

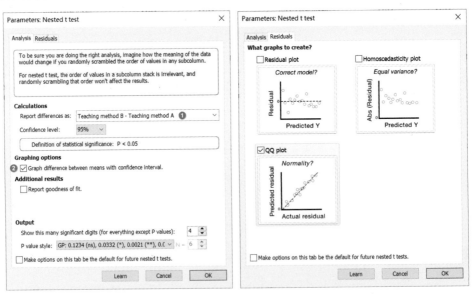

图 11-25 Parameters: Nested t test 对话框

步骤 03 单击 OK 按钮退出对话框，完成参数设置，此时弹出如图 11-26 所示的分析结果。分析结果表明组间（两种教学方法）没有显著差异（第 8、9 两行），组内（班级之间）存在差异（第 27、28 两行）。出现这种结果的原因可能是原始数据较少，学生的基础差异或接受能力差异等造成的。

	Nested t test Tabular results	
1	**Table Analyzed**	Teaching method research
2	Column B	Teaching method B
3	vs.	vs.
4	Column A	Teaching method A
5		
6	**Nested t test**	
7	P value	0.1477
8	P value summary	ns
9	Significantly different (P < 0.05)?	No
10	One- or two-tailed P value?	Two-tailed
11	t, df	t=1.792, df=4
12	F, DFn, Dfd	3.210, 1, 4
14	**How big is the difference?**	
15	Mean of column B	35.63
16	Mean of column A	27.48
17	Difference between means (B - A) ± SEM	8.148 ± 4.548
18	95% confidence interval	-4.480 to 20.78
19		
20	**Random effects**	**SD**	**Variance**
21	Variation within subcolumns	4.501	20.26
22	Variation among subcolumn means	5.160	26.63
23		
24	**Do the subcolumns differ (within each column)?**	
25	Chi-square, df	9.004, 1
26	P value	0.0027
27	P value summary	**
28	Is there significant difference between subcolumns (P < 0.05)?	Yes
29		
30	**Data analyzed**	
31	Number of treatments (columns)	2
32	Number of subjects (subcolumns)	6
33	Total number of values	29

图 11-26　分析结果

在上面的分析中，我们在 Parameters: Nested t test 对话框的 Residuals 选项卡下选择了 QQ plot，下面我们就根据分析结果生成 QQ 图。

步骤 04 在左侧导航浏览器中，单击 Graphs 选项组中的 QQ plot: Nested t test of Teaching method research 选项，即可自动生成如图 11-27 所示的图表。

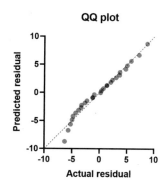

图 11-27　生成的 QQ 图

说明 QQ（分位数 - 分位数）图是两种分布的分位数相对彼此进行绘制的图，是一种散点图。若两个样本分布相同，则散点图中的点在 $y=x$ 附近。QQ 图用于评估数据集是否服从正态分布，并分别研究两个数据集是否具有相似的分布。

11.2.6　嵌套单因素方差分析

【例 11-6】考察病媒的两种控制方法与不控制对牛的细胞体积（PCV）的影响。实验设计如下：三个牧群被随机分配到三个处置组中（数据集列），每个组别又分为三个小群（子列），对于每个牧群，检查其中的 4 头奶牛，从血样中获得浓缩红细胞体积（PCV）值，试对数据值进行评估。

1.　导入 / 输入数据

步骤 01 启动 GraphPad Prism，或执行菜单栏中的 File → New → New Project File 命令，在出现的 Welcome to GraphPad Prism 欢迎窗口左侧单击 Nested 选项。

步骤 02 在欢迎窗口右侧的 Data table 选项组中单击 Enter or import data into a new table 单选按钮，如图 11-28 所示。

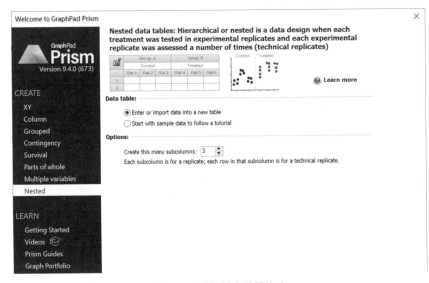

图 11-28　选择样本数据格式

步骤 03 设置完成后，单击欢迎窗口中的 Create 按钮进入工作界面，输入数据并更改数据表的名称，如图 11-29 所示。

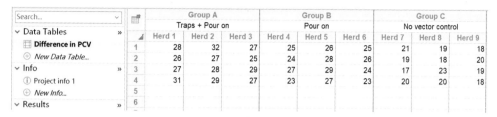

图 11-29　数据表

2. 数据分析

步骤 01 单击 Analysis 选项卡下的 ⊟Analyze（分析）按钮，在弹出的 Analyze Data 对话框左侧的分析类型中选择 Nested analyses 下的 Nested one-way ANOVA 选项，在右侧数据集中默认勾选所有数据，如图 11-30 所示。

步骤 02 单击 OK 按钮，即可进入 Parameters: Nested one-way ANOVA 对话框。在 Analysis 选项卡下勾选 Plot the grand mean and 95%CI for each data set. 复选框，如图 11-31 所示；在 Multiple Comparisons 选项卡下选择 Compare each column mean with every other mean. 选项，如图 11-32 所示；在 Residuals 选项卡下选择 Residual plot，用于绘制残差图，如图 11-33 所示。

图 11-30　Analyze Data 对话框

图 11-31　Analysis 选项卡

图 11-32 Multiple Comparisons 选项卡

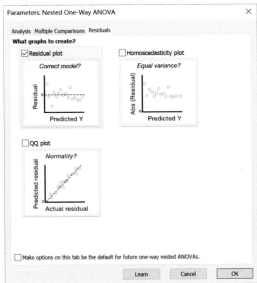

图 11-33 Residuals 选项卡

步骤 03 单击 OK 按钮退出对话框，完成参数设置，此时弹出如图 11-34 所示的分析结果。经过嵌套单因素方差分析可得 F=43.20，P=0.0003<0.05。

	Nested 1way ANOVA Tabular results		
1	**Table Analyzed**	Difference in PCV	
2	Data sets analyzed	A-C	
3			
4	**Nested one-way ANOVA**		
5	P value	0.0003	
6	P value summary	***	
7	Significantly different (P < 0.05)?	Yes	
8	F, DFn, Dfd	43.20, 2, 6	
9			
10	**Random effects**	SD	Variance
11	Variation within subcolumns	1.724	2.972
12	Variation among subcolumn means	0.8036	0.6458
13			
14	**Do the subcolumns differ (within each column)?**		
15	Chi-square, df	1.089, 1	
16	P value	0.2967	
17	P value summary	ns	
18	Is there significant difference between subcolumns (P < 0.05)?	No	
19			
20	**Data analyzed**		
21	Number of treatments (columns)	3	
22	Number of subjects (subcolumns)	9	
23	Total number of values	36	

图 11-34 分析结果（Tabular results）

打开 Multiple comparisons 表查看两两比较的结果（见图 11-35），可知 Traps+Pour on vs. No vector control 及 Pour on vs. No vector control 两个组对比存在差异。

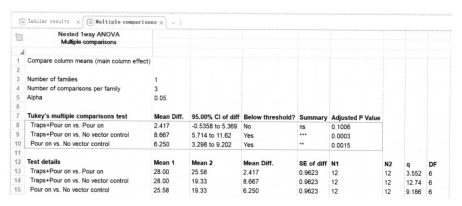

图 11-35　分析结果（Multiple comparisons）

3. 生成图表

步骤 01 在左侧导航浏览器中，单击 Graphs 选项组中的 Different in PCV 选项，弹出 Change Graph Type 对话框。

步骤 02 根据需要在对话框中选择满足要求的图表类型，此处默认选择带中位数的散点图，并保持其余参数为默认设置，如图 11-36 所示。

步骤 03 单击 OK 按钮完成设置，此时生成的图表如图 11-37 所示，此图为黑白显示。

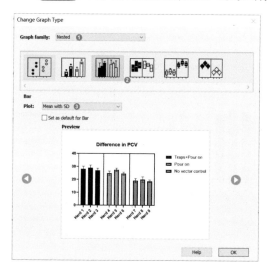

图 11-36　Change Graph Type 对话框

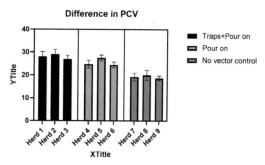

图 11-37　生成的图表

4. 图表修饰

步骤 01 单击 Change 选项卡下的 🔵▾ （改变颜色）按钮，在弹出的配色方案快捷菜单中执行 Colors 命令，此时图形区颜色发生了变化，如图 11-38 所示。

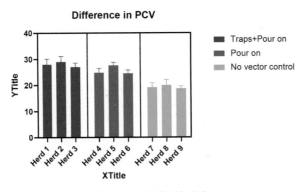

图 11-38 更改配色方案

步骤 02 单击 Change 选项卡下的 ■ （格式化图）按钮，在弹出的 Format Graph 对话框中单击 Data Sets on Graph 选项卡，对分割线进行修改，如图 11-39 所示，中间过程可单击 Apply 按钮实时观察设置效果。设置完成后单击 OK 按钮，图表效果如图 11-40 所示。

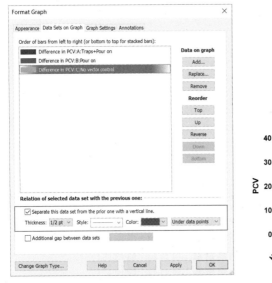

图 11-39 Format Graph 对话框　　　　　　图 11-40 图表效果

步骤 03 单击 Change 选项卡下的 ┗ （格式化轴）按钮，在弹出的 Format Axes 对话框中对坐标轴进行精细修改，如图 11-41 所示。

步骤 04 修改轴标题，根据图形比例移动图例并修改图例字体大小，修改后的效果如图 11-42 所示。

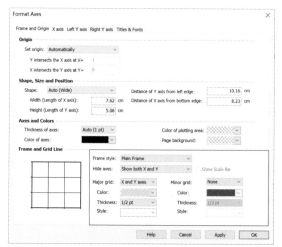

图 11-41 Format Axes 对话框

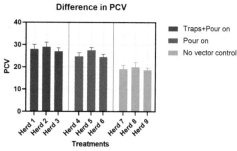

图 11-42 修改后的效果

根据前面的分析结果可知 Traps+Pour on vs. No vector control 及 Pour on vs. No vector control 两个组对比存在差异,因此需要在图上添加标识差异符号。

步骤 05 单击 Draw 选项卡下的 按钮下拉菜单中的 按钮,如图 11-43 所示,然后在需要添加差异性标记符号的位置处单击即可,随后调节符号的位置。

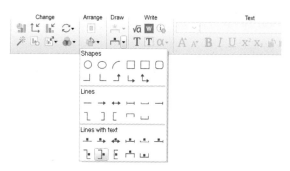

图 11-43 添加差异性标记符号操作

步骤 06 此时显示的线条较粗,需要调节线条的粗细。双击差异性标记线条,在弹出的 Format Object 对话框中设置 Thickness 为 1pt,如图 11-44 所示,此时的图表如图 11-45 所示。

注意 关于显著性符号标注位置,本例如果在图里面标注会使图面显得比较乱,因此直接在组别名称位置标注差异性符号。

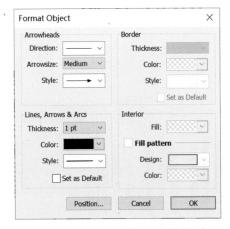

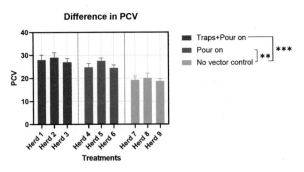

图 11-44 Format Object对话框 图 11-45 嵌套图最终图表效果

11.3 本章小结

本章详细讲解了嵌套表的样式，对嵌套表可以完成的统计分析进行了探讨；结合嵌套表的特点通过示例讲解了如何在 GraphPad Prism 中进行描述性统计分析、嵌套 t 检验、嵌套单因素方差分析、单样本 t 检验等统计分析。通过本章的学习读者基本能够利用嵌套表数据进行图表绘制及统计分析。

附表 常用快捷键命令

常用快捷键命令

	命令	快捷键
文件操作	新建项目文件	Ctrl+N
	打开	Ctrl+O
	关闭	Ctrl+W
	保存	Ctrl+S
	LabArchives	Ctrl+Alt+A
	打印	Ctrl+P
	导出	Ctrl+Shift+E
	发送至PowerPoint	Ctrl+H
	发送至Word	Ctrl+K
	退出GraphPad Prism	Alt+F4
	文件主菜单	Alt+F
编辑操作	撤销	Ctrl+Z
	重做	Ctrl+Y
	剪切	Ctrl+X
	复制	Ctrl+C
	粘贴	Ctrl+V
	粘贴转置	Ctrl+Shift+T
	选择性粘贴	Ctrl+Shift+V
	选择全部	Ctrl+A
	选择行	Shift+Space
	选择列	Ctrl+Space
	排除值	Ctrl+E
	清除	Delete
	编辑主菜单	Alt+E

（续表）

命令		快捷键
视图控制	缩放（放大）	Ctrl+=（等号）
	缩放（缩小）	Ctrl+-（减号）
	缩放（100%，即实际大小）	Ctrl+0
	转至数据表	Ctrl+Alt+D
	转至结果	Ctrl+Alt+R
	转至图表	Ctrl+Alt+G
	转至布局	Ctrl+Alt+L
	转至工作表的上一页	Ctrl+Page Up
	转至工作表的下一页	Ctrl+Page Down
	转至结果的下一个选项卡	Ctrl+Tab
	转至结果的上一个选项卡	Ctrl+Shift+Tab
	查看主菜单	Alt+V
变更	更改数据表主菜单	Alt+C
	更改结果表分析参数	Ctrl+T
	更改图表、布局表选定文本	Ctrl+Alt+F
	更改图表分析参数（当图表包含分析结果时可用）	Ctrl+T
	再次模拟（用于模拟数据图表）	F9
排列	分组	Ctrl+G
	取消分组	Ctrl+Shift+G
	复制对象	Ctrl+D
	排列主菜单	Alt+A
特定表格快捷方式	上移单元格	向上箭头
	下移单元格	向下箭头
	右移单元格	向右箭头
	左移单元格	向左箭头
	向下翻页	向下翻页
	向上翻页	向上翻页
	向右滚动数据表/结果表	Ctrl+Tab
	向左滚动数据表/结果表	Ctrl+Shift+Tab
	选择数据表/结果表中的单元格区域（向下）	Shift+向下箭头
	选择数据表/结果表中的单元格区域（向上）	Shift+向上箭头
	选择数据表/结果表中的单元格区域（向右）	Shift+向右箭头
	选择数据表/结果表中的单元格区域（向左）	Shift+向左箭头
	选择数据表/结果表中从选定单元格到包含数据的最后一个单元格的单元格范围（向下）	Ctrl+Shift+向下箭头
	选择数据表/结果表中从选定单元格到包含数据的最后一个单元格的单元格范围（向上）	Ctrl+Shift+向上箭头
	选择数据表/结果表中从选定单元格到包含数据的最后一个单元格的单元格范围（向右）	Ctrl+Shift+向右箭头
	选择数据表/结果表中从选定单元格到包含数据的最后一个单元格的单元格范围（向左）	Ctrl+Shift+向左箭头

（续表）

	命令	快捷键
常见特定文本格式快捷方式	撤销操作	Alt+Backspace
	剪切上下文	Shift+Delete
	复制上下文	Ctrl+Insert
	从剪贴板粘贴	Shift+Insert
	清除选择	Backspace
		Ctrl+Backspace
	字体（仅限Win）	Ctrl+Alt+F
	增加文本大小	Ctrl+Shift+＞（大于号）
	减小文本大小	Ctrl+Shift+＜（小于号）
	使所选文本为粗体	Ctrl+B
	使所选文本为斜体	Ctrl+I
	给选定文本加下画线	Ctrl+U
	使所选文本为上标	Ctrl+Shift+ =（等号）
		Ctrl+ +[数字键盘]（加号）
	使所选文本为下标	Ctrl+ =（等号）
		Ctrl+ - [数字键盘]（减号）
其他	关闭当前项目（未位于存在多个打开选项卡的结果表上）	Ctrl+F4
	关闭结果选项卡（仅位于存在多个打开选项卡的结果表上）	Ctrl+F4
	退出应用程序，不要求保存也不删除BCP文件（仅限Win）	Ctrl+Q
	放大图表	Alt+ + [数字键盘]（加号）
	缩小图表	Alt+ -[数字键盘]（减号）
	打开状态栏中的"转至族中的链接工作表"下拉菜单	Ctrl+L
	Ping-Pong	Ctrl+Alt+Z
	搜索工作表	Ctrl+F
	转至相应的结果选项卡	Ctrl+[1-9]
	再次运行模拟（模拟结果表中）	F9
	帮助菜单	Alt+H
	在导航浏览器中的工作表之间导航	Ctrl+向上翻页/向下翻页

参考文献

[1] 颜艳，王彤 . 医学统计学（第 5 版）[M]. 北京：人民卫生出版社，2020.11

[2] 李康，贺佳 . 医学统计学（第 7 版）[M]. 北京：人民卫生出版社，2018.09

[3] 海滨 . Origin 2022 科学绘图与数据分析 [M]. 北京：机械工业出版社，2022.06

[4] 任雪松，于秀林 . 多元统计分析（第 2 版）[M]. 北京：中国统计出版社，2011.03

[5] 李昕，张明明 . SPSS 28.0 统计分析从入门到精通 [M]. 北京：电子工业出版社，2022.03

[6] 张敏 . GraphPad Prism 学术图表 [M]. 北京：电子工业出版社，2021.04

[7] 冯国双 . 白话统计 [M]. 北京：电子工业出版社，2018.01

[8] 周登远 . 临床医学研究中的统计分析和图形表达实例详解 [M]. 北京：北京科学技术出版社，2017.07

[9] 李达，李玉成，李春艳 . SCI 论文写作解析 [M]. 北京：清华大学出版社，2012.08

[10] 盛骤，谢式千等 . 概率论与数理统计（第 5 版）[M]. 北京：高等教育出版社，2019.12

[11] 李航 . 统计学习方法（第 2 版）[M]. 北京：清华大学出版社，2019.05

[12] 李昕 . MATLAB 数学建模（第 2 版）[M]. 北京：清华大学出版社，2022.06

[13] 武萍、吴贤毅 . 回归分析 [M]. 北京：清华大学出版社，2016.08